CONSTRUCTION AND MAINTENANCE HANDBOOK OF INFORMATION COMMUNICATION ENGINEERING

信息通信工程建设与维护手册

戴海兵　张桂荣　薛水冰　等◎编著

人民邮电出版社
北京

图书在版编目（CIP）数据

信息通信工程建设与维护手册 / 戴海兵等编著. -- 北京 : 人民邮电出版社, 2017.7
ISBN 978-7-115-45631-1

Ⅰ. ①信… Ⅱ. ①戴… Ⅲ. ①信息工程－通信工程－技术手册 Ⅳ. ①TN91-62

中国版本图书馆CIP数据核字(2017)第074611号

内 容 提 要

本书专为通信行业各专业网络建设、验收和运行维护管理提供统一技术标准和规范，在研究和分析电信运营商工程项目建设、验收及运行维护管理的现状及未来发展变化趋势的基础上，依据国家颁布的相关现行的行业技术标准和行业规范编制而成。全书包括“工程建设及验收指导手册”和“代维维护服务指导手册”两篇，涉及基站、覆盖延伸系统、传输、家庭宽带和集团客户专业，针对信息通信工程建设、施工、验收和运行维护的全过程进行控制和管理，能够有效提升信息通信工程项目的管理质量和效率，有效提高信息通信工程的经济效益和整体水平。

本书可供电信运营商、设备制造商、专业施工单位、专业维护单位参与信息通信工程项目建设、施工、验收及运行维护全过程的相关工程管理人员与技术人员学习参考。

◆ 编　　著　戴海兵　张桂荣　薛水冰 等
责任编辑　杨　凌
责任印制　彭志环

◆ 人民邮电出版社出版发行　　北京市丰台区成寿寺路 11 号
邮编　100164　　电子邮件　315@ptpress.com.cn
网址　http://www.ptpress.com.cn
固安县铭成印刷有限公司印刷

◆ 开本：787×1092　1/16
印张：18.75　　2017 年 7 月第 1 版
字数：459 千字　　2017 年 7 月河北第 1 次印刷

定价：79.00 元

读者服务热线：(010)81055488　印装质量热线：(010)81055316

反盗版热线：(010)81055315

序

对通信运营商而言，网络质量是企业的生命线，是实现基业长青的重要保障。网络优势是赢得市场与服务口碑的前提，良好的网络感知是通信运营商在市场竞争中争夺客户、留住客户的重要砝码。

在当前通信行业全业务运营的大背景下，服务需求由核心端向客户端延伸，网络运维从面向网络向面向客户现场转变。上述变革对运营商的现场维护水平、快速响应能力及运维支撑效率提出了更高要求。“工欲善其事，必先利其器”，要达到期望的目的，必先打造锋利的工具。在全业务运营的背景下，通信运营商的利器就是网络质量，为了实现打造精品网络的目标，不仅要有效提高技术优势等一系列硬实力，更应潜心雕琢网络现场服务能力等软实力。

值此通信行业加速全业务转型的关键时期，传统的网络运维模式在现场质量控制、现场维护快速响应能力等方面暴露出了诸多短板，直接影响了客户网络质量感知及满意度提升。针对上述短板提升，我们面临两个选择：一是粗放投入型，通过人力资源的大规模投入，提升质量；二是集约精细型，通过创新探索、“变中求进”，提升运维支撑效率。在目前不断强调“低成本高效”运营的背景下，集约精细型的措施成为提升网络运维质量的必由之路。

作为省会城市的南京，在全业务发展方面一直走在全省的前列。在通信企业进入转型发展的攻坚期，中国移动江苏公司南京分公司将四网协同发展作为网络工作的主线，围绕网络质量能力建设与客户满意度提升，积极探索全业务环境下将网络维护与客户服务支撑相融合的高效运维管理模式，并通过运维能力提升“三步走”计划，系统打造了全业务环境下的高效移动网络运维体系。“三步走”计划第一步为基于现场质量的“耳目一新达标工程”；第二步为基于快速响应能力提升的“监控调度 221 工程”标准流程制定及支撑手段开发；第三步为确保“221”目标顺利达成的“代维队伍安居乐业”工程。

传统运维管理模式下，由于远端设备工程建设标准和设备入网后的运维标准未采用统一规范，因此前端工程质量问题影响后端现网设备运行质量，并进一步形成现场设备质量控制短板。南京移动开展的基于现场质量的“耳目一新达标工程”，通过打造现网质量样板项目和批量推进标准化普查整改，已制定了涵盖基站、覆盖延伸系统、传输、家庭宽带和集团客户等全专业的“施工—验收—维护”三标统一技术规范。通过施工、验收、维护三套规范的无缝对接，使日常现场维护工作做到凡事有标准，前后呼应，环环相扣；通过突出施工与维护质量管理的有机统一，提高了各个工作环节的标准一致性，做到工程运维不分家、监理代维不分家，最大程度地避免了前端施工质量对后端维护的“污染”。

作者编写本书的目的是为了提供一本一般读者能读懂的手册型口袋书，是方便管理者、现场维护人员随时参考的简便工具，是提升现场质量管控的有效帮手。

在验证“监控调度 221 工程”“代维队伍安居乐业工程”试点效果后，南京移动将继续推出“监控调度 221 目标及执行规范”，并在“代维队伍安居乐业工程”的基础上，推出代维属地化驻点配置人员招聘标准，为打造全专业运维环境下的移动高效运维体系提供更加规范、科学的指导。

提升客户网络服务感知，不是一时一地一事之功，锻造网络服务优势是一项长期系统工程，需要全行业共同努力。无径之林，常有情趣；无人之岸，几多惊喜。相信南京移动将以积极的态度、创新的精神、充足的干劲去破解那些网络运维过程中的焦点、难点问题，为通信行业的新一轮发展做出富有自身特色的贡献。

是为序。

闵有黎

2017 年 5 月

前　言

服务质量是通信运营商实现可持续发展的唯一战略要素，网络运营质量是服务质量的基础及最重要的组成部分。

自20世纪90年代以来，中国的产业制度变革促使通信行业高速发展的同时，也为通信网络运维的体制变革、管理创新、能力提升营造了良好的环境。各通信运营企业基于自身的业务与网络特点，立足国情，积极努力地探索新形势下提升网络运维服务能力和水平的思路和举措。20世纪90年代，网络运维发展的要求是保障网络安全、质量可靠；“九五”期间，则要求注重运维效益；“十五”期间，更强调运维服务；“十一五”期间，在满足基本要求的基础上，则要将降低运维成本、延伸运维服务范围、拓展运维服务能力、提升运维价值放在更加重要的位置，运营商也实现了由网络运维者向网络经营者的重大转型。

随着3G网络正式投入运营，电信运营商的运营模式已从单业务运营阶段逐步转入全业务运营阶段。在单业务运营阶段，运营商之间的比较优势体现在网络覆盖上；而在全业务运营阶段，运营商开启了最大化满足客户需求的战略转型。

全业务运营阶段的网络运维管理转型有两大特征：第一，由单纯面向设备转向面向服务；第二，由单纯追求网络质量（QoS）转向注重用户感知（QoE）。上述要求使网络运行维护工作又一次面临新的挑战。为应对这些挑战，为市场前端提供安全稳定、高质量、高性能的网络服务，全面提升全业务运维服务能力势在必行。而因为受到技术、竞争等各种因素的影响，我国电信运营商的网络运维管理转型工作仍处于起步与发展阶段。

在当前通信行业全业务运营的大背景下，服务需求向客户端延伸，全业务用户规模迅速扩张，传统的网络运维模式在现场质量控制、现场维护快速响应能力方面暴露出诸多短板，特别是面对规模急剧扩张的末梢设备，国内电信业缺乏统一的建设、验收及运行维护标准及规范。建设、验收、设备运维标准的分离或缺失，一方面导致信息通信工程建设验收通过率低、网络投入运营周期长，不能满足全业务环境下快速响应的要求；另一方面，建设标准不能和网络运维标准对接，对后端网络运行和维护质量造成“污染”，会长期影响客户网络使用感知。国家现行的标准、规范等均较为宏观，施工、维护各环节的实施主体执行时易产生偏差，缺乏可操作性。因此，对于通信运营商来说，借鉴和吸收国内外成熟的工程项目管理经验，通过突出施工、维护的质量管理无缝对接，提高各个工作环节的标准一致性，探索并总结出适合国内移动通信行业特点的工程项目建设、验收和运行维护"三标统一"管理规范，对电信行业全业务运营环境下网络现场质量控制提升具有重要而深远的意义。

本书是一本专为通信行业各专业网络建设、验收和运行维护管理提供统一技术标准和规范的书，是在研究和分析电信运营商工程项目建设、验收及运行维护管理的现状及未来发展变化趋势的基础上，依据国家颁布的相关现行的行业技术标准和行业规范编制而成的。全书包括"工程建设及验收指导手册"和"代维维护服务指导手册"两篇，涉及基站、覆盖延伸系统、传输、家庭宽带和集团客户专业，针对信息通信工程建设、施工、验收和运行维护的全过程进行控制和管理，能够有效提升信息通信工程项目的管理质量和效率，有效提高信息通信工程的经济效益和整体水平。

参与本书编写的作者大多是中国移动江苏公司南京分公司从事通信网络建设维护的专业技术人员，因此，本书融入了他们长期从事通信网络建设、维护和优化等实践中积累和探索的经验与心得，有着很强的可操作性。上篇与下篇几乎囊括了信息通信工程项目施工、验收维护中所能碰到的任何环节，对于每一个环节的详细过程和细节都有明确的定义、描述以及要求。书中还包含了大量现场操作维护示范图片，在实际的通信网络建设和维护中有很强的实用价值。希望能够为通信业人员在全业务现场质量管理和运维效率提升方面提供参考，并将相关规范应用于实际工作中。

本书由戴海兵策划和主编，张桂荣、薛水冰、路锦遥负责全书的结构和内容的掌握与控制。本书各章节协作部分分工如下：薛德志、朱墨君编写了基站设备相关章节；岳开栋、刘钧雷编写了覆盖延伸系统相关章节；宋西亮、董泊编写了传输设备关章节；修云峰、郝昌俭编写了传输线路相关章节；吴国驭、靳路路编写了集团客户设备相关章节；曹磊、窦燕编写了宽带驻地网相关章节。

本书在编写期间得到了江苏省邮电规划设计院有限责任公司以张学庆为首的专家团队的帮助，在此谨向他们表示衷心的感谢。

因为时间和能力所限，书中有不足之处，恳请广大读者批评指正。

作者

2017 年 5 月于南京

目　　录

上篇　工程建设及验收指导手册

下篇 代维维护服务指导手册

上　篇

工程建设及验收指导手册

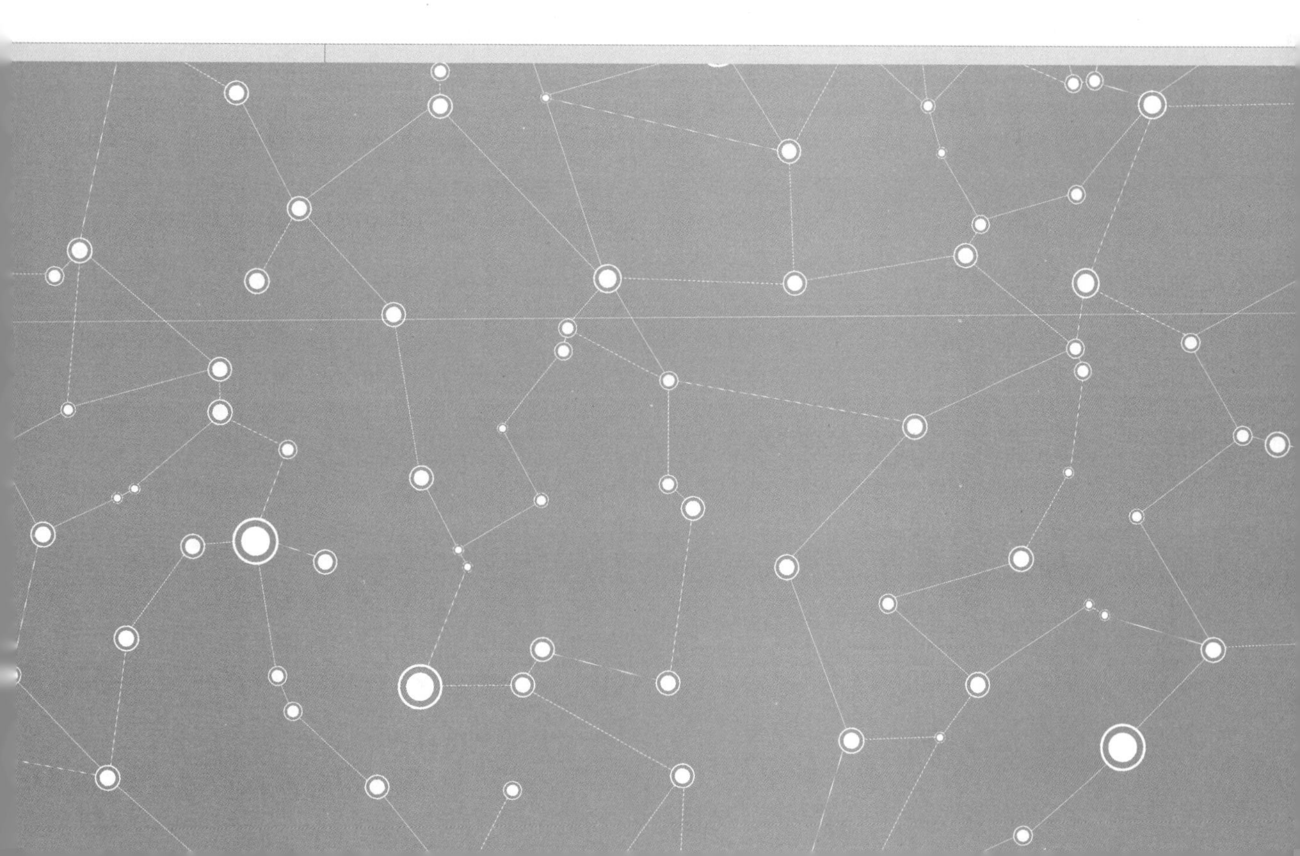

第 1 章 传输设备

为了加强通信工程项目建设中传输设备的安装质量管理以及规范传输设备的施工安装及验收维护过程，为传输设备提供安全、稳定、标准、优质的运行环境，根据相关法律、法规及政策文件制定了 SDH/波分设备、PTN 设备及 PON 设备的安装及验收标准。各种设备分别从设备硬件安装验收、设备组网及网元入网管理测试等方面给出了相应的规范和标准。

1.1 SDH/波分设备安装及验收标准

1.1.1 设备硬件安装验收标准

EAM 资产标签：贴放应符合统一标准并完成录入 EAM 系统，如图 1-1 所示。

图 1-1 资产标签图

设备供电：背靠背波分设备、用于业务分担的两套传输系统需选用不同电源分配架的电源。

交直流电源开关、熔丝标签：必须准确、齐全张贴，注明其供电设备、主/备用。SDH/波分传输设备电源标签必须带“传输系统名称”+“ID 号”，如图 1-2 所示。

图 1-2　波分传输设备电源标签

DDF&ODF 编号（如图 1-3 和图 1-4 所示）：列、架编号以不可扩容到可扩容从小到大编号；ODF 单元从下到上安装与编号；ODF 单元端口从左到右、从上到下安装、使用、编号；75Ω DDF 从上到下、端口从左到右安装与编号，上收下发传输信号；120Ω DDF 从下到上、端口从左到右安装与编号，左收右发传输信号。

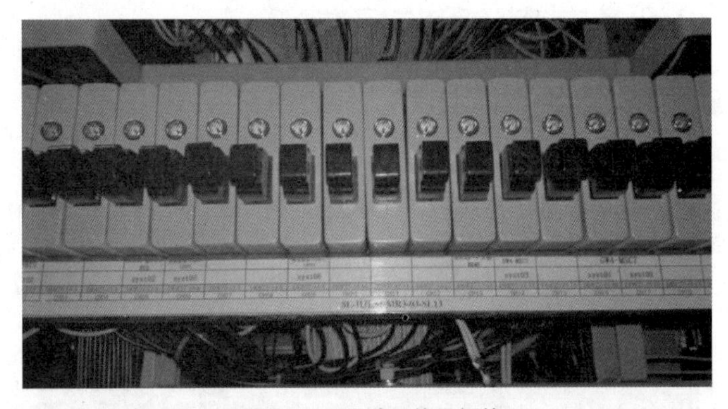

图 1-3　DDF 端口编号标签

图 1-4　ODF 端口编号标签

DDF&ODF 列、架及 ODF 单元标签（如图 1-5 所示）：必须准确、齐全张贴（随装随贴，包括暂不在用的），不同机房的同类标签位置一致。DDF&ODF 列、架标签格式：楼层—第几列—此列第几架，即 AAF-BB-CC；ODF 单元标签格式：楼层—第几列—此列第几架—此架第几单元，即 AAF-BB-CC-DD。

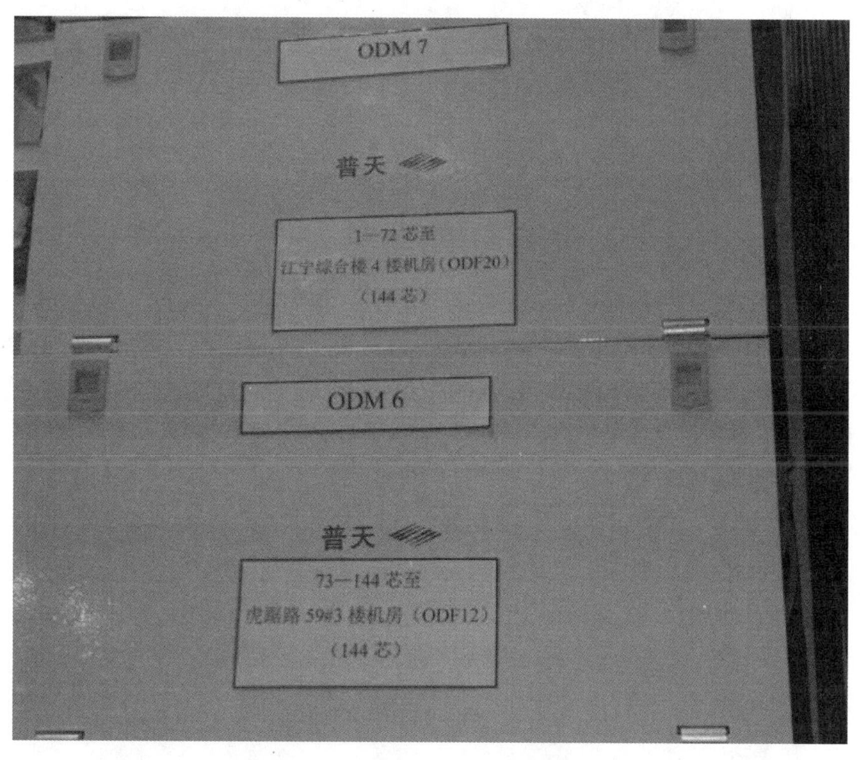

图 1-5　ODF 列、架及 ODF 单元标签

传输系统标签（如图 1-6 所示）：2.5Gbit/s 以上设备必须准确、齐全张贴在醒目、固定位置（整架同一系统的贴在机顶框中间，整架不同系统的贴在机架门相应位置）。格式：区域+传输工程名，如：南京 G9.4 接入网。

图 1-6　传输系统标签

传输设备标签：必须准确、齐全张贴。若搬迁、更改组网的设备，则应及时修改设备标签。格式：传输系统/网管 ID+“—”+站点名称（基站传输设备可以免写传输系统）。

跳纤标签（如图 1-7 所示）：标签格式为，本端——本端端子位置；对端——对端端子位置。各类相关的传输设备、电源线、光缆、线缆及端口必须粘贴标签。

设备供电：独立电源、独立电池组。

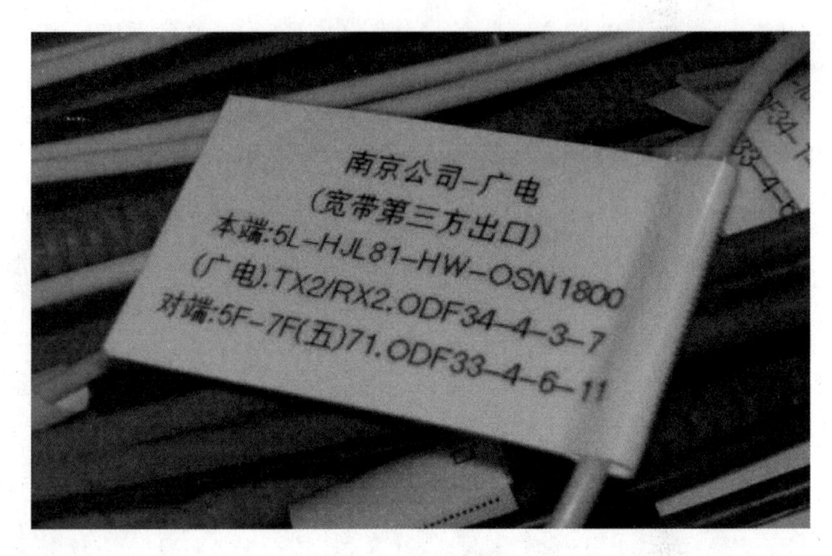

图 1-7　传输跳纤标签

三线分离：电源线（交流、直流）、信号线、尾纤必须分开布放，实在无条件分开的尾纤必须安装护套。如图 1-8 所示。

图 1-8　传输设备线缆布放图

电源连接：电缆与设备端子相连必须用铜鼻子，铜鼻子必须经过镀锡处理后方可与设备端子相连。

线缆布放：线缆的规格与走线路由符合设计及相关技术规范的要求，整齐布放，布放路由应不影响维护和扩容。

设备运行状态：传输设备工作正常，无异常告警。

设备安装：机架内部板件、挡板齐全，无缺失。

ODF、DDF 端子板的安装：ODF、DDF 端子板和端子的位置、安装排列及各种标志应符合设计要求，正确、牢固，方向一致。

1.1.2 设备组网要求

1. 成环及比例

◆ 汇聚环必须先于接入网成环；汇聚环以上必须物理成环；汇聚层严禁同环同路由或同管道路由，接入层原则上不允许同环同路由或同环同管道现象，特殊情况下需经设计会审共同讨论确定。

◆ 汇聚层及以上设备必须使用已验收光缆。

◆ 下期工程前完成前期工程的初验，初验时 SDH 物理成环率不低于 85%，终验时达到 90%；非 SDH 接入率不高于 5%。

◆ 无巨环或长链（622Mbit/s 环 10 个点及以上为巨环；155Mbit/s 环以不大于 7 个点，3 个及以上为长链）。

◆ 汇聚环必须光缆全部成环才可接入网管；链改环整改时必须接入两个汇聚节点组成虚拟环，实环和接入同一汇聚点的相切 PP 环节点均不得入网；即使特批入网，也因其与设计不吻合原因而以单节点环单独计列，不作为成环率统计分子（如果设计会审通过的同一汇聚点的相切 PP 环，并且是不同物理路由成环的节点可计列为成环率的统计分子）。

2. 设备竣工资料

需提供跳纤图，明确标识出使用的光缆名称和在用纤芯情况。

1.1.3 网元入网管理及测试

1. 传输线路与组网

接入方式吻合设计并且相关管线已预验通过（与设计不吻合的需经网络部确认通过）后才能允许入网。要求线路验收不能滞后于设备验收：线路验收先于设备验收或与设备验收同时进行。

2. 网元数据（入网后检查）

检查项目包括：网元基本设定数据、时钟数据、通道保护、SNCP 保护、环形复用段保护配置、线性复用段保护、TPS 倒换检查、数据库、告警、性能、ECC 路由检查、TPS、复用段等倒换测试、ID 设置、其他等，均应符合要求。

1.1.4 验收项

1. 资料和资产移交

◆ 齐全、准确移交设备成端资料（电端口需全部成端），楼层填写准确。

◆ 电路开通前，需在管线系统中规范、准确录入管线资料和成端信息，租用管道、杆路情况务必标明。

◆ 电路申请前，需反馈给网络部相关设备的准确、规范的成端信息。DDF 端口格式：楼层—第几列—此列第几架—此架第几单元—此单元第几端口，如 02F-08-11-05-01（占用非常规位置的端口，须特别指明，如 02F-08-11-05-01 下）。ODF 端口格式：楼层—第几列—此列第几架—此架第几单元—此单元第几行—此行第几端口，如 02F-01-03-05-06-03。

◆ 资产标签均张贴齐全并与现场相符，同时提供资产表格以便核对，并准确导入EAM系统。

◆ 移交传输工程设计、竣工资料，移交时签字接收。资料需齐全。

2．验收有效性

小型工程、零星工程、大型工程验收都必须有网络部及代维人员参与并签字。

1.2 PTN设备安装及验收标准

1.2.1 PTN设备硬件检查

（1）机架内部板件、挡板齐全，无缺失。机架前后门均能顺利打开、关闭，机架与邻排设备的间距不得小于60cm。

（2）线缆布放：线缆的规格与走线路由符合设计及相关技术规范的要求，整齐布放，布放路由应不影响维护和扩容。如图1-9所示。

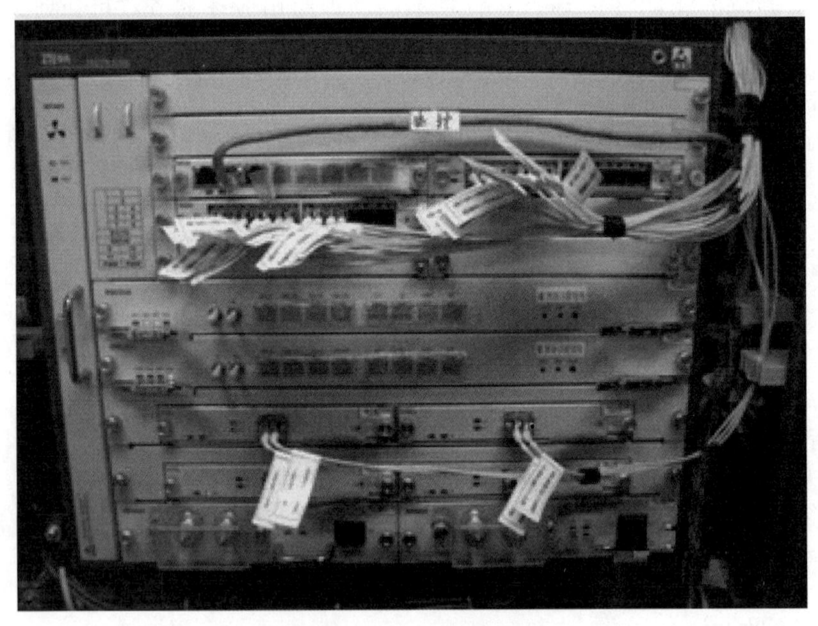

图1-9　PTN设备线缆布放图

（3）设备运行状态：传输设备工作正常，无异常告警。

（4）DDF&ODF编号：列、架编号以不可扩容到可扩容从小到大编号；ODF单元从下到上安装与编号；ODF单元端口从左到右、从上到下安装、使用、编号；75Ω DDF从上到下、端口从左到右安装与编号，上收下发传输信号；120Ω DDF从下到上、端口从左到右安装与编号，左收右发传输信号。

（5）DDF&ODF列、架及ODF单元标签（如图1-10所示）：必须准确、齐全张贴（随装随贴，包括暂不在用的），不同机房的同类标签位置一致。DDF&ODF列、架标签格式：楼层—第几列—此列第几架，即AAF-BB-CC。ODF单元标签格式：楼层—第几列—此列第几架—此架第几单元，即AAF-BB-CC-DD。

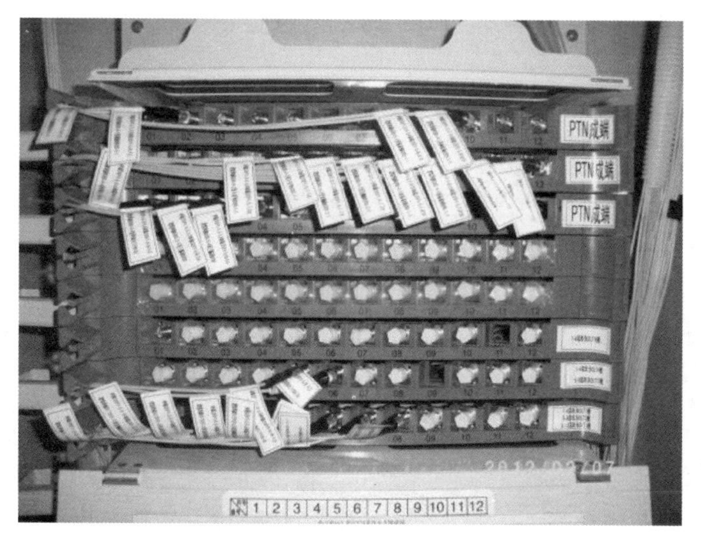

图 1-10　ODF 单元标签

（6）EAM 资产标签（如图 1-11 所示）：机架、机框、单板均要粘贴资产标签，确认资产标签对应的单板名称及机架号正确。

图 1-11　EAM 资产标签

（7）设备标签：在设备正面上方醒目位置粘贴打印标签，内容包括“传输系统，机架内所有设备名称”，如“中兴 PTN 汇聚环 13（城东北），2021254—旭日景城—63 汇聚环 13”。每个设备都需粘贴自己的标签。

（8）跳纤标签：标签格式为，本端——本端端子位置；对端——对端端子位置。各类相关的传输设备、电源线、光缆、线缆及端口必须粘贴标签。

（9）设备供电：独立电源、独立电池组。

（10）三线分离：电源线（交流、直流）、信号线、尾纤必须分开布放，实在无条件分开的尾纤必须安装护套。如图 1-12 所示。

图 1-12　PTN 设备线缆布放图

（11）电源连接：电缆与设备端子相连必须用铜鼻子，铜鼻子必须经过镀锡处理后方可与设备端子相连。

（12）线缆布放：线缆的规格与走线路由符合设计及相关技术规范的要求，整齐布放，布放路由应不影响维护和扩容。如图 1-13 所示。

图 1-13　线缆布放要求

1.2.2　组网标准

1. 成环及比例

◆　汇聚环必须先于接入网成环；汇聚环以上必须物理成环；汇聚层严禁同环同路由或同管道路由，接入层原则上不允许同环同路由或同环同管道现象，特殊情况下需经设计会审共同讨论确定。

◆　汇聚层及以上设备必须使用已验收光缆。

◆　设备初验时 PTN 物理成环率不低于 85%，终验时达到 90%。

◆　无巨环或长链(10GE 环不多于 8 个节点，GE 环不多于 6 个点，3 个及以上为长链)。

◆　汇聚环必须光缆全部成环才可接入网管；链改环整改时必须接入两个汇聚节点组成环，接入同一汇聚点的环节点均不得入网（如果设计会审通过的同一汇聚点的接入环，并且是不同物理路由成环的节点可计列为成环率的统计分子）。

2．设备竣工资料

需提供跳纤图，明确标识出使用的光缆名称和在用纤芯情况。

1.2.3　网元入网管理及测试

1．传输线路与组网

接入方式吻合设计并且相关管线已预验通过（与设计不吻合的需经网络部确认通过）后才能允许入网。要求线路验收不能滞后于设备验收：线路验收先于设备验收或与设备验收同时进行。

2．网元数据（入网后检查）

检查项目包括：网元基本设定数据、时钟数据、保护检查、TUNNUL 状态检查、LAG 组状态检查、APS 倒换检查、TPS 倒换检查、光功率检查、数据库、告警、性能、ECC 路由检查、ID 设置、数据同步以及其他等，均需符合要求。

1.2.4　验收项

（1）齐全、准确移交设备成端资料（电端口需全部成端），楼层填写准确。

（2）电路开通前，需在管线系统中规范、准确录入管线资料和成端信息，租用管道、杆路情况务必标明。

（3）电路申请前，需反馈给网络部相关设备的准确、规范的成端信息。DDF 端口格式：楼层—第几列—此列第几架—此架第几单元—此单元第几端口，如 02F-08-11-05-01（占用非常规位置的端口，须特别指明，如 02F-08-11-05-01 下）；ODF 端口格式：楼层—第几列—此列第几架—此架第几单元—此单元第几行—此行第几端口，如 02F-01-03-05-06-03。

（4）资产标签均张贴齐全并与现场相符，同时提供资产表格以便核对，并准确导入 EAM 系统。

（5）移交传输工程设计、竣工资料，移交时签字接收。资料需齐全。

1.3　PON 设备安装及验收标准

1.3.1　OLT 设备硬件检查

（1）设备安装：机架内部板件、挡板齐全，无缺失。机架前后门均能顺利打开、关闭，机架与邻排设备的间距不得小于 60cm。如图 1-14 所示。

（2）线缆布放：线缆的规格与走线路由符合设计及相关技术规范的要求，整齐布放，布放路由应不影响维护和扩容。如图 1-15 所示。

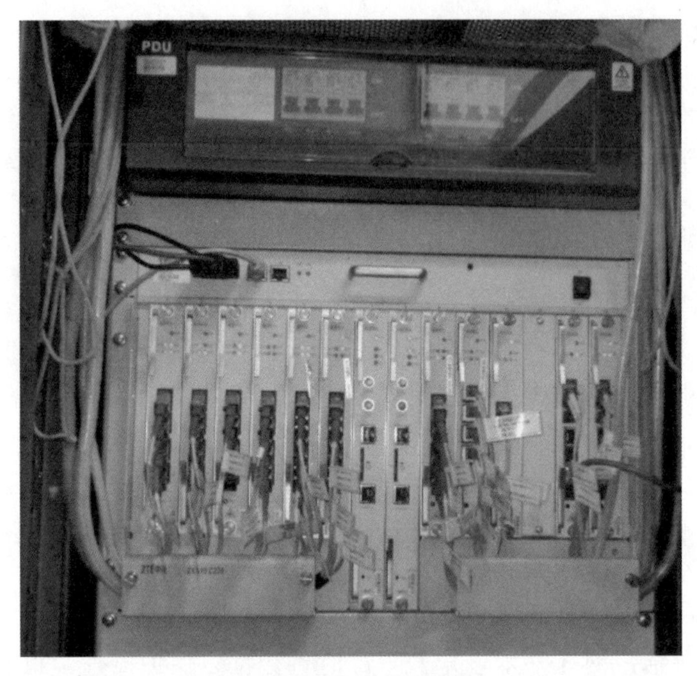

图 1-14　OLT 设备安装示意图

图 1-15　OLT 设备线缆布放示意图

（3）设备运行状态：传输设备工作正常，无异常告警。

（4）DDF&ODF 编号（如图 1-16 所示）：列、架编号以不可扩容到可扩容从小到大编号；ODF 单元从下到上安装与编号；ODF 单元端口从左到右、从上到下安装、使用、编号；75Ω DDF 从上到下、端口从左到右安装与编号，上收下发传输信号；120Ω DDF 从下到上、端口从左到右安装与编号，左收右发传输信号。

（5）DDF&ODF 列、架及 ODF 单元标签：必须准确、齐全张贴（随装随贴，包括暂不在用的），不同机房的同类标签位置一致。DDF&ODF 列、架标签格式：楼层—第几列—此列第几架，即 AAF-BB-CC。ODF 单元标签格式：楼层—第几列—此列第几架—此架第几单元，即 AAF-BB-CC-DD。

（6）EAM 资产标签（如图 1-17 所示）：机架、机框、单板均要粘贴资产标签，确认资产标签对应的单板名称及机架号正确。

图 1-16　OLT 设备 DDF&ODF 单元标签

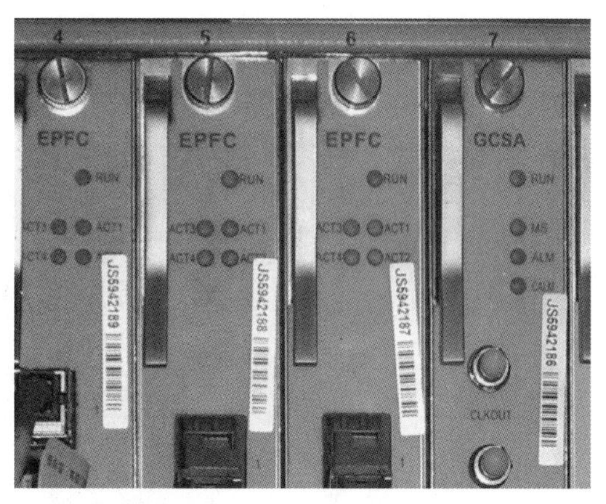

图 1-17　OLT 设备 EAM 资产标签

（7）设备标签：在设备正面上方醒目位置粘贴打印标签，内容分为两行，分别是“该 OLT 的 IP 地址”和“所在城市—站点名称及楼层信息—OLT 网元 ID—厂家标识—设备类型”，如第一行写“192.168.2.2”，第二行写“南京长江机械厂—OLT001-ZX-C220”。每个设备都需粘贴自己的标签。

（8）跳纤标签（如图 1-18 所示）：标签格式为，本端——本端端子位置；对端——对端端子位置。各类相关的传输设备、电源线、光缆、线缆及端口必须粘贴标签。

图 1-18　OLT 设备跳纤标签

（9）设备供电：独立电源、独立电池组。

（10）三线分离：电源线（交流、直流）、信号线、尾纤必须分开布放，实在无条件分开的尾纤必须安装护套。如图 1-19 所示。

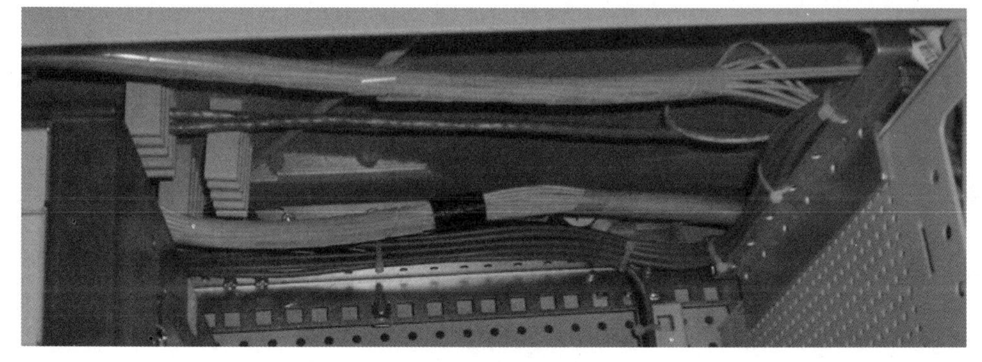

图 1-19　OLT 设备线缆布放图

（11）电源连接：电缆与设备端子相连必须用铜鼻子，铜鼻子必须经过镀锡处理后方可与设备端子相连。

（12）线缆布放：线缆的规格与走线路由符合设计及相关技术规范的要求，整齐布放，布放路由应不影响维护和扩容。如图 1-20 所示。

图 1-20　OLT 设备线缆走向图

1.3.2　组网要求

（1）OLT 接入必须符合会审通过的设计，在上网管前保证双上行且无同路由（包括承载网络 PTN 及光缆网），如不符合，须整改后才能接入。

（2）OLT 设备须预验通过后才能入网。

1.3.3　验收项

1. 资料和资产移交

◆　齐全、准确移交设备成端资料（电端口需全部成端），楼层填写准确。

◆　电路开通前，需在管线系统中规范、准确录入管线资料和成端信息，租用管道、杆路情况务必标明。

◆　电路申请前，需反馈给网络部相关设备的准确、规范的成端信息。DDF 端口格式：楼层—第几列—此列第几架—此架第几单元—此单元第几端口，如 02F-08-11-05-01（占用非常规位置的端口，须特别指明，如 02F-08-11-05-01 下）。ODF 端口格式：楼层—第几列—此列第几架—此架第几单元—此单元第几行—此行第几端口，如 02F-01-03-05-06-03。

◆　资产标签均张贴齐全并与现场相符，同时提供资产表格以便核对，并准确导入 EAM 系统。

◆　移交传输工程设计、竣工资料，移交时签字接收。资料需齐全。

2. 验收有效性

小型工程、零星工程、大型工程验收都必须有网络部及代维人员参与并签字。

第 2 章 传输线路

本章规范了传输线路工程建设相关标准和要求，细化了传输线路工程建设验收管理要求、设施配置要求等。工程建设及验收标准线路部分包括管道建设及验收标准（参考 GB 50374-2006 通信管道及通道工程验收规范）和光缆建设及验收标准（参考 YD 5121-2010 通信线路工程验收规范）。

2.1 管道建设要求

（1）管道建设要求有详细的竣工图纸，现场施工和竣工图纸一致，距离准确，具体包括管道走向、人（手）孔位置、人（手）孔的规格、人井编号、标高等。

（2）管道开挖深度要求：原则上人行道下不小于 0.7m；车行道下不小于 0.8m。特殊情况：① 当埋深接近 70cm 时，可将管材更换成 PE 管或硅芯管（载重车辆禁行道路、在建广场等）；② 当埋深为 30～50cm 时，采用 PE 管加包封方式；③ 当埋深≤30cm 时，采用钢管（非机动车道），机动车道要采取钢管加包封方式。

（3）人井编号喷刷清晰，喷刷位置、效果符合要求。长途直埋管道标石（要求 1.8m 长标石）齐全、符合规范、编号清晰。

（4）顶管、长途直埋管材进入人井摆放整齐并适当余留，安装堵头。

（5）人（手）孔内无漏水，无砖块、垃圾等杂物。

（6）人井抹面、勾缝、粉刷工艺要求：人井抹面应平整、压光、不空鼓，墙角不得歪斜；抹面厚度、砂浆配比应符合规定；勾缝应整齐均匀，不得空鼓，不应脱落或遗漏。

2.2 管道验收标准

（1）管道竣工资料和现场实际相符（包括井距、管道断面、道路及附近标志性建筑物名称等）。

（2）管道竣工图应包含管道谷歌示意图，高程图包括管道的断面图、管孔规模、管道程式、埋深等。

（3）管道的所有人井需要进行经纬度定位，要求采用 nm 级 GPS 定位仪，要求偏差在 5m 范围内。

（4）管道现场验收前，需要将管线资料完整、准确地录入管线资源管理系统，经审核签字确认后方可进行现场验收。

（5）竣工资料封面用黄色，应包括工程说明、隐蔽工程记录、气吹试通记录、测试记录等。合建管道标明权属，并与实际相符。

（6）竣工资料是否包含监理隐蔽工程签证。

（7）现场人井编号需要按照人井编号原则统一进行编号，人井编号喷刷清晰，喷刷位置、效果符合要求，并保证竣工资料、资产管理系统录入资料、现场一致。

（8）现场验收管道、管孔必须全部进行试通，其中试通器直径需要达到管孔内径的90%。

（9）管道开挖深度（管顶至路面）符合规范：原则上人行道下不小于0.7m；车行道下不小于0.8m。

（10）特殊情况，当埋深接近70cm时，可将管材更换成PE管或硅芯管（载重车辆禁行道路、在建广场等）。

（11）当埋深为30～50cm时，采用PE管加包封方式。

（12）当埋深≤30cm时，采用钢管（非机动车道），机动车道要采取钢管加包封方式。

（13）长途直埋管道标石（要求1.8m长标石）齐全、符合规范、编号清晰，如图2-1所示。

图2-1　长途直埋管道标石示意图

（14）顶管、长途直埋管材进入人井摆放整齐并适当余留，安装堵头。

（15）人（手）孔内无漏水，无砖块、垃圾等杂物。

（16）人井抹面、勾缝、粉刷等是否符合工艺要求（抹面应平整、压光、不空鼓，墙角不得歪斜；抹面厚度、砂浆配比应符合规定；勾缝应整齐均匀，不得空鼓，不应脱落或遗漏）。

（17）微控定向钻工程要求提供轨迹图。

（18）微控定向钻工程竣工图要求每隔2m或3m提供管道深度，同时每隔2m或3m提供管道水平偏移度。

（19）市政主次干道以及一般道路管道要求人井规格为90cm×120cm；人井口圈采用圆形。

（20）其他出土引上人井及末端引接管道可采用方形口圈。

2.3　光缆建设相关要求

2.3.1　管道光缆建设要求

（1）人（手）孔内的光缆不得直线穿越，应靠井壁用波纹管保护固定。固定的方法要合理，绑扎牢固，整齐美观，固定方法全程统一。

（2）光缆在人（手）孔内接头，余缆必须抽至接头盒两侧人井中预留（吹缆工艺敷设光缆除外），并用玻纤布绑扎钉固牢固（中继和主干光缆），预留长度为 8～10m（不超过 15m），光缆进地下室 15～20m 余缆应圈绕整齐美观，固定位置适宜、牢固。

（3）每个人（手）孔内的光缆应悬挂统一的标志牌（塑料牌），用扎线绑扎牢固，放在醒目位置（靠近井盖附近），便于识别。集团用户光缆室内可以使用手写牌（仅限于集团客户楼内），光缆在地下室应挂多块标志牌（不少于 3 块），在机房走线槽道内间隔一定距离挂一块，起始点、终点各挂一块。光缆挂牌格式见附录三。

（4）光缆从局前人孔进入地下室、分纤点、机房两侧管道口和塑料子管均要封堵严密，在地下室、机房内和引上布放时要排列整齐，严禁绞缆布放。

2.3.2　架空光缆建设要求

（1）角杆、出土杆、过街杆处光缆必须挂牌，直线杆每隔 1 个杆悬挂一块挂牌。接头盒两侧必须挂牌，有伸缩弯。余缆抽到接头盒两侧杆进行余留，余缆长度为 10～15m；挂牌内容包括光缆段落、纤芯数目、型号、施工单位、施工日期等。

（2）在市区采用架空方式敷设的光缆，凡过街杆路部分，主干道过街杆路高度需达到 5.5m，次干道过街杆路高度需达到 5m，同时悬挂红白警示管。因特殊原因确实无法达到规定高度要求的，还必须悬挂限高牌。郊县过路杆路高度 5.5m，出土杆、角杆（两端）、过街处电杆（两端）必须悬挂光缆标牌，直线杆路部分隔杆挂牌（架空部分选用标牌同管道人井中使用的标牌，必须用扎线绑扎）。三线交越处必须按照维护要求加以保护。过路缆线对地高度在竣工图纸上必须标注。

2.3.3　出土部分和浅埋部分要求

出土部分须钢管内穿子管保护，钢管口须封堵，出土高度在 2.5m 以上；浅埋部分浅埋管道采用硅芯管，埋深大于 40cm，特殊情况达不到要求的，必须包封保护。

2.3.4　光交及光缆成端

（1）光缆交接箱体正直，落地式光交要有底座且底部良好密封，接地、门锁及外部配件完好；光交箱正门内外两侧需要粘贴统一标志牌；标志牌格式见附录二。

（2）光交内部线缆走线合理、排列整齐、不绞杂、绑扎牢固，待用法兰盘上有防尘端帽，进线孔封堵严密，箱内无杂物。

（3）光交内的光缆须挂牌注明光缆规格程式及光缆段名称。

（4）光交内的跳纤标签必须采用统一机打标签；标签格式见附录三。

（5）光交接箱必须采用配套托盘进行成端。

（6）光交接箱之间必须用预埋管孔进行沟通，跳纤不允许暴露在外直接沟通。

（7）ODF 的光缆成端应在 ODM 内集中成端，严禁在 ODF 机柜内侧附挂等情况，ODF 面板上应粘贴机打标签标明光缆名和光缆分支情况。详细要求见附录二。

2.4 光缆验收相关要求

（1）光缆竣工资料和现场实际相符，竣工图包括管孔占用图、纤芯分配图、接头盒位置、人井编号、经纬度、ODF 及光交面板图。

（2）管道光缆人（手）孔内的光缆不得直线穿越，应靠井壁用波纹管保护固定。固定的方法要合理，绑扎牢固，整齐美观，固定方法全程统一。

（3）管道光缆在人（手）孔内接头，余缆必须抽至接头盒两侧人井中预留（吹缆工艺敷设光缆除外）。

（4）管道光缆余留长度 8～10m（不超过 15m），光缆进地下室 15～20m，余缆应圈绕整齐美观，固定位置适宜、牢固。

（5）管道光缆每个人（手）孔内的光缆应悬挂统一的标志牌（塑料牌），用扎线绑扎牢固，放在醒目位置（靠近井盖附近），便于识别。

（6）光缆在地下室应悬挂多块标志牌（不少于 3 块），在机房走线槽道内间隔一定距离挂一块，起始点、终点各挂一块。

（7）光缆从局前人孔进入地下室、分纤点、机房两侧管道口和塑料子管均要封堵严密。

（8）在地下室、机房内和引上布放时要排列整齐，严禁绞缆布放。

（9）挂牌内容应包括光缆段落、纤芯数目、型号、施工单位、施工日期等信息。

（10）杆路光缆角杆、出土杆、过街杆处光缆必须挂牌，直线杆每隔 1 个杆一块挂牌。接头盒两侧必须挂牌，有伸缩弯。

（11）余缆抽到接头盒两侧杆进行余留，余缆长度 10～15m。

（12）在市区采用架空方式敷设的光缆，凡过街杆路部分，主干道过街杆路高度需达到 5.5m，次干道过街杆路高度需达到 5m，郊县过路杆路高度需达到 5.5m，同时悬挂红白警示管，如图 2-2 所示。

图 2-2 过街红白警示管悬挂示意图

（13）因特殊原因确实无法达到规定高度要求的，还必须悬挂限高牌，如图 2-3 所示。

图 2-3　限高牌悬挂示意图

（14）出土杆、角杆（两端）、过街处电杆（两端）必须悬挂光缆标牌，直线杆路部分隔杆挂牌（架空部分选用标牌同管道人井中使用的标牌，必须用扎线绑扎）。

（15）三线交越处必须按照维护要求加以保护。安装三线交越保护板，过路缆线对地高度在竣工图纸上必须标注。

（16）出土光缆须钢管内穿子管保护；钢管口须封堵；出土高度在 2.5m 以上。

（17）光缆必须进行 OTDR 测试，其中 G.652 光缆要求平均衰耗小于 0.36dBm/km；G.655 要求衰耗小于 0.20dBm/km；接头衰耗小于 0.08dBm。

（18）光缆需要在接头井两侧进行余留，余留长度 10～15m。

（19）光缆成端要从下往上占用光 ODM 架；并按照要求张贴标签和挂牌（参考光缆挂牌、标签管理规范）。

（20）光缆测试需要进行光源、光功率计逐段测试，保证衰耗合理，避免错纤发生。

（21）新立 ODF 要求 ODF 架顶统一贴牌，ODM 框按从上到下、从小到大的顺序进行贴牌编号。

（22）跳纤标签应按照标准进行张贴，标签内容齐全，统一打印，严禁手写。

（23）一干光缆采用红底黑字标签，省内干线光缆采用绿底黑字标签，其他本地光缆跳纤采用白底黑字标签。

（24）光缆交接箱体正直，落地式光交要有底座且底部良好密封，接地、门锁及外部配件完好；光交箱正门内外两侧需要粘贴统一标志牌。如图 2-4 所示。

（25）光交内部线缆走线合理、排列整齐、不绞杂、绑扎牢固，待用法兰盘上有防尘端帽，进线孔封堵严密，箱内无杂物。

（26）光交内光缆须挂牌注明光缆规格程式及光缆段名称，内容与管线资源管理系统的数据一致。

（27）光交接箱必须采用配套托盘进行成端，否则整改后方可进行验收。

图 2-4　光交编号示意图

（28）光交接箱之间必须用光缆成端进行沟通，不允许使用尾纤进行沟通。

（29）光缆成端应在 ODM 内集中成端，严禁在 ODF 机柜内侧附挂等情况，ODF 面板上应粘贴机打标签标明光缆名和光缆分支情况。

（30）标签单芯业务，只需在一根跳纤的两端分别粘贴标签（需两张标签）。双芯业务，需在两根跳纤的两端分别粘贴标签，跳纤标签距光纤接头 5～10cm。

（31）粘贴标签时应保证标签位置准确，醒目明了，方向端正，粘贴牢固；应注意所用标签完整干净，不能破损。如图 2-5 所示。

图 2-5　光交成端标签示意图

（32）跳纤长度必须掌握一定的余长，在合理范围内；盘扎整齐。

（33）长度不足的跳纤不得使用，不允许使用法兰盘连接两段跳纤进行业务跳接。

（34）架内跳纤应确保各处曲率半径大于 400mm。

（35）所有跳纤必须在走线架内布放，严禁架外布放、飞线等情况的发生。

（36）所有跳纤需要用软管或者波纹管进行保护，余缆统一在盘纤区内盘扎整齐。

附录一：通信管道工程验收表

通信管道工程验收表

工程名称			验收时间	
施工单位		现场负责人及联系方式		
监理单位		现场负责人及联系方式		
线路代维		现场负责人及联系方式		

现　场　情　况

序号		内容		是否合格	备注（具体明确不合格点）
资产管理验收	1	管线资源管理系统录入与竣工资料一致	系统录入与竣工图纸一致	□是 □否	
	2	录入的人井编号、经纬度、断面图与竣工图纸一致	与图纸一致，现场核查	□是 □否	
竣工资料	1	竣工资料需要包含断面图、高程图		□是 □否	
	2	提供经纬度清单		□是 □否	
	3	竣工资料是否包含监理隐蔽工程签证		□是 □否	
	4	微孔定向钻工程要求提供轨迹图：（1）每隔 2m 或 3m 提供管道深度；（2）每隔 2m 或 3m 提供管道水平偏移度		□是 □否	
现场验收	1	竣工图纸齐全，现场施工与竣工图纸一致，距离准确；包括管道走向、人（手）孔位置、人（手）孔的规格、人井编号、标高等	□是 □否	□是 □否	
	2	经纬度、人井编号等是否定位，是否与竣工资料相符		□是 □否	
	3	管道开挖深度（管顶至路面）符合规范：原则上人行道下不小于 0.7m；车行道下不小于 0.8m。特殊情况：（1）当埋深接近 70cm 时，可将管材更换成 PE 管或硅芯管（载重车辆禁行道路、在建广场等）；（2）当埋深为 30～50cm 时采用 PE 管加包封方式；（3）当埋深≤30cm 时，采用钢管（非机动车道），机动车道要采取钢管加包封方式		□是 □否	
	4	管道是否进行包封保护措施处理（可随机抽检 1～2 处）		□是 □否	
	5	人井编号喷刷清晰，喷刷位置、效果符合要求。长途直埋管道标石（要求 1.8m 长标石）齐全、符合规范、编号清晰		□是 □否	

续表

现场情况				
序号		内容	是否合格	备注（具体明确不合格点）
现场验收	6	顶管、长途直埋管材进入人井摆放整齐并适当余留，安装堵头	□是 □否	
	7	人（手）孔内无漏水，无砖块、垃圾等杂物	□是 □否	
	8	人井抹面、勾缝、粉刷等是否符合工艺要求（抹面应平整、压光、不空鼓，墙角不得歪斜；抹面厚度、砂浆配比应符合规定；勾缝应整齐均匀，不得空鼓，不应脱落或遗漏）	□是 □否	
	9	人（手）孔原则上必须使用圆形井盖（特殊情况使用方形井盖）	□是 □否	
	10	管孔试通（全部管孔进行拉棒试通，直径为管孔内径的95%以上）	□是 □否	
验收结果				
整改意见				
验收结果		□合格 □不合格		
整改要求		限期______天整改完毕 整改后结果：__________ 签字：__________		
验收人员签字		年 月 日		

附录二（1）：光缆线路工程验收总表

光缆线路工程验收表

<table>
<tr><td>工程名称</td><td colspan="5"></td></tr>
<tr><td>施工单位</td><td></td><td>现场负责人</td><td></td><td>联系方式</td><td></td></tr>
<tr><td>监理单位</td><td></td><td>现场负责人</td><td></td><td>联系方式</td><td></td></tr>
<tr><td>维护单位</td><td></td><td>现场负责人</td><td></td><td>联系方式</td><td></td></tr>
<tr><td colspan="6">系　统　资　料</td></tr>
<tr><td colspan="2">竣工资料是否已经正确录入资产管理系统</td><td colspan="2">□是 □否</td><td colspan="2">审核人签字：</td></tr>
<tr><td colspan="6">现　场　情　况</td></tr>
<tr><td>序号</td><td colspan="3">内容</td><td>是否合格</td><td>备注（具体明确不合格点）</td></tr>
<tr><td>1</td><td colspan="3">现场施工与竣工图纸一致，包括路由、杆/井号、接头位置、盘留位置、引上/下点</td><td>□是 □否</td><td></td></tr>
<tr><td>2</td><td colspan="3">测试纤芯，纤芯衰耗必须合格</td><td>□是 □否</td><td></td></tr>
<tr><td>3</td><td colspan="3">光缆成端 ODM 上粘贴标签，标签须准确，字迹端正可辨认，标签粘贴牢固（基站内成端必须成端在 ODF 内，不允许成端在综合架或设备架内）</td><td>□是 □否</td><td></td></tr>
<tr><td>4</td><td colspan="3">全程跳纤有标签，标签准确，字迹端正可辨认，粘贴牢固；跳纤长短合适，走线规范，不影响安全</td><td>□是 □否</td><td></td></tr>
<tr><td>5</td><td colspan="3">新放光缆全程必须挂牌，接头盒两侧必须挂牌</td><td>□是 □否</td><td></td></tr>
<tr><td>6</td><td colspan="3">新放光缆割接涉及的原光缆全程挂牌更新、成端标签更新</td><td>□是 □否</td><td></td></tr>
<tr><td>7</td><td colspan="3">不允许使用电信、广电、联通、供电管线资源（与对方有协议除外，协议必须为与产权运营商的正式合同或协议）</td><td>□是 □否</td><td></td></tr>
<tr><td>8</td><td colspan="3">直埋部分埋深符合要求（要求直埋部分埋深 40cm 以上），并加塑料硅芯管保护（不允许用子管）。对于埋深小于 40cm 的，需采用混凝土进行包封保护</td><td>□是 □否</td><td></td></tr>
<tr><td>9</td><td colspan="3">引上固定有钢管保护，高度合格，引上管地下部分加装弯管，上端封堵；附挂墙壁的光缆高度 2.5m 以上；杆路过路高度不小于 6m</td><td>□是 □否</td><td></td></tr>
<tr><td>10</td><td colspan="3">井内光缆按规范要求靠边、固定、绑扎及保护；接头盒固定、密封完好</td><td>□是 □否</td><td></td></tr>
<tr><td>11</td><td colspan="3">井内光缆预留须盘绕绑扎，不可存在扭绞现象</td><td>□是 □否</td><td></td></tr>
<tr><td colspan="6">验　收　结　果</td></tr>
<tr><td>整改意见</td><td colspan="5"></td></tr>
<tr><td>验收结果</td><td colspan="5">□合格　　　　　　　　□不合格</td></tr>
<tr><td>整改要求</td><td colspan="5">限期________天整改完毕</td></tr>
<tr><td>验收人员签字</td><td colspan="5">年　月　日</td></tr>
</table>

附录二（2）：光缆线路工程验收明细

工程名称	序号	图纸名称	序号	中继段	新增管道	新增杆路	光缆长度	芯数	代维验收确认
	1		1						
			2						
	2		1						
	3		1						
	4		1						
	5		1						
	6		1						
	7		1						
	8		1						
	9		1						
			2						
	10		1						
			2						
			3						
			4						
	11		1						
	12		1						
			2						
	13		1						
	合计						0.00	/	

附录三：管线相关挂牌、标签张贴等规范

一、ODF、ODM 标签对

对 ODF 进行编号，要求综合机房同一楼层（不论该层是否再分机房）、同一基站内的 ODF 统一按顺序编号（1～99），不得出现两架 ODF 使用同一编号。统一在 ODF 架横梁上张贴编号标签，如“ODF ××”。

在 ODM 框盖外侧张贴 ODM 框子编号，ODM 框在 ODF 架内统一由下至上编号，如图 1 所示。

部分基站内有将 ODM 框安装在综合机柜内的，也有将其作为一个 ODF 看待的，标签张贴要求同上。

图 1　ODF 架示意图

二、光交接箱挂牌

光交接箱要求在光交接箱侧面和门内侧各张贴一张挂牌，挂牌要求如下。

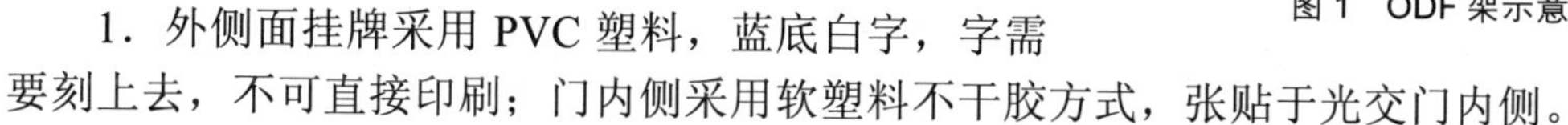

1．外侧面挂牌采用 PVC 塑料，蓝底白字，字需要刻上去，不可直接印刷；门内侧采用软塑料不干胶方式，张贴于光交门内侧。

2．张贴位置：（1）外侧面挂牌，上下位置距光交上沿 10cm，水平位置居中；（2）门内侧挂牌，上下及水平位置均为居中。

3．挂牌大小、字体如图 2 所示。

4．光交接箱挂牌内容说明：

（1）光交接箱名称：① 路名+GJ+3 位数字编码，例：虎踞路 GJ001；② 小区内光交接箱名称，例：典雅居 GJ002；

（2）光交接箱编号：为每个光交接箱分配全区统一的编号，编号方式为“行政区域代码+GJ+3 位数字”。编号由网络部统一分配。

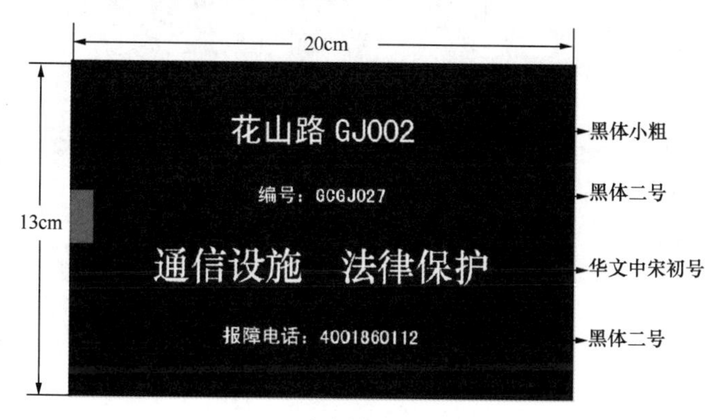

图 2　光交箱挂牌示意图

三、光缆成端标签及挂牌

1．光缆成端标签

光缆在 ODM 内成端，按照从下至上、从左至右的顺序成端；光缆在光交箱内成端，按照从下至上、从左至右的顺序成端，并必须在 ODM 盖板外侧和 ODM 内成端托盘上粘贴标签。光缆成端与设备成端不能使用同一个 ODM。

托盘式分光器安装在光缆成端 ODM 内的最顶端。

ODM 盖板外侧标签内容：光缆段名称+光缆段成端占用的托盘起止端子。

ODM 内成端托盘上标签内容：纤芯段+光缆段落对端名称。纤芯段标明在该托盘上成端的纤芯段落，光缆段落名称需准确标明对端（光缆在掏芯后需要在光缆成端处更新标签内容）。

例如，从 A 机房布放一根 48 芯光缆至分支点，从 B 机房布放一根 24 芯光缆至该分支点，从 C 机房布放一根 8 芯光缆至该分支点。在分支点内，A 机房方向的 1～24 芯与 B 机房的 24 芯光缆熔接；A 机房方向的 25～32 芯与 C 机房的 8 芯光缆熔接；A 机房方向的 33～48 芯在接头盒内预留。假设该 48 芯光缆在 A 机房内 ODF1-1 的 ODM2 内从下至上数第 1～4 个托盘（每个托盘 12 个端子），则在 ODM2 框外侧应张贴标签如图 3 所示。

在 ODM2 内托盘上，应该粘贴标签如图 4 所示。

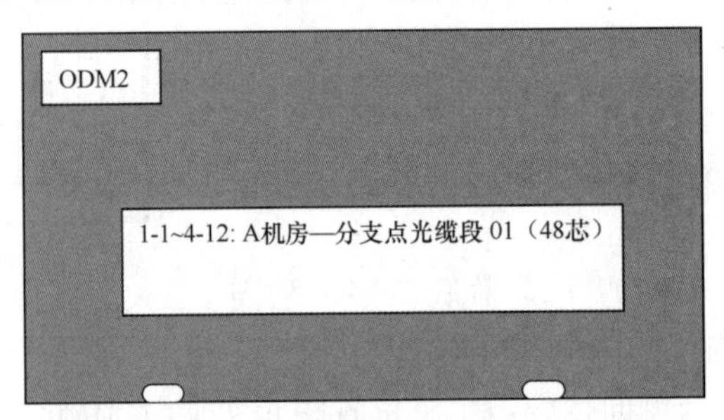

图 3　ODM 子框标签示意图

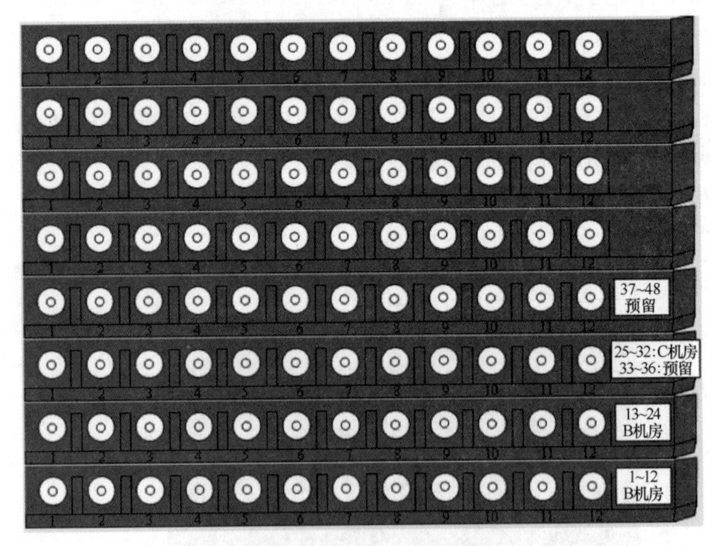

图 4　ODM 托盘标签示意图

标签需采用专用标签打印机机打，不可手写。

2．光缆挂牌

管道光缆要求在每个井内都进行挂牌，杆路光缆要求在角杆、拐弯杆，至少每隔 5 个杆要挂牌，接头盒两侧必须挂牌。

（1）挂牌材质要求：挂牌统一采用 PVC 硬塑料，蓝底刻字，宽 9cm，高 8cm。

（2）刻字内容：要求上部刻移动标识，下面分别要求刻上光缆型号、光缆段名称（从管线系统中统一导出）、施工单位、竣工日期。

（3）字体要求：移动标识采用黑体小二，光缆型号等字段采用宋体四号，填写内容部分采用楷体小四。

（4）集团客户接入光缆可以采用软质白底塑料标牌，使用黑色油性笔手写，但必须字体工整。标牌内容要求同上。如图5所示。

图5 光缆挂牌示意图

四、接头盒内配纤牌

要求接头盒内统一放置配纤牌，配纤牌采用纸打塑封材料，配纤牌上需打印施工单位及施工时间。

新施工单位在打开原有接头盒的情况下，里面原有的牌子不可以扔掉，仍然放置在接头盒内，同时需要将本次的牌子放入。

五、跳纤标签

1．跳纤必须粘贴机打标签，不得手写。

2．一干层面业务跳纤采用红底黑字标签；省干层面业务跳纤采用绿底黑字标签；本地网业务跳纤采用白底黑字标签。

3．跳纤内容需反映出该跳纤的两端端子位置以及整条光路的起始端，格式如图6所示。

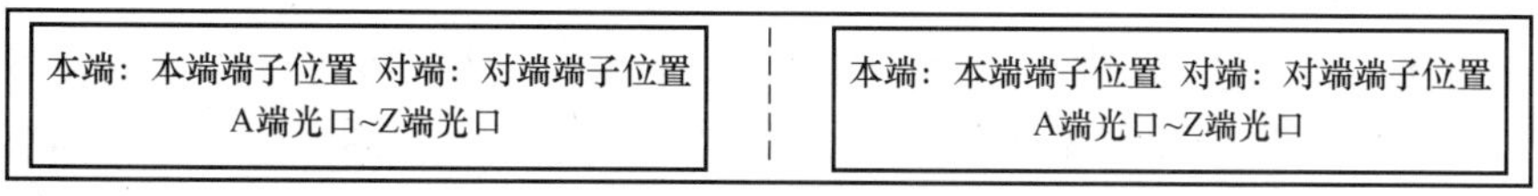

本端：本端端子位置 对端：对端端子位置
A端光口~Z端光口

本端：本端端子位置 对端：对端端子位置
A端光口~Z端光口

图6 跳纤标签示意图

4．标签内打印机设置（以标签机为例）：使用9mm宽幅的色带，标签模板选择“旗帜标签”，标签张贴处直径设置为“4mm”；旗帜长度设定为“45mm”；边框设置为“1”；旋转设置为“无”；字体尺寸设置为“自动”；字体字宽设置为“半角”。

六、管井、电杆喷漆编号

对全区管井、电杆进行统一编号，编号格式为“运营商标识+6 位 数字”。现场编号须与管线资源管理系统中录入的编号一致。管井、电杆利用重复编号，但会在管线系统中予以区分。

模板尺寸：移动标识直径8cm，数字高度5cm，宽度3cm。

编号统一由网络部分配。

1．管井喷漆编号

（1）油漆要求：白底、蓝标、红字。

（2）编号喷涂位置：自建管井需在内侧井脖子上和外侧井框上同时喷涂；共建管井需在内侧井脖子上喷涂；穿用他人管井不喷涂，但保留编号。

（3）在绘制工程图纸（设计、竣工）时，需要反映该编号。

2．电杆喷漆编号

（1）油漆要求：白底、蓝标、蓝字。

（2）编号喷涂位置：自建电杆喷涂在原有标识的上方，不覆盖原有标识；附挂他人电杆不喷涂，但保留编号。

（3）在绘制工程图纸（设计、竣工）时，需要反映该编号。

第 3 章

宽带驻地网

宽带驻地网现已成为信息基础设施的发展重点和关键所在。本章从宽带驻地网的设备安装、线缆敷设以及工程验收 3 个方面给出了相应的规范和验收标准。

3.1 设备安装

3.1.1 光交接箱的安装

（1）光交接箱、光纤配线架中的每一块盘片、每芯均应标签标识光缆走向及对端位置。

（2）光交接箱、光纤配线架内的一体化模块可根据工程实际情况设计要求作熔纤盘或成端盘。

（3）室外光交接箱的安装图详见图 3-1 和图 3-2。

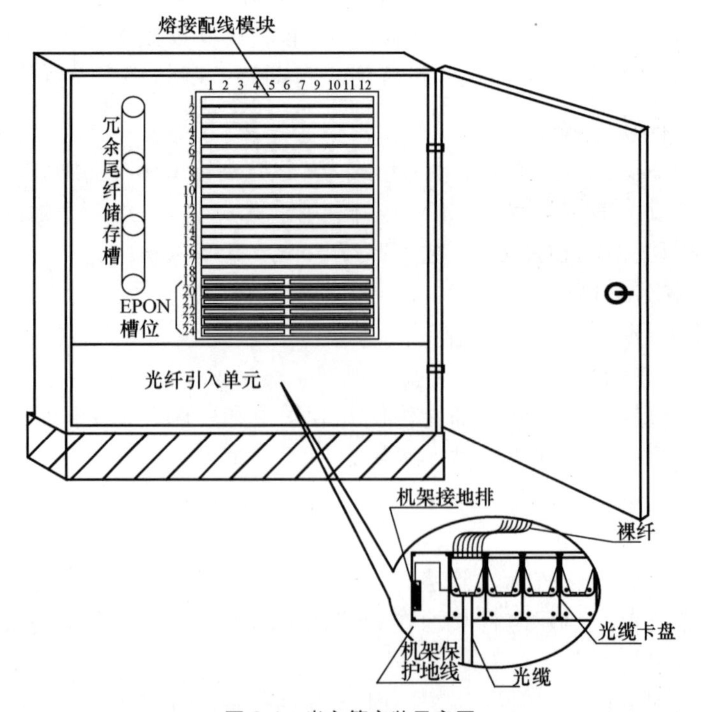

图 3-1　光交箱安装示意图

说明：

◆　用户光缆跳纤或中间尾纤的跳纤，一定要按机架的结构（冗余尾纤储存槽）和 ODF 机架上的图示进行布放，不得有错放现象，尾纤在冗余尾纤储存槽内的盘留长度不超过 500mm。尾纤在冗余尾纤存储槽内不允许有自绕现象和“8”字现象。

◆　光交接箱正面熔接配线单元 1～18 安装一体化模块、19～24 安装分光器。光交接箱反面熔接配线单元 1～24 全部安装一体化模块。

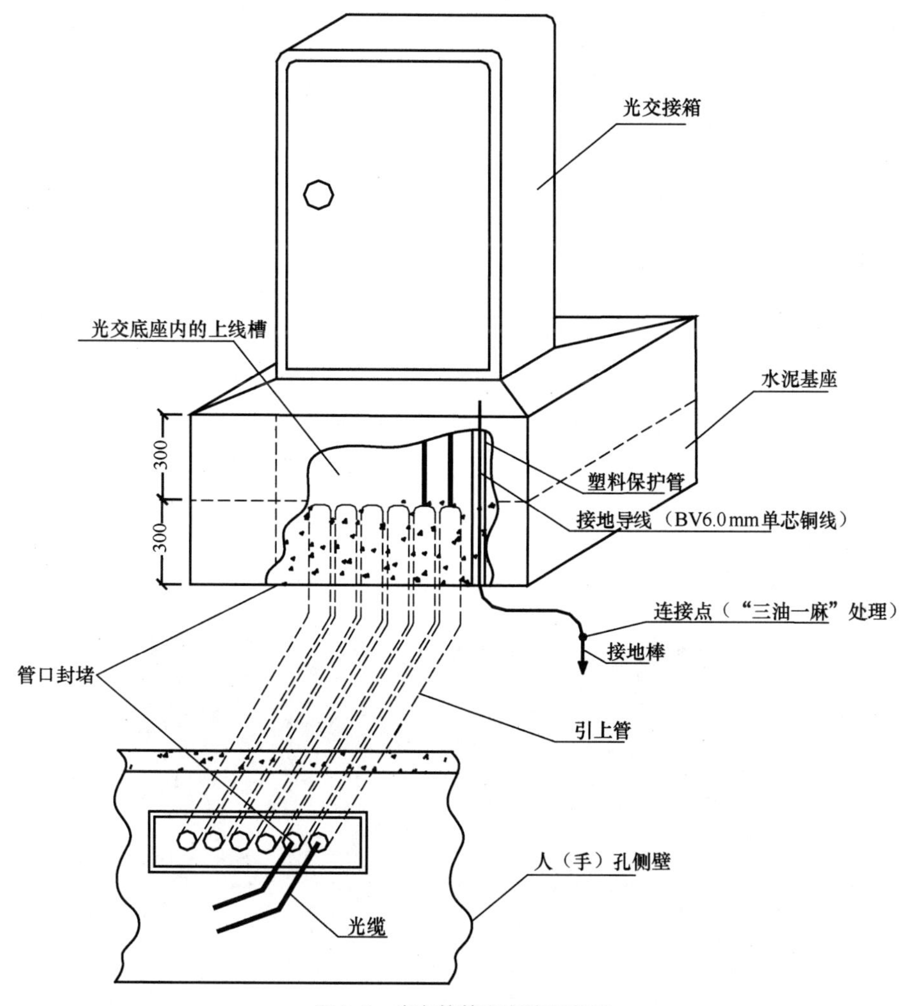

图 3-2　光交箱基座安装示意图

说明：

◆　光交接箱应安装在水泥底座上，箱体与底座应用地脚螺丝连接牢固，缝隙用水泥抹八字。

◆　基座与人（手）孔之间应用管道连接，不得做成通道式。

◆　光交接箱应严格防潮，穿放光缆的管孔缝隙和空管孔的上、下管口应封堵严密，光交的底板进出光缆口缝隙也应封堵。

◆　光交的底座尺寸大小：高如图 3-2 所示，宽和深的尺寸应比要安装光交的宽和深的尺寸大 150mm。一般尺寸为（高×宽×深）：610mm×1300mm×750mm。

◆ 光交接箱应有接地装置。在做底座前预埋一根地线棒，在做底座时敷设两根BV6.0mm 单芯铜线，必须要加以塑管保护。一端与地线棒连接，连接处要采取防腐、防锈、防酸处理（即“三油一麻”处理）；一端与光交的地线接地排相连。

3.1.2 光分路器、托盘的安装

（1）光分路器、托盘内每芯均应标识光纤走向。

（2）光分路器、托盘的安装应工整、美观，其所有尾纤均有一定的富余量，盘纤应整齐，方便维护时取出和还原。

（3）光分路器、托盘在光交接箱/ODF 架/综合机架内的安装应牢固。

3.1.3 BAN 箱的安装

（1）安装位置适宜，离地高度标准，物理位置与竣工资料相符。

（2）安装牢固，正直水平。

（3）箱内：电源、光缆、大对数电缆、五类线等进线整齐，有电源保护，光缆加强芯固定，电源线接入点无露铜，接地线牢固，ONU 及 110 模块固定牢固，水晶头插入 ONU 网口到位，ONU 机器码、资产条码与竣工资料相符。

（4）箱内熔纤盘、光纤及尾纤盘绕熔接情况同托盘。

（5）110 模块打线整齐，无露铜。跳线、五类线走向合理，列整齐，标签反映正确、清楚。

（6）用电许可标贴与竣工资料相符。

（7）弱电井内无工程杂物。如图 3-3 所示。

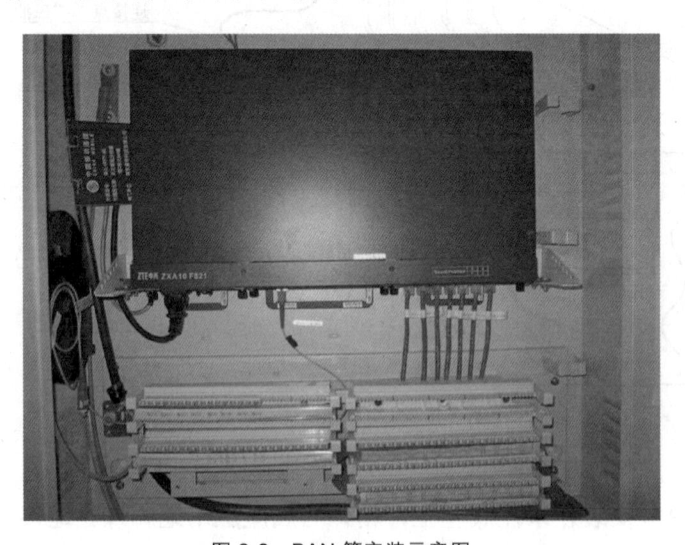

图 3-3 BAN 箱安装示意图

3.1.4 中间配线箱的安装

（1）位置安装情况，同楼道箱。

（2）箱内模块安装固定，线序标签明了。

（3）大对数电缆、五类线走线整齐，打线无毛刺。

（4）中间箱及 FFTB 楼道箱之间线路排列整齐，软管保护到位。

（5）箱内线序标识清楚。

（6）信息盒安装位置适宜，打线牢靠，标识清楚。如图 3-4 所示。

图 3-4　中间配线箱安装示意图

3.1.5　接头盒的安装

（1）接头盒的容量、型号、安装位置应符合设计文件要求。

（2）接头盒应当在不阻断在用光路情况下可多次开启操作，且内部应留有纤芯对应表，便于后期运维使用。

（3）接头盒进出光缆均应有标明光缆走向的吊牌。

（4）接头盒应安装在安全且易于施工维护的位置，当采用墙挂方式安装时，安装工艺应符合墙挂设备安装要求，不得有悬垂现象。

（5）光缆接头盒不得放在雨污水井和污水井中，应另做一个井。

（6）接头盒内的加强芯电器断开、固定牢靠，塑料及纤芯盘绕半径不小于 4cm，热熔管固定。

3.2　线缆敷设

3.2.1　光跳线的敷设

（1）光跳线的规格、程式应符合设计文件的要求。

（2）光跳线的走向、路由应符合设计文件的规定。

（3）光跳线两端的余留长度应统一并符合工艺要求。

（4）光跳线布放时，应尽量减少转弯，应加套管或者线槽保护。无套管保护部分宜用活扣扎带绑扎，扎带不宜过紧。光跳线应保持自然顺直，无扭绞现象，并绑扎至横铁上。尾纤在 ODF 和设备侧的预留应分别不超过 500mm，并在其两端分别固定一永久性标签。

（5）光纤布放时不得受压，不得把光纤折成直角，需拐弯时，应弯成圆弧，圆弧直径不得小于 60mm，光纤应理顺绑扎。

（6）光跳线与设备及 ODF 架的连接应紧密，且应有统一、清楚的标识。

（7）暂时不用的光纤头部要用护套套起，整齐盘绕，用宽绝缘胶带缠在 ODF 架上。如图 3-5 所示。

图 3-5 光跳纤敷设示意图

3.2.2 通信光缆的敷设

（1）光缆的规格程式、光缆的走向、路由应符合设计文件的规定，不宜与电力电缆交越；若无法满足，则必须采取相应的保护措施。

（2）光缆布放应顺直，无明显扭绞和交叉，不得溢出槽道，并且不得堵住送风通道。槽道光缆必须绑扎牢固，外观平直整齐，松紧适度，绑扎间距不宜大于 1.5m，绑扎间距应均匀。

（3）每条光缆在进线孔和 ODF 两端及拐弯处应有统一的标识，标识上宜注明光缆两端连接的位置并符合公司相关标识规范的要求。标签书写应清晰、端正和正确。标签应选用不宜损坏的材料，以便日常维护。

（4）小区内光缆的建筑方式宜采用管道敷设方式，局部亦可采用沿墙敷设、埋式敷设等方式。

◆ 采用管道敷设方式时，首先应合理选取适用的管道资源，小区内管道的选择应严格按照移动自有管道、小区智能化管道、小区弱电管道、小区雨水管道的先后优先级，原则上不允许采用广电等其他运营商的管道资源，但在得到其他运营商管道资源可利用的书面许可且没有其他适合的管道可利用的情况下，可利用的其管道资源，不得采用污水管道。

◆ 在只有雨水管道资源可利用时，应考虑到雨水管道的排水容量，避免因光缆施工后造成管道堵塞。

◆ 光缆不得在雨水井中盘余，光缆接头盒不得存放在雨水井中，应存放在移动自有人（手）孔内。

◆ 穿雨水井要用自承式光缆且穿子管。

如图 3-6 所示。

图 3-6　管道光缆敷设示意图

（5）采用墙壁敷设方式时，其路由选择应满足下列要求。

◆　沿建筑物敷设应横平竖直，不影响房屋建筑美观。路由选择不应妨碍建筑物的门窗启闭，光缆接头的位置不应选在门窗部位。

◆　跨越街坊或院内通道等，其缆线最低点距地面应不小于 4.5m。安装光缆位置的高度应尽量一致，住宅楼与办公楼以 2.5～3.5m 为宜。

◆　吊线在墙壁上水平或垂直敷设时，其终端固定、吊线中间支撑应符合相关要求。

◆　应避开高压、高温、潮湿、易腐蚀和有强烈振动的地区。如无法避免，则应采取保护措施。

◆　避免选择在影响住户日常生活或生产使用的地方。

◆　应避免选择在陈旧的、非永久性的、经常需修理的墙壁。

◆　墙壁光缆应尽量避免与电力线、避雷线、暖气管、锅炉及油机的排气管等容易使光缆受损害的管线设备交叉与接近。墙壁光缆与其他管线的最小净距可参照表 3-1。

表 3-1　　墙壁光缆与其他管线的最小净距表

管线种类	平行净距（m）	垂直交叉净距（m）
电力线	0.20	0.10
避雷引下线	1.00	0.30
保护地线	0.20	0.10
热力管（不包封）	0.50	0.50
热力管（包封）	0.30	0.30
给水管	0.15	0.10
煤气管	0.30	0.10
电缆线路	0.15	0.1

（6）采用埋式敷设方式时，应采用钢管或硅芯管进行保护，埋式敷设方式一般适用于由单元前管井至单元段。

如图 3-7 所示。

图 3-7 墙壁光缆敷设示意图

3.2.3 敷设电源线

（1）电源线必须采用整条电缆线料，严禁中间接头，外皮应完整无损伤。

（2）交流电源线必须有接地保护线。

（3）设备电源宜用不同颜色的电源线相连接。

（4）电源线布放应自然顺直，无明显扭绞和交叉，不得溢出槽道，富余的电源线应截除。经走线架布放的电源线应绑扎整齐，松紧适度，绑扎间距均匀。

（5）电源线转弯处应放松，均匀圆滑。

如图 3-8 所示。

图 3-8 电源线敷设示意图

3.2.4 敷设入户电缆

（1）入户电缆的敷设必须符合施工图的规定。

（2）入户电缆的规格程式、走向、路由、端接方式应符合设计文件的规定，不宜与电力电缆交越，无法满足时，必须采取相应的保护措施。

（3）入户光缆布放应顺直，无明显扭绞和交叉，不应受到外力的挤压和操作损伤。

（4）入户电缆两端应有统一的标识，标识上宜注明两端连接的位置。标签书写应清晰、端正和正确。标签应选用不宜损坏的材料。

（5）入户电缆应留有余量以适应终接、检测和变更。电缆预留长度：工作区宜为 3～6m，电信间宜为 0.5～2m，设备间宜为 3～5m。

（6）入户电缆的弯曲半径应符合下列规定。

◆ 非屏蔽 4 对对绞电缆的弯曲半径至少应为电缆外径的 4 倍。

◆ 屏蔽 4 对对绞电缆的弯曲半径至少应为电缆外径的 2 倍。

◆ 线缆间的最小净距应符合设计要求。

◆ 入户电缆与配电箱、变电室、电梯机房、空调机房之间的最小净距符合表 3-2 的规定。

表 3-2 入户电缆与其他机房的最小净距

名称	最小净距（m）	名称	最小净距（m）
配电箱	1	电梯机房	2
变电室	2	空调机房	2

◆ 建筑物内电缆暗管敷设与其他管线的最小净距符合表 3-3 的规定。

表 3-3 入户电缆缆线及管线与其他管线的净距

管线种类	平行净距（mm）	交叉净距（mm）
避雷引下线	1000	300
保护地线	50	20
热力管（不包封）	500	500
热力管（包封）	300	300
给水管	150	20
煤气管	300	20
压缩空气管	150	20

（7）入户电缆宜单独敷设，与其他弱电系统各子系统缆线间距应符合设计要求。

（8）屏蔽电缆的屏蔽层端到端应保持完好的导通性。

（9）设置缆线桥架和线槽敷设缆线应符合下列规定。

◆ 密封线槽内缆线布放应顺直，尽量不交叉，在缆线进出线槽部位、转弯处应绑扎固定。

◆ 缆线桥架内缆线垂直敷设时，在缆线的上端和每间隔 1.5m 处应固定在桥架的支架上；水平敷设时，在缆线的首、尾、转弯及每间隔 5～10m 处进行固定。

◆ 在水平、垂直桥架中敷设缆线时，应对缆线进行绑扎。对绞电缆及其他信号电缆应根据缆线的类别、数量、缆径、缆线芯数分束绑扎。绑扎间距不宜小于 1.5m，间距应均匀，不宜绑扎过紧或使缆线受到挤压。

（10）采用吊顶支撑柱作为线槽在顶棚内敷设缆线时，每根支撑柱所辖范围内的缆线可以不设置密封线槽进行布放，但应分束绑扎，缆线应阻燃，其选用应符合设计要求。

（11）入户电缆敷设应严格做到“防火、防鼠、防挤压”要求。

（12）入户电缆端接应符合下列要求。

- 电缆在端接前，必须核对电缆标识内容是否正确。
- 电缆中间不应有接头。
- 电缆端接处必须牢固、接触良好。
- 对绞电缆与连接器件连接应认准线号、线位色标，不得颠倒和错接。

如图 3-9 所示。

图 3-9　入户线缆敷设示意图

3.2.5　光缆、光纤的连接

（1）光缆、光纤的连接，可以采用两种方式：活动连接和固定连接。活动连接即通过活动连接器，完成光纤与光纤的连接。固定连接宜采用熔接方式，即通过光纤熔接机完成光纤、光缆的接续。FTTB 系统中不宜采用冷接方式。

（2）光缆、光纤的连接方式应符合设计文件的要求。

（3）当采用熔接方式时，单芯光纤双向熔接点衰减平均值应不大于 0.02dB/芯点。

3.3　工程验收

（1）针对客户侧工程特点，工程验收采用一次性验收方式。

（2）建设单位代表或监理人员需做好工程检查，主要对设备安装、布线、铁件、机架安装、光跳线和光缆布放及隐蔽部分进行施工现场检查。建设单位代表或监理人员应对检查项目进行签收，对出现的问题应做好记录，重大问题应及时上报主管部门。

（3）在施工检查通过、遗留问题整改完成后方可进行工程验收。

（4）工程验收资料文件：在客响平台提供小区平面图、设备分布图、管道图、光缆分布图、维护篇（光功率测试表）、跳纤资料、驻地网合同（表后电需提供用电协议）。

（5）工程验收中若发现不符合本书要求和工程设计要求的项目，应查明原因，分清责任，由责任方限期整改完毕再提请验收，直至验收通过。

（6）工程验收中关键项目设置一票否决制，如私自使用异网运营商资源、未遵守人防工程要求、使用污水管道、与施工图纸偏差较大、存在物业纠纷等。

（7）工程竣工后，应对施工单位的施工质量进行等级评定。衡量施工质量标准的等级如下。

◆　良好：主要工程项目全部达到施工质量标准，其余项目较施工质量标准稍有偏差，但不会影响设备的使用和寿命，总分≥90 分。

◆　合格：主要工程项目基本达到施工质量标准，不会影响设备的使用和寿命，总分在 80～90 分之间。

◆　不合格：总分低于 80 分。

具体见表 3-4。

表 3-4　　宽带驻地网验收表

现　场　情　况

（斜体项目必须达标，得分项目总分≥90 分良好，80～90 分合格，低于 80 分不合格）

序号	项目	内容	代维人员填写	得分
1	光电缆布放（35 分）	*是否符合第三方资源使用要求，禁止使用电信、广电、联通、网通或第三方管线资源（与对方有协议除外，协议必须是与产权运营商的正式合同）*	□是 □否	
2		*纤芯光功率是否达标，施工单位携带 OTDR 现场测试或者使用光源光功率计测试，小区代维负责填写《光功率测试反馈表》*	□是 □否	
3		*光电缆布放的管道是否规避隐患，禁止使用污水管道*	□是 □否	
4		*是否使用雨水管道（□是 □否），如使用雨水管道，是否套子管保护*	□是 □否	
5		*是否遵守人防施工规范要求*	□是 □否	
6		光交箱是否挂牌（不含光分线箱）、门锁是否良好、箱门是否粘贴纤芯资源表	3	
7		光交箱编号：		
8		光交箱内跳纤盘绕是否整齐，跳纤上是否有对应 ONU 标签	3	
9		光交箱内法兰盘沿卡槽是否固定整齐，防火泥是否合理使用	3	
10		光交箱需粘贴施工信息卡，包括施工、监理、设计单位信息	4	
11		光纤熔接是否套热熔管	4	
12		光缆是否挂牌，尤其是否在分歧点、光缆起始端挂牌	4	
13		直埋部分是否加塑料管保护（子管、硅芯管等）并埋深 20cm 以上，特殊的水泥路面是否加水泥包封	4	
14		引上是否固定并进行保护（安装 PVC 管），附挂墙壁光缆是否达到 2.5m	3	
15		光缆是否进行绑扎、固定，接头盒是否固定	3	
16		光缆预留是否盘绕绑扎，是否避免扭绞现象	4	

续表

现　场　情　况

（斜体项目必须达标，得分项目总分≥90 分良好，80～90 分合格，低于 80 分不合格）

序号	项目		内容	代维人员填写	得分
1	设备 BAN 箱（35 分）		*现场施工是否按照图纸进行，包括接入 ONU 设备、管道、光缆、跳纤（包括相关标签）等，ONU 设备需 100%验收*	□是 □否	
2		4 对模块施工质量	4 对模块间是否高低一致、无松动或脱落等情况	3	
			4 对模块是否严格按色谱线序下压	3	
3			模块上各类成端（设备成端、大对数成端、用户成端）标签卡槽完好、标识清晰	3	
4		BAN 箱网线	ONU 引出成端的网线水晶头线序是否制作规范	3	
5			ONU 引出成端的水晶头是否为我公司甲指乙供品牌	2	
6		BAN 箱光缆	光缆剥离束管是否在 5～10cm 范围，尾纤（强弱电线路）是否固定良好	2	
7		电源接入	表前电是否粘贴表前电标签，表后电是否提供用电协议	4	
8			是否正常接地（线径要求 6～10mm^2），空开和插排接触正常，空开上外接电源必从上方进入固定，信号线是否与电源线分开绑扎，电源线包括保护地线，不允许串接，应有绝缘保护	4	
9			箱体、ONU 设备、110 模块是否固定牢固，门锁是否良好且开关自如	3	
10			BAN 箱外表是否整洁无灰尘，箱体内无杂物	2	
11			如取电为表后电且使用普天机械式电表，是否更换为数字式电表	2	
12			ONU 用电标签和资产标签是否和维护篇一致	3	
13			ONU 数量：_____个		
14			ONU 设备语音板卡是否与设备本体适配（仅集团适用）	1	
1	综合布线（20 分）		现场楼宇综合布线是否规范（横平竖直，PVC 管保护）、线卡是否固定，卡钉必须钉入墙内，是否杜绝直角弯头上掏洞走线	5	
2			楼道内打洞是否填补，且整洁美观	5	
3			现场施工是否符合设计小区类型（一类至五类），是否按照维护篇内信息点表格进行覆盖	5	
4			现场施工是否按照设计图纸进行，包括信息点、配线架、高频模块（包括标签）等，包括每一栋每一单元，每单元至少 2 个信息点	5	
1	应用（10分）		*现场是否能够正常上网，至少选取 2 台 ONU 测试*	□是 □否	
2			登录 http://idc.e172.com，用右键点击页面上的“FTP 下载测试”，并以“右键另存为”方式下载该文件（idc.rar），使用"ping -l 1400 -n 50 218.206.97.19"命令进行测试	2	
3			联系物业确认是否施工阶段遗留问题已彻底解决	8	
1	其他		是否存在商铺信息点	□是 □否	
2			如存在商铺信息点，是否被覆盖	□是 □否	

（8）对于施工遗留问题，将根据影响范围和程度进行追溯，对相应的施工单位进行扣款处罚，处罚标准参见表 3-5。

表 3-5　　宽带驻地网遗留问题追溯扣款表

类别	问题说明	处罚建议
第一类	对驻地网维护造成严重影响，存在严重隐患，如私自使用异网运营商资源、未遵守人防工程要求、使用污水管道、与施工图纸偏差较大、存在物业纠纷等	5000 元
第二类	对驻地网维护造成一定影响，存在隐患，如 110 模块高低不平、松动或脱落、水晶头线序错误、电源接电不规范等	3000 元
第三类	未按照规范进行施工，影响整体美观和维护效率，如光缆未挂牌、施工信息卡未填写、BAN 箱外表有灰尘，箱体有杂物	1000 元

（9）施工信息卡和设备维护卡标牌的粘贴需清晰、牢固，如图 3-10 所示。

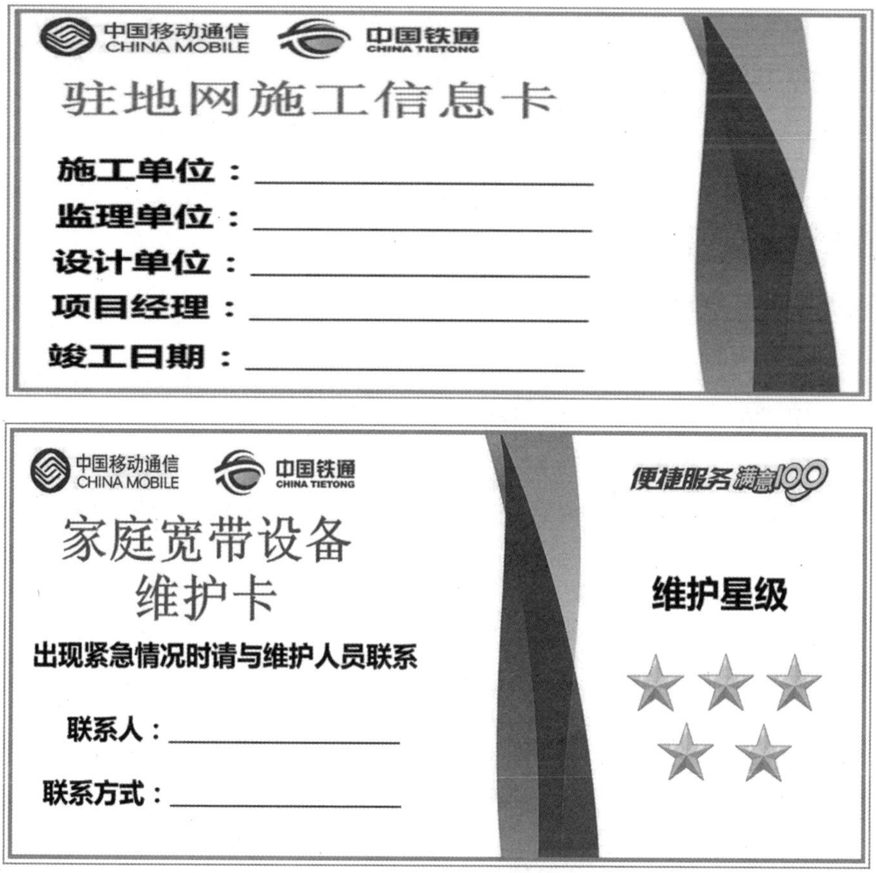

图 3-10　施工信息卡与设备维护卡示意图

第4章 集团客户接入

集团客户是指以组织名义与运营商签署框架合作协议，订购并使用运营商产品和服务，并在运营商建立起集团客户关系管理的法人单位。相对于一般客户，集团客户对运营商而言表现为业务量大、业务类型复杂、业务质量要求高等特点。本章主要从集团客户接入的机房环境、安全检查、机架、设备安装、线缆敷设、标签粘贴以及工程验收等方面给出相应的标准和规范。

4.1 机房环境、安全检查

（1）在设备安装工程开始前，应对机房和楼宇设备间的环境条件进行全面检查。

（2）机房的环境检查，具体要求如下。

◆ 机房应远离易燃、易爆、强电磁干扰（大型雷达站、发射电台、变电站）等场所；机房不应与水泵房及水池相毗邻，机房的正上方不应有卫生间、厨房等易积水建筑。

◆ 机房和设备间的环境温度应在25℃±3℃范围内，相对湿度应在40%～70%之间。

（3）机房应提供可靠的接地装置，同时提供符合设备工作所需要的直流电源或交流电源。

（4）机房室内布放设备用线缆原则上应采用上走线方式。

（5）设备间（弱电间）的检查包括下列内容。

◆ 设备间土建工程已全部竣工。

◆ 设备间应提供220V带保护接地的单相电源插座。

◆ 设备间应提供可靠的接地装置，接地电阻值及接地装置的设置应符合设计要求。

（6）机房内必须配备有效的灭火消防器材。凡要求设置的火灾自动报警系统和固定式气体灭火系统，必须保持性能良好。

（7）机房内严禁存放易燃、易爆等危险物品。

注：针对部分靠近客户侧设备间因客观条件受限无法满足以上要求的，可在保证设备及人员安全的情况下适度放宽限制。

4.2 机架安装

（1）列内机架应相互紧密靠拢，机架间隙不得大于3mm，列内机面平齐，无明显参差不齐现象。

（2）机架安装完毕应按照建设方要求做好标识，标识应统一、清楚、明确，位置适当。

（3）各种螺栓必须拧紧，同类螺丝露出螺帽的长度应一致。

（4）机架上的各种零件不得脱落或碰坏，漆面如有脱落应予补漆。各种文字和符号标志应正确、清晰、齐全。

4.3　设备安装

4.3.1　传输设备安装

（1）传输设备包括 SDH、PTN、ONU 等。

（2）省市重点集团客户机房内的传输设备必须安装上架，设备间距合理，有良好的散热空间。非标准体积设备（如小型协议转换器）放置在机柜托盘上，摆放整齐并固定。如图 4-1 所示。

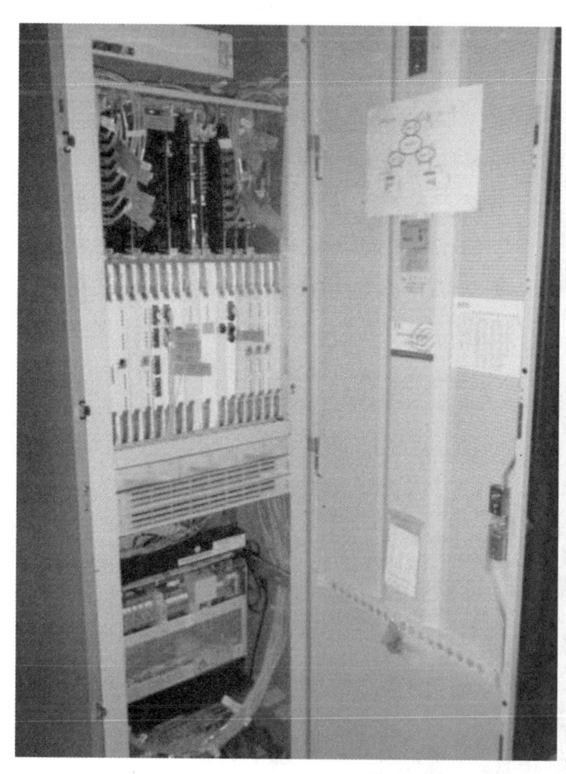

图 4-1　传输设备安装示意图

（3）省市重点集团客户中心机房内的设备必须从交（直）流配电柜或接线盒取电，严禁使用插线板。其余集团客户设备取电根据现场情况而定。如图 4-2 所示。

（4）电源线采用整段线料，不得在中间接头。

（5）省市重点集团客户设备安装必须明确设备接地方式。如果无地线环境，考虑到地网建设，地网建设值应小于 5Ω，接地线的截面积符合标准。其余集团客户设备接地根据现场情况而定，如无法接地，应向客户做好解释工作。

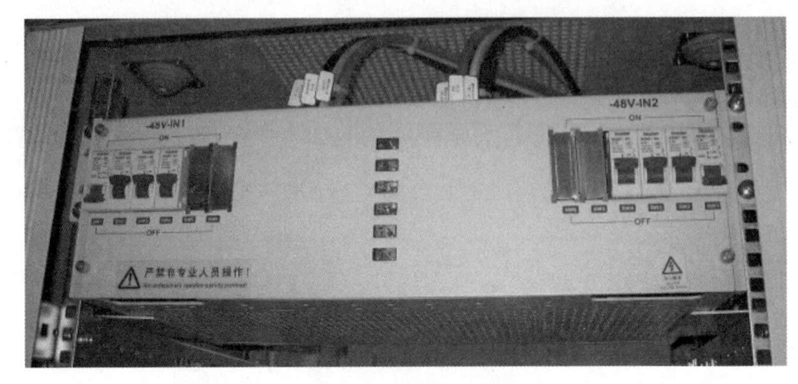

图 4-2　设备取电示意图

（6）电源线、地线电缆端子与设备、交（直）流配电柜（接线插排）连接应十分牢固，机架内电源线正负线应有明显标志。

（7）省市重点集团专线业务配置 UPS 保护。

4.3.2　PBX 交换机设备安装

（1）交换机机房应干燥、通风，无腐蚀气体，无强电磁干扰。

（2）交换机接地应遵循相关设备说明书中所述接地要求，要单独、良好接地。

（3）交换机电压要稳定，防止因电源电压突变、波动等现象而引起交换机工作出现异常。

（4）交换机与其他设备之间应保持相应距离，禁止其他设备与交换机叠放。如图 4-3 所示。

图 4-3　PBX 交换机设备安装示意图

（5）交换机与配线架之间的连接电缆要规范、合理，配线架（箱）跳接线要简洁、清晰，防止出现并线、串线等现象。

（6）配线架内外引出线要安装保安避雷装置。

4.3.3　光纤配线架的安装

（1）光纤配线架中的每一块盘片、每芯均应有标签标识光缆走向及对端位置。

（2）光纤配线架内的一体化模块可根据工程实际情况设计要求作熔纤盘或成端盘。

（3）光纤分配架的排列应充分考虑电缆和光纤上下出入走线的需要，避免在配线架顶部相互交叉挤压。

（4）光纤分配架应接防雷地线，防雷地线应单独从地线排引入，并可靠地与 ODF 架绝缘。

（5）光纤分配架应具有良好的保护接地，ODF 架上的接地端子可直接与相邻头柜的保护地端子相接。

（6）熔接型光纤分配架容量应根据工程中新布放光缆的光纤芯数进行配置，跳纤用的光纤分配架容量应根据工程中所配的光接口的数量进行配置。

（7）光纤分配架（ODF）上监测线引出端子板位置及各种标志应符合设计要求，ODF 架上无源光器件的安装应牢固，不影响 ODF 架的操作性能。

（8）光纤分配架（ODF）上的光纤连接器位置应准确，安装应牢固，方向一致，盘纤区固定光纤的零件应安装齐备。

4.3.4　接头盒的安装

（1）接头盒应当在不阻断在用光路情况下可多次开启操作，且内部应留有纤芯对应表，便于后期运维使用。

（2）接头盒进出光缆均应有标明光缆走向的吊牌。

（3）接头盒应安装在安全且易于施工维护的位置，当采用墙挂方式安装时，安装工艺应符合墙挂设备安装要求，不得有悬垂现象。

4.3.5　数字配线架的安装

（1）客户侧若使用 E1 业务，则必须在客户侧机房内安装数字配线架（DDF），如图 4-4 所示。

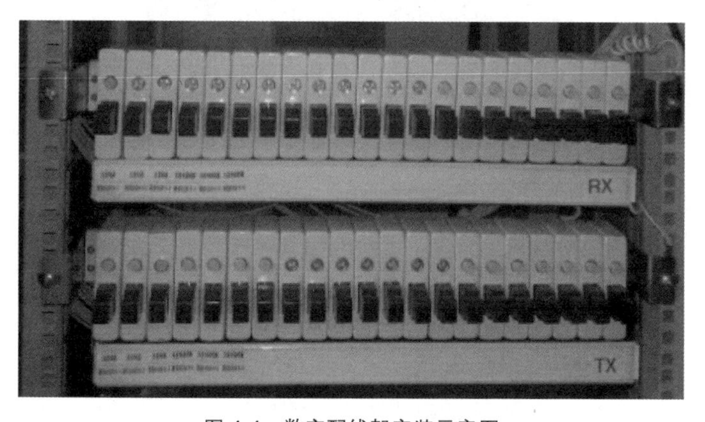

图 4-4　数字配线架安装示意图

（2）DDF 端子板的上端口接本机房设备侧的线缆，下端口接传输系统侧的线缆或跳线。面对配线架，接线从左到右、由上到下。收、发端子定义应符合工程设计要求。

（3）线缆在架内必须绑扎，裁减整齐，设备侧与传输侧的线缆不能合在一起，分别在架的左右侧走线。端子上的每根线应有 20～30mm 的冗余度，弯曲适中。对于屏蔽线，每个头子的焊点应饱满、有光泽，无虚焊、漏焊，地线套管与头子、屏蔽线应压接紧凑，头子与端子应拧接牢固。

（4）数字配线架应可靠接地。

4.4 线缆敷设

4.4.1 光跳线的敷设

（1）省市重点集团应使用铠装尾纤，布放时，尾纤应尽量减少转弯。普通尾纤应加套管或者线槽保护。无套管保护部分宜用活扣扎带绑扎，扎带不宜过紧。光跳线应保持自然顺直，无扭绞现象，并绑扎至横铁上。尾纤在 ODF 和设备侧的预留应分别不超过 500mm，并在其两端分别固定永久性标签。如图 4-5 至图 4-7 所示。

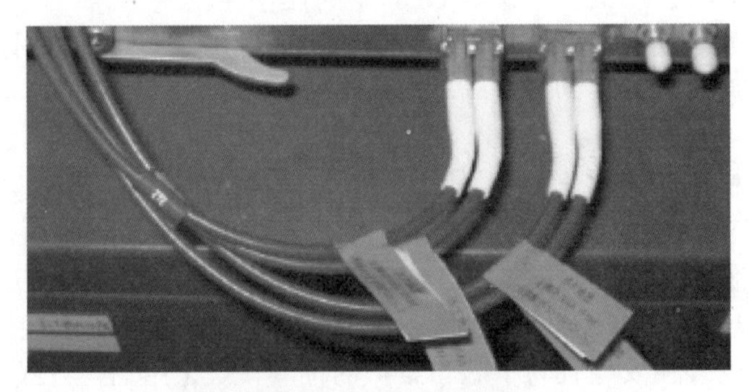

图 4-5 尾纤标签示意图

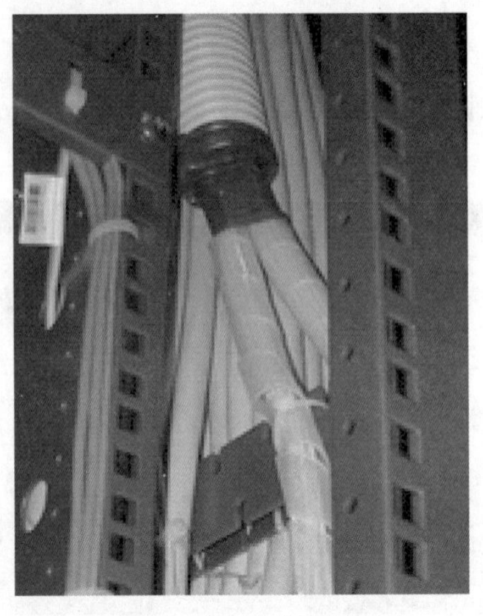

图 4-6 尾纤布放示意图

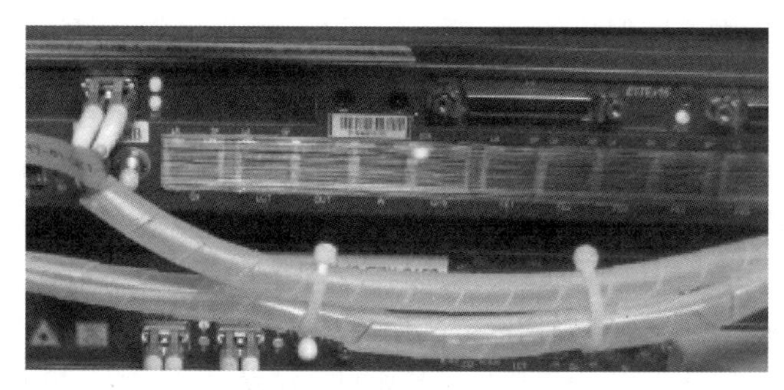

图 4-7　普通尾纤加套管示意图

（2）光纤布放时不得受压，不得把光纤折成直角，需拐弯时，应弯成圆弧，圆弧直径不得小于 60mm，光纤应理顺绑扎。

（3）光跳线与设备及 ODF 架的连接应紧密，并应有统一、清楚的标识。

（4）暂时不用的光纤头部要用护套套起，整齐盘绕，用宽绝缘胶带缠在 ODF 架上。

4.4.2　通信光缆的敷设

（1）光缆的规格程式、光缆的走向、路由不宜与电力电缆交越，若无法满足，必须采取相应的保护措施。

（2）光缆布放应顺直，无明显扭绞和交叉，不得溢出槽道，并且不得堵住送风通道。槽道光缆必须绑扎牢固，外观平直整齐，松紧适度，绑扎间距不宜大于 1.5m，绑扎间距应均匀。

（3）架内光缆布放应顺直，出线位置准确、预留弧长一致，并作适当的绑扎。

（4）每条光缆在进线孔和 ODF 两端及拐弯处应有统一的标识，标识上宜注明光缆两端连接的位置并符合公司相关标识规范的要求。标签书写应清晰、端正和正确。标签应选用不宜损坏的材料，以便日常维护。

4.4.3　电源线的敷设

（1）机房直流电源线的布放路由、路数及布放位置应符合施工图的规定。电源线的规格、熔丝的容量均应符合设计要求。

（2）电源线必须采用整条电缆线料，严禁中间接头，外皮应完整无损伤。

（3）交流电源线必须有接地保护线。

（4）设备电源宜用不同颜色的电源线相连接。

（5）电源线布放应自然顺直，无明显扭绞和交叉，不得溢出槽道，富余的电源线应截除。经走线架布放的电源线绑扎整齐，松紧适度，绑扎间距均匀。

（6）电源线转弯处应放松，均匀圆滑。

（7）交、直流电源的电力电缆必须分开布放；电源线应与信号线缆分开布放，避免在同一线束内。

（8）电源线接入空气开关处以及空气开关应有清楚的标识，指明该电源线连接的设备机架位置。标识书写应清晰、端正和正确，标识应选用不宜损坏的材料。

（9）直流电源线的成端接续连接牢固，接触良好，电压降指标及对地电位应符合设计要求。

（10）每对直流电源线应保持平行，正负线两端应有统一的红蓝标志。安装好的电源线末端必须有胶带等绝缘物封头，电缆剖头处必须用胶带和护套封扎。多余电源线应截断，避免盘绕。

4.4.4 接地检查

（1）设备机架应做保护接地，保护接地应从接地汇集排上引入。

（2）配线架应从接地汇集排引入保护接地。

（3）机房内的所有通信设备不得通过安装加固螺栓等与建筑钢筋相碰而形成电气连通。

（4）各种配线架接地良好，接地线截面积和地阻符合设计要求。

（5）楼宇机柜及楼内线缆应按照设计要求进行安全接地。

4.5 标签粘贴

4.5.1 标签规范

（1）对于客户侧新装传输、PBX 等设备，必须粘贴设备标签，对于客户侧新放尾纤、线缆等，必须粘贴线缆标签。

（2）设备标签规范

- ◆ 材质：防水、防潮、防油、防火［建议采用乙烯基（PVC）标签］。
- ◆ 规格：方形，30mm 宽，18mm 长（单面）。
- ◆ 颜色：白色。
- ◆ 字迹：宋体或黑体字，严禁手写字出现，必须打印。
- ◆ 位置：粘贴于移动设备正面板。

（3）线缆标签规范

- ◆ 材质：防水、防潮、防油、防火［建议采用乙烯基（PVC）标签］。
- ◆ 规格：条形，12mm 或 18mm 宽，60mm 长（单面）。
- ◆ 颜色：红色、橙色。
- ◆ 字迹：宋体或黑体字，严禁手写字出现，必须打印。
- ◆ 方式：采用旗式标签粘贴。
- ◆ 方位：内容朝向机柜外侧。
- ◆ 位置：贴在距离跳线接头 30～50mm 的范围内。
- ◆ 线缆的两端都要求粘贴标签。

4.5.2 标签示例

（1）设备标签示例

主要包括设备名称和设备型号两项内容，如图 4-8 所示。

设备名称
设备型号

图 4-8 设备标签示意图

（2）尾纤标签示例

主要包括集团客户名称、客户服务级别、速率、上联设备和上联端口 5 项内容，如图 4-9 所示。

	集团名称　　速率 上联设备　　上联端口

图 4-9　尾纤标签示意图

（3）2M 线缆、以太网线标签示例

主要包括集团客户名称、客户服务等级、业务类型、业务保障等级、速率和电路代码 6 项内容，如图 4-10 所示。

	集团名称　　客户服务级别 业务类型　　业务保障等级　　速率　端口 电路代码

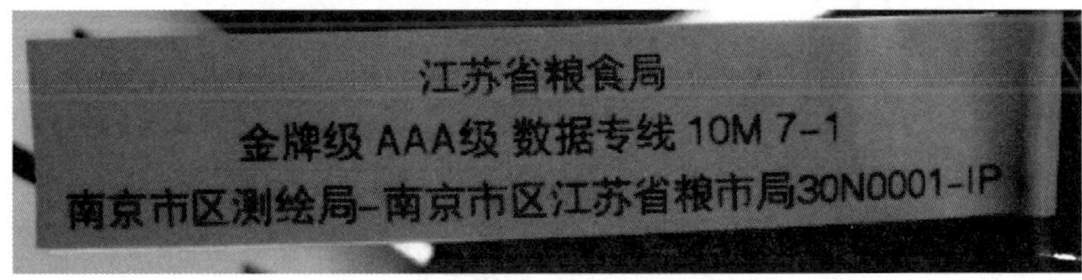

图 4-10　2M 线缆、以太网线标签示意图

4.6　工程验收

（1）建设单位代表或监理人员需做好工程检查，内容见附录一。主要对设备安装、布线、铁件、机架安装、光跳线和光缆布放及隐蔽部分进行施工现场检查。

（2）工程验收内容详见附录二。

（3）现场验收标准

◆　检查现场设备与设计是否一致：现场设备品牌、配置、板件型号是否与设备清单一致；现场设备放置、布线是否与设计图纸一致。

◆　检查设备运行情况：板件是否齐全，完好；远程网管是否可见；是否存在遗留告警。

◆　检查施工是否规范：传输电缆/光缆标签、配线架等标签是否清晰牢固；设备是否已经接地；线路布放是否规范（强弱电分开布放，平行距离保证在 20cm 以上，绑扎牢固），暴露在机柜外的尾纤是否已经做好保护。

◆　检查电缆布放：架间电缆走线实际施工与设计应相符，布线距离应尽量短而整齐，电缆布放应便于维护和将来扩容。电缆布线应整齐、美观，电缆绑扎工艺应良好，扎带绑扎方向、间隔应一致；所有的信号线都要放入走线槽中，走线应保持其顺畅，机架内、走线槽外不能有交叉和空中飞线的现象。

◆　检查地线接地方法是否符合标准；地线绑扎是否规范；配线架或配线箱接地是否良好。

◆　PBX 业务应进行详细的拨打测试，拨打测试表详见附录三。

附录一：工程检查内容表

工程检查内容表

分类	分项	检查内容
设备硬件安装	槽道、走线架、光纤护槽安装	安装水平面位置
		安装高度
		侧盖板安装
		紧固件、漆面
	子架安装	安装平面位置
		垂直、水平度
		上下加固
		接地线
		机架附件的放置
	光纤布放	光纤路由及保护措施
		在护槽内布放工艺
		光纤盘曲率半径
		光纤的标签
	光、电缆线布放、成端	路由及走向
		缆线规格程式
		布放、绑扎工艺
		端头处理、余长绑扎及标签
		接续工艺
设备基本功能检查	设备功能检查	设备工作电压
		电源柜熔丝规格
		主备用电源倒换试验
		系统可靠性测试
		告警功能试验

附录二：集团客户接入项目验收单

集团客户接入项目验收单

工程名称：						
客户名称：			客户地址			
客户联系人：			联系电话			
	验收内容	细则要求	验收打分			照片编码
			分值	得分	备注	
工程验收	设备安装	1．壁挂箱/机柜安装位置合理，固定可靠	7			
		2．设备水平摆放整齐并尽可能固定	5			
	接电接地	1．壁挂箱/机柜取电可靠，对应连接处及空气开关处有明确标签	7			
		2．机柜和设备按照规范接地	5			
	线缆布放	1．光缆布放严禁飞线，选用长度适中的线缆，余量盘放整齐	7			
		2．线缆走线应横平竖直无明显交叉并绑扎固定，拐弯处应均匀圆滑	5			
		3．线缆应进行绑扎，外观平直整齐，绑带余下部分应剪断与线扣头部齐平	5			
	标识标签	1．ODF 框及纤芯资料在现场须标识清晰	5			
		2．尾纤（跳纤）、线缆标签、设备标签齐全，描述准确、清晰、规范	7			
	现场环境	1．工余料清理，恢复施工现场整洁	5			
		2．设备运行正常，无影响用户正常工作的噪声	5			
		3．壁挂箱/机柜明显位置处贴有　后报障电话	5			
业务验收	互联网业务	用户带宽测试符合合同约定（测试结果填写在备注栏）	5			
		Ping 测试　测试结果：				
		客户明确使用方法	7			
	语音业务	对照号码表，每门电话拨测正常	5			
		业务功能开通情况测试				
		用户使用方法知晓情况（如跨接、V 网）	7			
	数据专线业务	传输误码率$<10^{-7}$（2M 专线）	5			
		Ping 测试：1472Bytes，分组丢失率低于 1/1000	5			
验收结果		合计	—			
客户满意度		开通安装的及时性	□满意	□一般	□不满意	
		施工人员的技术水平	□满意	□一般	□不满意	
		施工人员的服务态度	□满意	□一般	□不满意	
客户方签字			时间			
施工方签字						

附录三：拨打测试表

拨打测试表

测试地点：　　　　测试日期：　　　　测试人：　　　　审核人：

本地客户电话		测试内容													
本地长号码	短号码	本地电信主叫测试		本地电信被叫测试		本地移动主叫		本地移动被叫		系统内长号互拨		系统内短号互拨		拨打外地10086/12580	
		电信主叫号码	拨打时间	电信被叫号码	拨打时间	移动主叫号码	拨打时间	移动被叫号码	拨打时间	被叫号码	拨打时间	被叫号码	拨打时间	号码	拨打时间

第 5 章 基　站

移动通信基站是移动通信网络的重要组成部分，其建设也是运营商投资的重要部分，本章对于基站内的电源、空调、传输、天馈及监控设备的安装，机房的建设、铁塔建设、分布式基站建设、资产资料的交接以及标志牌的安装都给出了相应的施工规范，并给出了基站开通验收的标准。

5.1 基站工程施工规范

5.1.1 电源设备

1. 电源设备配置

◆ 新建基站均配置 1 套交直流供电系统，分别由 1 台交流配电屏/交流配电箱、1 套 –48V 高频开关组合电源（含交流配电单元、高频开关整流模块、监控模块、直流配电单元）和 2 组（或 1 组）阀控式蓄电池组或铁锂电池组成。对于室外一体化机柜的站点，一般配置嵌入式开关电源和铁锂电池。

◆ 交流配电箱/屏容量应按远期负荷容量配置。

◆ 高频开关组合电源机架容量按远期负荷配置，整流模块容量按本期负荷配置，整流模块数按 N+1 冗余方式配置。

◆ 基站蓄电池组需按照放电时间城区不小于 3 小时、郊区和乡镇不小于 5 小时、农村不小于 7 小时的原则进行配置。对于 VIP 基站，按照不小于 7 小时的原则进行配置，并考虑一定的发展负荷需要。

◆ 蓄电池组的后备时间应综合考虑基站的重要性、市电的可靠性、运维能力、机房楼板荷载、机房面积等因素确定。

◆ 基站交流电源进线电缆按远期负荷容量设计；交流配电箱/屏至高频开关组合电源电缆线径按高频开关组合电源机架的满架容量计算；高频开关组合电源至蓄电池组电缆线径按照远期负荷容量，并满足放电回路电压降的要求选择；高频开关组合电源至无线机架的电缆线径按照无线机架满配置的最大用电负荷及供电回路的电压降要求选择；交流配电箱/屏至空调机的电缆线径按照空调机的容量选择；各种设备的接地线按照《通信局（站）防雷与接地工程设计规范》（YD 5098-2005）和《通信局（站）防雷与接地工程设计规范》（GB 50689-2011）中的相关要求选择。

◆ 基站防雷系统的设置应符合中国移动通信企业标准《基站防雷与接地技术规范》

（QB-W-011-2007）的要求。

◆ 新建基站地线系统应采用联合接地方式，即工作接地、保护接地、防雷接地共设一组接地体的接地方式。在机房内应至少设置两个地线排。

2．交流屏/箱配置

◆ 新建基站要求引入一路三类以上（含三类）的市电电源，即平均每月停电次数不大于 4.5 次，平均每次故障时间不大于 8 小时。乡镇及农村基站交流电源引入容量建议为 10kW（自建变压器的基站，变压器容量要求按照 15kVA 选定）；一般市区、城郊及县城基站交流市电引入容量要求为 15kW；密集市区基站，交流市电引入容量要求为 20～25kW。对于室外一体化机柜的站点，交流电源引入容量建议为 5～10kW。

◆ 乡镇及农村基站交流配电屏参考配置如下。

➢ 系统输入：三相 380/220VAC，可选用进线开关容量为 63A；

➢ 交流配电输出分路：三相 63A×2、25A×2，单相 16A×3、10A×3。

◆ 市区、城郊及县城基站交流配电屏参考配置如下。

➢ 系统输入：三相 380/220VAC，可选用进线开关容量为 100A；

➢ 交流配电输出分路：三相 63A×3、25A×2，单相 16A×3、10A×3。

◆ 新建基站要求配置市电/油机切换开关、移动油机应急接口，油机应急接口配置为标准插头式。

3．开关电源配置

◆ 乡镇及农村基站高频开关组合电源机架容量建议按 300A 配置，市区、城郊和县城基站高频开关组合电源机架容量建议按 600A 配置，整流模块容量按本期负荷配置，整流模块数按 N+1 冗余方式配置。

N=（I_{LOAD}+I_{BATT}）/I_{REC}

其中：I_{LOAD}——本期负荷电流；

I_{BATT}——电池充电电流，按 $0.1C_{10}$ 考虑；

I_{REC}——单个整流模块的容量，一般选 50A。

对上述计算得到的 N 进位取整数。

◆ 高频开关组合电源采用 30A 或 50A 的整流模块。

◆ 满架容量为 300A 的高频开关组合电源直流配电分路参考配置如下（可根据基站实际需求对分路配置进行调整）。

➢ 一次下电分路：100A×4、63A×10；

➢ 二次下电分路：32A×4、16A×2。

◆ 满架容量为 600A 的高频开关组合电源直流配电分路参考配置如下（可根据基站实际需求对分路配置进行调整）。

➢ 一次下电分路：100A×2、63A×8、32A×4、20A×4；

➢ 二次下电分路：32A×4、16A×4。

◆ 传输节点机房内的传输设备、综合业务设备需和基站设备采用独立的两套开关电源供电，不可合用一套开关电源。综合业务设备的开关电源应至少配置两组 500Ah 电池。

4．蓄电池组配置

◆ 根据基站配置和后备时间要求分别配置 1 组或 2 组蓄电池。在机房空间条件满足的前提下，建议优先考虑大容量电池。

◆　蓄电池组的容量通常采用 500Ah 的容量。

◆　蓄电池组的后备时间要求如下（具体蓄电池后备时间要求应根据基站重要性、市电可靠性、运维能力、机房条件等因素综合确定）：对于市区的基站，建议在条件允许下考虑后备时间≥5h。

蓄电池容量的计算公式如下：

$$Q=\frac{KIT}{\eta[1+\alpha(t-25)]}$$

其中：K——安全系数为 1.25；

I——负荷电流；

T——放电小时数（h）；

t——最低环境温度（15℃）；

η——放电容量系数；

α——电池温度系数，为 0.008。

◆　蓄电池组的配置方案要求见表 5-1。

表 5-1　　蓄电池组配置方案要求

基站场景	蓄电池组后备时间要求
市区基站	≥3h
城郊及乡镇基站	≥5h
农村及山区基站	≥7h

◆　常规基站蓄电池组的配置方案要求如下。

➢　后备时间≥3h 的基站（见表 5-2）

表 5-2　　后备时间≥3h 的基站蓄电池组配置要求

直流测算负荷（A）	蓄电池组配置（Ah）
≤84	1×500
85～165	2×500
＞165	结合承重需求，单独核算

近期 2G 基站载频数	TD 系统数量（套）	LTE 系统数量（套）	直流测算负荷（A）	蓄电池组配置（Ah）
≤18	0	0	≤48	1×300
19～34	0	0	49～84	1×500
＞34	0	0	＞84	2×500
≤23	1	0	≤84	1×500
24～60	1	0	85～165	2×500

续表

近期2G基站载频数	TD系统数量（套）	LTE系统数量（套）	直流测算负荷（A）	蓄电池组配置（Ah）
>60	1	0	>165	结合承重需求，单独核算
≤12	1	1	≤84	1×500
13～48	1	1	85～165	2×500
>48	1	1	>165	结合承重需求，单独核算

➢ 后备时间≥5h的基站（见表5-3）

表5-3 后备时间≥5h的基站蓄电池组配置要求

直流测算负荷（A）	蓄电池组配置（Ah）
≤53	1×500
54～105	2×500
>105	结合承重需求，单独核算

近期2G基站载频数	TD系统数量（套）	LTE系统数量（套）	直流测算负荷（A）	蓄电池组配置（Ah）
≤12	0	0	≤32	1×300
13～20	0	0	33～53	1×500
>20	0	0	>53	2×500
≤10	1	0	≤53	1×500
10～33	1	0	54～106	2×500
>33	1	0	>106	结合承重需求，单独核算
≤22	1	1	≤106	2×500
>22	1	1	>106	结合承重需求，单独核算

➢ 后备时间≥7h的基站（见表5-4）

表5-4 后备时间≥7h的基站蓄电池组配置要求

直流测算负荷（A）	蓄电池组配置（Ah）
≤42	1×500
43～84	2×500
>84	结合承重需求，单独核算

近期2G基站载频数	TD系统数量（套）	LTE系统数量（套）	直流测算负荷（A）	蓄电池组配置（Ah）
≤8	0	0	≤32	1×300

续表

近期 2G 基站载频数	TD 系统数量（套）	LTE 系统数量（套）	直流测算负荷（A）	蓄电池组配置（Ah）
9～17	0	0	33～42	1×500
＞17	0	0	＞42	2×500
≤4	1	0	≤42	1×500
5～24	1	0	43～84	2×500
＞24	1	0	＞84	结合承重需求，单独核算
0～13	1	1	＞53	2×500
＞13	1	1	＞84	结合承重需求，单独核算

◆　对于 VIP 基站及地理位置较偏远、应急发电不便的海岛基站，可适当增加蓄电池组后备时间。

5.1.2　空调设备

1．空调设备配置

◆　根据无线设备和传输设备对机房环境的要求，基站室内温度范围为 10℃～30℃，湿度范围为 15%～80%。夏季空调室内计算温度为 25℃～28℃，计算相对湿度为 50%。

◆　考虑到通信设备扩容的需要，基站空调机应根据远期的设备散热量配置。

◆　夏热冬冷地区、夏热冬暖地区和温和地区的基站，宜选择冷风型舒适性空调或专用空调。此外，为了降低空调运行成本，可根据当地室外空气环境情况选择基站节能型空调机（包括基站通风、换热节能系统或一体化节能型空调机）。

◆　空调机应满足基站监控系统的要求，采用智能空调监控接口。

◆　空调室内机和室外机的安装位置均需在设计中明确注明。安装位置可以用示意图或者说明代替。如果发生空调放置位置和图纸不符的情况，将对空调施工单位进行考核。

◆　基站机房空调设备的配置方案要求见表 5-5。

表 5-5　基站机房空调设备配置方案要求

气候分区	机房面积（m^2）	无线设备的载频配置（个）	空调机配置	空调机类型
夏热冬冷地区	$A\leq15$	$N\leq18$	3HP 机 1 台	冷风型舒适性空调机/专用空调
		$19\leq N\leq36$	5HP 机 1 台	
	$15<A\leq25$	$N\leq12$	3HP 机 1 台	
		$13\leq N\leq36$	5HP 机 1 台	
	$25<A\leq35$	$N\leq6$	3HP 机 1 台	
		$7\leq N\leq36$	5HP 机 1 台	
		$N\leq36$	5HP 机 1 台/3HP 2 台	

◆ VP 基站或传输节点机房，可适当考虑配置更大功率或双台空调的配置。

2．空调外机防盗

针对空调防盗，可采用如下建设方式。

◆ 楼顶站：安装防盗网。

◆ 地面一体化机房站：安装防盗网。

◆ 地面自建砖房站：

➢ 征地面积允许的情况下，增设耳房，将空调外机安装于耳房内；

➢ 面积受限、机房高度允许的情况下，机房加盖二层斜顶，将空调外机安装于机房顶；

➢ 机房面积及高度均受限的情况下，将空调外机安装于外侧墙壁，建议加装防盗网。

5.1.3 传输

1．传输成环

（1）基站传输拓扑必须成环保护。

（2）传输节点必须为异路由保护。

2．传输设备

（1）传输设备必须从开关电源二次下电引电。

（2）建议光传输设备直接从开关电源二次下电配电回路引电，综合配线架内的电源模块主要为架内其他有源设备供电。

5.1.4 天馈系统

1．线缆布放工艺

（1）馈线布放走线整齐，符合“横平竖直”的原则，不得有过大弯曲导致损耗。

馈线的安装应从以下几个方面考虑。

① 防风：馈线室外部分每隔 1m 加固一次，室内部分对应走线架 3 个横档 0.9m 加固一次，转弯处适当增加加固点。馈线剖开接地部分要就近加固。铁塔过桥连接铁塔处应有防风孔，并采用双螺母。

② 防水：天线与室外跳线接头处、室外跳线与 7/8 ″馈线接头处、馈线接地卡处等应采用防水胶带密封。铁塔处的室外走线架应比馈线窗略低或齐平，不得高于馈线窗处室外走线架，以防止把雨水引入机房。馈线进入机房前需做滴水弯，馈线布放完毕后，机房馈线窗应注意进行密封防水处理。

③ 防腐：馈线接头、馈线与铁塔的接地点等处应采取密封、刷漆等防腐措施。

④ 防雷：馈线接地应符合接地规范。在塔上安装天线时，馈线在室外应至少有三次有效接地；在支撑杆上安装天线时，馈线在室外应至少有两次有效接地。详见“防雷与接地系统”章节。

⑤ 美观：馈线安装应整齐美观，无交叉。馈线长度应合适，富余的线缆应排列布置整齐。

（2）电源线的布放要求

① 电源线应采用非延燃电缆，规格型号应符合设计要求，布放应排列整齐、美观，不得有交叉，连接良好。

② 电源线应整条布放。馈电母线外皮应完整，芯线对地（或金属隔离层）的绝缘电阻应符合技术要求。

③ 电力电缆拐弯处应圆滑均匀，铠装电力电缆弯曲半径应小于 12 倍电缆外径。塑包电力电缆及其他软电缆的弯曲半径应不小于 6 倍电缆外径。

④ 当设备电源引入线孔在机架顶部时，电源线可以沿机架顶上顺直成把布放。电源线两端线鼻子的焊接（或压接）应牢固、端正、可靠，电气接触良好，电源线两端应有明确的标识。

⑤ 直流电源线、交流电源线、信号线必须分开布放，应避免在同一线束内。其中直流电源线正极外皮颜色应为红色，负极外皮颜色应为蓝色。

⑥ 电源线、信号线必须是整条线料，外皮完整，中间严禁有接头和急弯处。

⑦ 沿地槽布放电源线、信号线时，电缆不宜直接与地面接触，可用橡胶垫垫底。

⑧ 沿墙布放电源线、信号线时，应将其牢固地卡在建筑物墙面或墙面线槽内。

⑨ 电源线、信号线穿越上、下楼层或水平穿墙时，应预留“S”弯，孔洞应加装口框保护，完工后应用非延燃和绝缘板材料盖封洞口。

（3）接地线的布放要求

① 接地线应采用外护层为黄绿相间颜色标识的阻燃电缆，也可采用接地线与设备及接地排相连的端头处缠（套）上带有黄绿相间颜色标识的塑料绝缘带。

② 接地线布放时应尽量短而直，多余的线缆应截断，严禁盘绕。

③ 接地线中严禁加装开关或熔断器。

④ 接地线与设备或接地排连接时必须加装铜接线端子，且应压（焊）接牢固。接线端子尺寸应与接地线径相吻合。接线端子与设备及接地排的接触部分应平整、紧固，并应无锈蚀、无氧化。

⑤ 接地线两端的连接点应确保电气接触良好。由接地汇集线引出的接地线应设明显标志。

（4）馈线窗封堵完整，无漏光现象。

（5）馈线对应标签清晰明确，馈线对应收发接入准确无误。

2．天线选用

对于有 1800MHz、TD-LTE F、TD-LTE D 等多个频段建设需求的基站，应优先考虑安装多频天线，避免因频繁更换天线带来的隐患。

5.1.5　监控

1．监控设备配置

（1）新建基站均应配置监控设备，对基站内的交流配电箱/屏、高频开关组合电源、蓄电池组、空调、机房环境等进行监控。

（2）新建基站监控测点建议见表 5-6。

表 5-6　新建基站监控测点建议

序号	设备名称	类型	测点
1	开关电源	遥测	三相输入电压、三相输出电流、输入频率、输出总线电压、模块单体输出电流、总负载电流、蓄电池电流
		遥信	模块单体状态（开/关机、限流/不限流）、模块单体故障/正常；系统状态（均/浮充/测试）、系统故障/正常、一次下电开关状态、监控模块故障、主要分路熔丝/开关故障
		遥调	均/浮充电压设置、限流设置
		遥控	模块开/关机、均/浮充、电池管理
2	空调设备	遥测	温度
		遥信	空调工作状态、工作模式（通风/制冷/加热/除湿）
		遥调	温度设置
		遥控	空调开/关机
3	交流配电箱/屏	遥测	三相输入电压、三相输入电流、功率因数、频率（可选）、有功功率、电度（可选）
		遥信	开关状态、市电状态
4	蓄电池组	遥测	蓄电池组总电压、蓄电池单体电压（可选）、标示电池温度（可选）
5	油机	遥测	工作状态（运行/停机）（可选）
6	环境	遥测	温度
		遥信	烟感、水浸、门磁、红外（可选）、空调防盗（可选）
		遥控	智能门禁

（3）对于市电供电情况不稳定、造成电池频繁充放电的基站，可选配蓄电池组单体电压、电池温度的测点。

（4）对于经常出现基站配套设备被盗情况的地区，可选配红外报警、空调防盗报警等监控装置。

2．监控设备传输手段要求

（1）动力环境监控系统组网应尽量和话务网相分离，不建议采用抽取时隙、GPRS 或短信的传输方式组网。

（2）对于具有 E1 传输资源的基站，建议首选独立 E1 或 E1 双向环组网，条件不具备的，可以选择 E1 单向环组网。

（3）对于提供 IP 传输的基站，可使用 IP 组网方式。

5.1.6　机房

1．机房建设的会审制度

（1）站点施工之前由网络部、工程部共同进行站点设计会审，根据既定原则明确站点归属普通基站机房、综合业务机房或者传输节点机房。如会审决定作为综合业务或传输节点机房，机房设计建设需按照节点机房要求实施；如暂时不作为综合业务和传输节点，但未来有扩容和升级为综合业务或传输节点的可能，则需在机房建设时通盘考虑机房建设情况；如会审决定不适合作为综合业务和传输节点机房，则不再考虑后期新增、升级可能，基站专业将不对这些机房进行升级会审。

（2）对于在现有基站机房内新增传输设备或综合业务设备的情况，按照新增设备专业出设计，并提交基站专业审核，审核通过后方可按施工的流程进行。

2．机房隔音隔热

（1）新建机房如在居民楼或商务楼宇等与其他业主共用的楼内，在装修阶段需要考虑隔音、减少噪声。

（2）传输节点机房和综合业务接入点建设需考虑隔热配置。

5.1.7　铁塔

（1）铁塔的设计、加工、安装和检测遵循以下规范和标准，如果有规范和标准更新，则执行最新规范和标准。

- 《建筑结构荷载规范》（GB 50009-2012）；
- 《高耸结构设计规范》（GB 50135-2006）；
- 《钢结构单管通信塔技术规程》（CEC S236：2008）；
- 《移动通信工程钢塔桅结构设计规范》（YD/T 5131-2005）；
- 《钢结构设计规范》（GB 50017-2003）；
- 《建筑抗震设计规范》（GB 50011-2010）；
- 《通信局（站）防雷与接地工程设计规范》（GB 50689-2011）；
- 《移动通信工程钢塔桅结构验收规范》（YD/T 5132-2005）；
- 《塔桅钢结构工程施工质量验收规程》（CECS 80-2006）；
- 《建筑地基基础设计规范》（GB 5007-2011）。

（2）铁塔设计基准周期为 50 年，结构安全等级不低于二级。

（3）抗震设防类别为丙类，抗震设防烈度为 8 度（根据各区域抗震要求进行调整）。

（4）考虑到铁塔塔脚地脚螺栓的耐久性，地脚螺栓露出混凝土外部分采用热浸镀锌，塔脚并做包封处理。

5.1.8　分布式基站

分布式基站是指卡特 SUMX-RRH 架构或者华为、大唐等 BBU-RRU 架构基站。

1．分布式基站配置

（1）BBU（SUMX）与 RRU（RRH）之间的传输光缆直线距离小于 1km 时，BBU（SUMX）安装于就近基站内；BBU（SUMX）与 RRU（RRH）之间的传输光缆直线距离大于 1km 时，BBU（SUMX）就近安装在覆盖区域内。

（2）对于新的无线覆盖区域，RRU（RRH）数量小于等于 3 台时，BBU（SUMX）安装于就近基站内；RRU（RRH）数量大于 3 台时，BBU（SUMX）就近安装于物业点内。

（3）对于已有网优工程点，BBU（SUMX）可安装于已有物业点 MBO 或 CBOE 附带的传输机柜内，或采用独立机柜安装。

2. BBU（SUMX）安装于物业点的站点配置

（1）BBU（SUMX）安装于室外：建议使用标准化机柜安装，标准化机柜的设计应考虑嵌入式开关电源、铁锂电池、动环监控、BBU（SUMX）、预留 4U 空间给传输使用。

（2）BBU（SUMX）安装于室内：在楼道或者敏感点安装的，应该在条件允许的情况下，使用 19 英寸标准机柜安装，以减少业主风险。

3. 宏蜂窝站点 BBU（SUMX）

（1）宏蜂窝站点 BBU（SUMX）就近安装于附近基站内。

（2）对于安装于就近机房内的 BBU（SUMX），需要考虑机房空间以及机房内电源的放电时间符合基站要求。

5.1.9 资产资料交接

1. 资料交接

（1）基站资料交接内容：工程部提供机房相关资料，包括机房名称、机房类型、地址、状态、地点码、经纬度、业主单位、业主单位类型、物业联系人及联系方式、房租支付周期、第一次房租支付时间、电费支付周期、行政区域、进出要点、供电方式、用途、共享方式、共址信息、开通时间、机房位置、是否在居民小区内、维护类型、面积、塔型、塔型备注、开门方式、租用方式、房屋材质等信息，详见附录一，并由维护人员在开通验收通过后录入客响平台。

（2）设备资料交接内容：工程部提供设计图纸，并按附录二提供工程参数、设备信息。双方现场核对后交接，并由维护人员在开通验收通过后录入客响平台。

2. 资产交接

（1）资产交接内容包括：工程部按照附录四提供设备资产清单，双方现场核对后交接。

（2）列入财务资产管理目录的设备必须张贴资产标签。

（3）资产与资产管理系统（EAM）工单交接内容完全一致，方可接收资产，否则退回不予接收。

3. 机房钥匙交接

（1）6 把机房防盗锁钥匙全套未开封。

（2）6 把机房防盗锁正规钥匙无缺失。

5.1.10 标志牌（含标签）

1. 基站统一标志牌张贴规范

（1）灭火器摆放标识：黄线标识灭火器摆放区+灭火器标志牌（如图 5-1 所示）

图 5-1　基站灭火器摆放标识

（2）中国移动通信 LOGO：机房内墙喷涂或悬挂“中国移动通信”LOGO（如图 5-2 所示）

图 5-2　基站机房内墙中国移动 LOGO

（3）制度牌：基站管理制度+灭火流程提醒（如图 5-3 所示）

图 5-3　基站机房制度牌

（4）机房门：物业电话牌+进入图像采集区域（代维结合验收粘贴，如图 5-4 所示）

图 5-4　基站机房门

2．基站统一标签规范

（1）交流屏电源标签（如图 5-5 所示）

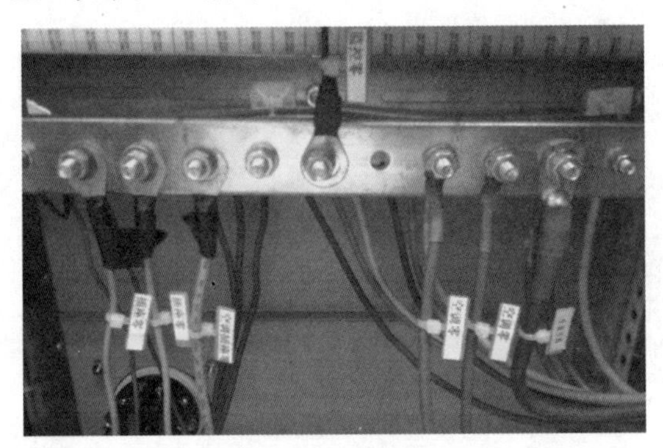

图 5-5　基站机房交流屏电源标签

（2）开关电源标签（如图 5-6 所示）

图 5-6　基站机房开关电源标签

（3）接地线标签（如图 5-7 所示）

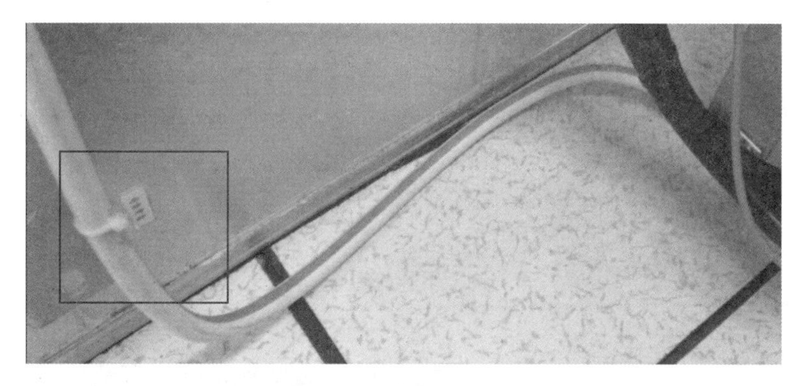

图 5-7　基站机房接地线标签

（4）防雷箱标签（如图 5-8 所示）

图 5-8　基站防雷箱标签

（5）GPS 标签（如图 5-9 所示）

图 5-9　基站 GPS 标签

（6）架顶馈线标签（如图 5-10 所示）

图 5-10　基站架顶馈线标签

5.2　基站开通验收交维

5.2.1　基站开通验收表

参见附录三“现场验收表”，包括天馈系统、机架及设备、铁件、线缆、交流屏、开关电源、蓄电池组、接地、空调、外电引入、铁塔、环境与土建以及资产资料交接等 13 大项的内容。

5.2.2　基站开通现场拨打测试

1．2G 拨打测试

◆　在通话状态下场强须在–80dBm 以上，通话质量为 0～3 级，无杂音、单通、掉话现象。

◆　要求在室内覆盖的设计范围内任何地点所测得的空闲状态下不低于–80dBm。

2．LTE 测试

◆　覆盖区域内，应满足 *RSRP*＞–110dBm 且 *RS-SINR*≥–3dB 的概率＞90%。

◆　VoLTE 通话测试要求参考 2G。

5.2.3　基站验收现场拍照

（1）为建立完备的资料管理库，验收当场要按规范拍照并在后期维护中及时更新，每个基站的照片库需包含十几项。

（2）基站开通验收中存在的问题必须另外拍照留存，并上报网络部做建设开通质量分析，见表 5-7。

表 5-7　　基站开通验收现场拍照要求

项目	拍摄要求	性质	图例
整体布局照片（高于走线架拍照）	选择角度，高于走线架拍摄，能清楚反映走线情况，照片名：站名—拍摄时间—整体布局—编号（如一张不能反映问题，增加编号描述），拍摄时间例：20120207（下同）	更新项	
设备平面照（按每列设备，自走线架下端至设备落地）	按列拍摄，能包含走线架向下和设备情况，照片名：站名—拍摄时间—设备列—编号（列号）	更新项	
铁塔全景照（如为抱杆的须拍抱杆）	能反映铁塔全景，如为抱杆，一张照片不能包含，则按抱杆拍摄。照片名：站名—拍摄时间—铁塔—编号	更新项	
面向机房门拍摄机房全景（如有院子，则加拍一张院墙）	面向基站门（院门），独立机房需包含机房整改并最大限度地反映周边环境，照片名：站名—拍摄时间—机房—编号	必拍项	
动环设备照	能反映动环设备的型号，照片名：站名—拍摄时间—动环设备	更新项	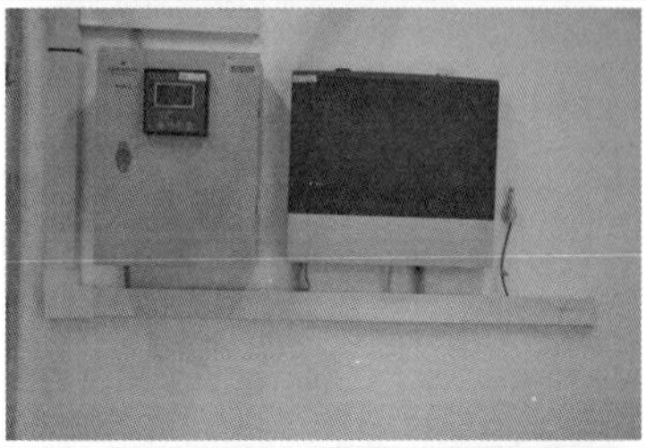
电池组照	能反映电池组的型号，照片名：站名—拍摄时间—电池组—编号	更新项	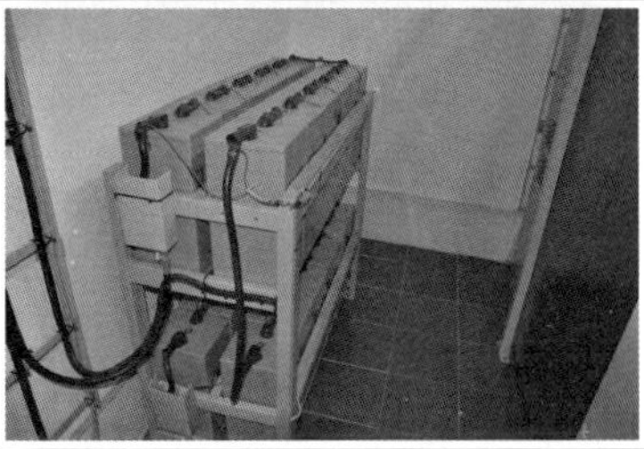

续表

项目	拍摄要求	性质	图例
制度牌（含“机房管理制度牌”“灭火流程图牌”图纸牌）照	能反映制度牌的情况，照片名：站名—拍摄时间—制度牌	更新项	
灭火器照	能反映灭火器的情况，照片名：站名—拍摄时间—灭火器	更新项	
动力表箱照（包含电表照）	能反映配电箱和电表的情况，照片名：站名—拍摄时间—配电箱（电表）	必拍项	
馈线窗封堵照	能反映馈线窗的封堵情况，不能被线缆阻挡，照片名：站名—拍摄时间—馈线窗	必拍项	
C 点接地排照	能反映 C 点接地排的情况，照片名：站名—拍摄时间—C 点接地	必拍项	
空调内外机照	能反映空调的情况，照片名：站名—拍摄时间—空调—编号—内（外）	更新项	

续表

项目	拍摄要求	性质	图例
耳房照（如有）	能反映耳房内部的情况，照片时间：站名—拍摄时间—耳房	更新项	

附录一：机房资料表

机房名称	机房 ID	业主单位	机房类型	地址
			基站/分布系统/街道站	
状态	地点码	行政区域	经度	纬度
开通/未开通				
业主单位类型	物业联系人	物业联系电话	房租支付周期	第一次房租支付时间
电费支付周期	验收时电表读数	进出要点	供电方式	租用方式
			直供电/转供电	租用/自建/自购
用途	共享方式	共址信息	代维时间	开通日期
是否在居民小区内	维护类型	面积	开门方式	房屋材质
	普通基站/传输节点/光纤拉远/地铁站/综合业务接入点			彩钢/MBO 代开/砖瓦/一体化基站 一体化机房/一体化机柜/无机房

◆ 机房名称是全网唯一的。代维组长指验收通过后维护代维小组的组长，由代维人员填写。

◆ 机房 ID，确切有的站点要写，没有的不要乱写。地址，详细到门牌号码和具体楼层。

◆ 进出要点指进出基站时间和要求。如：是否要介绍信，是否要业主开门，哪天能正常进入。

◆ 基站的用途上指：（2G、WLAN、3G、卡特 LTE、华为 LTE、CMMB、综合接入节点、其他），该项为不定项选择，有多少写多少。

◆ 共享方式指：（共享铁塔、共享三方），该项为不定项选择，有多少写多少。

◆ 共址信息填写：（电信 联通），该项为不定项选择，有多少写多少。

◆ 开门方式指：（可多选 无门锁 门禁卡 普通钥匙 电子锁 天地锁 院门 其他方式）。

附录二：基站设备资料表

1. 铁塔资料表

区域	站名	组长	塔型	塔型描述（美化天线说明）	平台数	天线数	塔高	建筑物高	投产日期	使用年限	铁塔产权	产权单位

2. 平台资料

区域	站名	组长	天线第几层平台	抱杆数（总数）	空抱杆数

3. 天线资料

区域	站名	组长	天线名称	方位角	电子下倾	机械下倾	总下倾角	型号	厂家	投产日期	位于第几层平台	天线分类	是否电调

4. 2G 信息

区域	站名	组长	网络类型	G 网小区数	D 网小区数	机架数	空机架数

5. 机架信息

区域	站名	组长	机架名（站名+编号）	型号	投产日期	厂家	对应开关电源（开关电源表“名称+编号”）	具体位置

6. 2G 小区信息

区域	站名	组长	小区名	对应天线（天线信息“天线名称”）	对应机架（机架信息“机架名称”）	是否室分小区	室分覆盖范围

7. Node B 信息

区域	站名	组长	型号	Node B 名字	厂家	对应开关电源（开关电源表“名称+编号”）	具体位置	投产日期

8．3G/4G 信息

区域	站名	组长	Node B 数	RRU 数

9．3G/4G 小区

区域	站名	组长	小区名	对应天线（天线表“天线名称+编号”）	对应 Node B	是否室分小区	室分覆盖范围

10．RRU

区域	站名	组长	RRU 名字+编号	型号	具体位置	投产日期	厂家	对应开关电源（开关电源表“名称+编号”）	对应 Node B（Node B 表“Node B 名字”）

11．直放站

区域	站名	组长	直放站名字	有无直放站	型号	类型	对应小区	厂家	投产日期	具体位置

12．CMMB

区域	站名	组长	有无 CMMB 设备	类型	型号	厂家	投产日期	对应天线（天线表“天线名称+编号”）

13．开关电源

区域	站名	组长	名称+编号	型号	厂家	模块型号	模块数量	监控模块型号	投产日期	负载电流	电池容量	下挂业务	是否具备2次下电功能

14．电池组

区域	站名	组长	电池组+编号	型号	容量	投产日期	厂家	对应开关电源编号	排列方式

15．交流屏

区域	站名	组长	名称+编号	型号	厂家	投产日期	防雷模块型号	防雷模块容量

16．电表

区域	站名	组长	名称+编号	电表号	对应户号	参考电量（每月电表度数）	电表更换记录（何时更换）

17．空调

区域	站名	组长	名称+编号	型号	厂家	投产日期	功率（3P/5P）	三相/单相	类型

18．动环

区域	站名	组长	名称+编号	型号（IDA/IDU）	厂家	有无智能电表

附录三：现场验收表

新建基站开通验收记录表

基站名：　　　　　　　　验收日期：　　　　　　　　参与人：

编号	验收项目	验收标准	重要程度	验收结果	检查要领
一、天馈线的安装工艺					
1	天线的安装工艺	1.1.1 天馈线的外观检查，天线的安装位置、方向、高度和加固方式检查	II		天线应竖直，没有明显的倾斜现象，用望远镜观察，没有破损、晃动，且能大范围调整方位角
		1.1.2 天线方向角允许误差≤5°	II		符合设计图纸要求
		1.1.3 天线俯仰角允许误差≤1°	II		符合设计图纸要求
		1.1.4 天线的防雷接地系统良好，接地电阻符合设计要求，天线处于避雷针下45°角保护范围以内	II		用望远镜观察天线的A点接地完好；天线顶端、避雷针顶点的连线和垂直线的夹角应小于45°
2	馈线（窗）安装工艺	1.2.1 馈线拐弯均匀圆滑，弯曲半径＞馈线外径的15倍	II		用望远镜观察平台上的馈线、软跳线，不得有小圈，一般半径不得小于0.5m
		1.2.2 馈线经孔板进入机房，孔板应加固，可靠无缝隙	III		馈线孔应由防水胶泥紧裹在多眼孔皮上
		1.2.3 馈线孔板无论有无馈线穿过，洞孔均应装密封圈	III		没有馈线穿过的时候，馈线孔也应密封
		1.2.4 馈线标识、标签（两端）	II		馈线标识、标签完整正确，便于日后维护
		1.2.5 B、C两点接地防锈检查	III		B、C两点接地所有螺栓均应紧固并涂抹防锈黄油
		1.2.6 馈线窗本身接地检查	II		馈线窗本身应通过电缆（不小于16m^2）连接至地排
3	馈线的加固和接地	1.3.1 馈线在铁塔上每隔1.5m左右加固一次，且和避雷针线一起贴铁塔	II		馈线在铁塔上每隔1.5m左右用三连卡加固一次
		1.3.2 馈线室外三点接地（天线下方、上过桥前、进机房时）	I		观察A、B、C三点接地情况，可以用手摇动C点接地检查

续表

编号	验收项目	验收标准	重要程度	验收结果	检查要领
一、天馈线的安装工艺					
4	天馈部分使用情况	1.4.1 驻波比值在规定值（1.3）以内，扇区配置正确	I		是否存在因安装原因出现驻波比告警、扇区颠倒、鸳鸯线等问题
5	馈线及 C 点接地线回水弯	1.5.2 馈线和地线进入机房预留回水弯符合设计要求	I		是否预留回水弯
二、基站机架（包括交流屏、开关电源、BTS、传输机架、空调等）的安装工艺及运行情况					
1	机架的抗震加固	2.1.1 使用凹型钢与四壁、顶部 固定	II		手摇晃动，检查抗震效果
		2.1.2 使用膨胀螺丝与地面固定。各机架间加固符合防震要求	II		手摇晃动，检查抗震效果
2	机房的防静电	2.2.1 机架有防静电线接至地排。机架配有防静电手环	II		手摇晃动，检查防静电电缆接触是否良好
3	基站设备	2.3.1 主设备、传输、电源的机架及各个模块工作正常，无异常告警（注：模块问题属设备本身问题，可以协助更换，不应作为验收不通过的标准）	I		现场检查基站硬件状态及 OMCR 处检查告警和运行状态
4	机架的防雷接地	2.4.1 机架有保护地线接至保护地排	I		手摇晃动，检查接地线缆连接是否良好，设备接地电阻小于 5Ω
三、基站铁件的安装工艺					
1	电缆走道的安装	3.1.1 电缆走道平直，目视无明显起伏和倾斜	III		走线架平直，无起伏倾斜
		3.1.2 电缆走道安装牢固	III		手摇晃动检查走线架，应牢固
		3.1.3 电缆走道所穿过的楼板或墙洞符合设计要求	III		条件具备者、业主专门要求的可做盖板保护
2	铁件的油漆工艺	3.2.1 所有铁件的漆色尽量一致，刷漆均匀不起泡	III		所有铁件的漆色尽量一致，刷绝缘漆均匀不起泡
3	走线架的接地	3.3.1 走线架连接处铺设接地线，所有接地点与机房接地排连接	I		如整个走线架由 3 个架子组成，那么这 3 个架子必须都通过 35 平方黄绿线直接与保护地相连

续表

编号	验收项目	验收标准	重要程度	验收结果	检查要领
四、基站线缆的安装工艺					
1	布线的要求	4.1.1 所有线缆应平直布放，顺直、整齐、不交叉，下线按顺序，布线整齐美观	III		线缆严禁出现打小圈，不得蜷曲以免形成涡流
		4.1.2 在电缆走道上，射频同轴电缆和电源线分开布放	III		馈线、跳线和电源线要分开布放在走线架的两侧
		4.1.3 BTS 传输 2m 线检查	II		BTS 上用 2m 线严禁打小圈，不得出现“自拧”现象，以免形成误码
2	线缆的固定	4.2.1 线缆应间隔均匀地用绑扎带固定在机房横铁上	III		扎带应修剪整齐，间隔均匀
		4.2.2 线缆标识、标签（两端）	III		线缆标识完整、明确
		4.2.3 编扎线缆出线在一直线，线扣打在出线的根部，末端打终结扣	III		编扎线缆出线在一直线，线扣打在出线的根部，末端打终结扣
3	电源线的布放	4.3.1 馈电母线采用整条线缆线，外皮完整，严禁中间接头	II		电池组、BTS、光端机、监控、交流屏、开关电源空调、接地线等所有线缆只要有（或可能有）电流经过的，严禁出现任何接头、皮破损等现象
		4.3.2 正负电源引入线有标志，并加装热缩套管	III		套管应裹紧，加明显标志
4	电源线的端口处理	4.4.1 10mm 以下单芯电源线可缠绕连接	II		接头的缠绕方向应和螺栓的旋紧方向一致、紧固
		4.4.2 10mm 及以上电源线用铜鼻子连接，铜鼻子的规格与导线线径一致	II		铜鼻子的铜牙严禁裸露，应用胶带缠绕绝缘
五、交流配电屏验收					
1	警告性能	5.1.1 交流电源缺相、停电、恢复，任一路输入/输出分路出现故障时均应有可闻可见警告信号	I		手动试验各种告警显示功能
2	仪表指示	5.2.1 应正常显示	II		电压、电流指示应正常、准确
3	接地检查	5.3.1 机壳应作保护接地	II		交流屏机壳应接保护地，排查交流零线不得与保护地相接触。防雷器的接地可靠，可以用手摇晃防雷器的接地来进行检查
		5.3.2 交流零线汇流排不得与机壳、保护地相碰	II		
		5.3.3 防雷及浪涌保护措施可靠接地	II		

续表

编号	验收项目	验收标准	重要程度	验收结果	检查要领
五、交流配电屏验收					
4	标签检查	5.4.1 标签准确、齐全	II		所有负载均张贴正确标签
5	一级防雷检查	5.5.1 一般交流屏为基站一级防雷	I		检查防雷器的功能是否完好，通流量是否达到要求，一般为100kA
六、开关电源验收					
1	标签检查	6.1.1 标签准确、齐全	II		所有负载均张贴正确标签
2	防雷	6.2.1 设备应具有防雷装置（交流、直流、监控设备必须要有防雷）	I		开关电源的防雷为二级防雷，功能完好，通流量一般要达到40kA
3	参数设定	6.3.1 电池管理参数	III		根据电池说明书检查电池管理参数
4	接地检查	6.4.1 检查接地可靠性	II		机壳应接保护地，排查交流零线不得与保护地相接触
5	下电检查	6.5.1 主设备、传输、监控等负载的下电位置	II		根据负载重要性，检查二次下电的作用范围
七、基站蓄电池组验收					
1	外观	7.1.1 外壳无变形、损坏、开裂、漏液现象	I		外形良好，安装、连接条、螺栓紧固，尤其注意和馈电母线相连的螺栓是否紧固，单体摆放整齐
2	蓄电池电压正常	7.2.1 在正常室温下，主设备的推荐工作电压是 26.5～27.7V（53.5～54.5V），蓄电池单体电压正常	I		
3	资料	7.3.1 应有厂家产品安装说明书及容量试验和充电记录	III		仔细查阅电池说明书并正确设置电池管理参数
八、基站接地设备验收					
1	楼顶站检查	8.1.1 楼顶站的地网检查	I		楼顶站一般利用大楼的地网，尤其须检查大楼地网的情况及接地电缆和地网的连接情况
2	接地	8.2.1 地网采用联合接地，即设备工作地、保护地共用一组接地体，接地电阻＜10Ω	I		各种机架的保护地均接到室内地排铜板凳入地。交流工作地接电源引入零排。直流工作地接开关电源母排。室内外保护地排接地电阻应符合相关规定：楼顶站为 10Ω，普通站为10Ω

续表

编号	验收项目	验收标准	重要程度	验收结果	检查要领
八、基站接地设备验收					
2	接地	8.2.2 地下接地体连接处三面焊接，牢固，无假焊和虚焊，焊接点涂沥青	II		室内地排、室外C点的95平方线和接地扁钢牢固连接，垂直入地，不得有滴水弯
3	接地引入线	8.3.1 接地引入线做防腐处理，两端接头处可靠连接	II		室内外95平方线的两头铜鼻子压接牢靠，用黄油涂抹防锈
		8.3.2 接地汇接排应设有明显标志	II		接地汇接排应设有标签标志
九、基站空调设备验收					
1	电源线	9.1.1 主机、外机电源检查	II		主机、外机电源线线径应符合相关标准（一般为专用电缆，可参考说明书），外机电源线走专门的孔洞
2	水管	9.2.1 出水检查	II		水管没有破损，出水正常，走专门孔洞，到室外的时候应引出墙面约20cm，避免冷水浸润墙体
3	功能	9.3.1 制冷、除湿、停电补偿等功能	I		检验主要功能是否正常，可以通过关电检查停电补偿功能
4	室外机	9.4.1 室外机安装位置符合设计要求	II		检查是否对准空调进风、排风口
十、基站外电引入设备验收					
1	电源引入检查	10.1.1 安全无隐患	III		检查电源引入时是否规范
2	配电箱检查	10.2.1 零线接法、箱内线缆布置、配电箱质量	I		电源引入时，零线是否通过铜排相连，严禁缠绕或通过空开相连，线缆是否零乱，线缆接头有无做绝缘处理
3	专变检查	10.3.1 专变检查	II		专变安装是否稳固，接线是否整齐。遇有油式变压器，应检查绝缘油的状况，是否漏油
十一、基站铁塔验收					
1	钢构件检查	11.1.1 钢构件状况检查	II		用望远镜检查铁塔是否缺少部分钢构件
2	螺栓检查	11.1.2 螺栓数量、状况检查	II		塔角螺栓是否齐全、紧固，塔靴法兰盘是否涂抹黄油或封砼

续表

编号	验收项目	验收标准	重要程度	验收结果	检查要领
十一、基站铁塔验收					
3	塔基检查	11.3.1 检查塔基周围土层有无松软异常	I		检查塔基周围土层有无松软异常，塔基无明显的安全隐患
4	铁塔塔身检查	11.4.1 塔身垂直度≤1/1500	I		经纬仪检查塔身垂直度，单管塔和桅杆≤1/750
5	天线抱杆	11.5.1 天线抱杆安装位置符合设计，无明显倾斜	I		目测即可
6	铁塔接地	11.6.1 铁塔塔身接地电阻＜10Ω	I		地阻仪检测
十二、基站环境与土建验收					
1	院内地坪	12.1.1 地坪完好性检查	III		基站是否已经做好地坪，是否存在下沉、贯穿性开裂等问题
2	机房渗漏	12.2.1 机房是否存在渗漏、掉粉尘等现象	II		机房是否存在渗漏、掉粉尘等现象
3	机房墙面	12.3.1 墙面粉刷情况	III		机房墙面平整、整洁
4	防盗门	12.4.1 防盗门安装是否牢固	I		检查是否存在安装质量问题
5	灭火器材	12.5.1 标识灭火器材摆放位置	II		标示处灭火器的具体摆放位置，划黄线
6	电表	12.6.1 电表运转情况	II		注意电表箱的质量，初始读数及电表位置、供电方式检查
7	孔洞	12.7.1 检查密封情况	II		所有孔洞是否已经正常封堵
8	照明	12.8.1 室内照明完好性	II		照明是否良好，整个机房是否漏电
9	外大门	12.9.1 检查外大门的牢固性和质量	II		外大门是否刷防锈漆，开关是否灵活，铰链质量等检查
10	围墙	12.10.1 检查工程质量，无明显问题	III		是否存在开裂、倾斜等工程质量问题
11	室内地坪	12.11.1 地砖铺设质量	II		地砖是否存在松动、脱落等现象，地坪是否存在下沉情况
12	环境监控	12.12.1 环境监控是否开通	I		检查停电、温湿度、烟感、电池电压、门禁、水浸等重要告警是否能传递到监控中心
13	基站钥匙	12.13.1 基站钥匙是否移交网络部	II		

续表

编号	验收项目	验收标准	重要程度	验收结果	检查要领
十二、基站环境与土建验收					
14	防汛安全隐患	12.14.1 是否具有防汛安全隐患	I		所有土建机房按图纸施工，如需做机房抬高，须在设计会审时提出，后期施工按图纸实施
15	基站进出	12.15.1 进出有无异常情况和阻挠	III		业主相关信息移交
十三、EAM 库的基站资产验收及综合资源管理系统数据核对					
1	基站资产核对	13.1.1 对机房内的资产进行核对，无明显缺漏	II		检查基站资产盘点有无问题
2	固定资产标签	13.2.1 检查固定资产是否已粘贴标签并做登记，对于新增的载频，必须贴上标签	II		所有设备单元均需粘贴固定资产标签，并需进行记录核对
3	核对综合资源管理系统中的机房基站配套信息	13.3.1 要求各项信息完整、正确	II		对缺少和错误的信息，配合工程进行补充和改正

存在问题及整改期限：如基站环境与土建验收第 15.1 项；A 标签机打

验收结果：□通过，已正常开通　　□通过但需要整改，已正常开通　　□不通过，不开通

新建基站开通验收记录表

基站名：　　　　检查日期：　　　　检查人：

编号	验收项目	是否需要参与验收	验收结论	问题
一、物业				
1	物业	是□　否□	是□　否□ 未验收□	
二、天馈线系统				
1	天线	是□　否□	是□　否□ 未验收□	
2	馈线	是□　否□	是□　否□ 未验收□	
3	铁塔	是□　否□	是□　否□ 未验收□	
三、主设备				
1	机架安装	是□　否□	是□　否□ 未验收□	
2	机架接地、电源	是□　否□	是□　否□ 未验收□	
3	设备标签	是□　否□	是□　否□ 未验收□	

续表

基站名：		检查日期：		检查人：
编号	验收项目	是否需要参与验收	验收结论	问题
四、传输设备				
1	机架安装	是□　否□	是□　否□ 未验收□	
2	机架接地、电源	是□　否□	是□　否□ 未验收□	
3	光缆、尾纤	是□　否□	是□　否□ 未验收□	
4	标签	是□　否□	是□　否□ 未验收□	
五、动力配套				
1	交流引入	是□　否□	是□　否□ 未验收□	
2	交流屏	是□　否□	是□　否□ 未验收□	
3	直流电源	是□　否□	是□　否□ 未验收□	
4	接地系统	是□　否□	是□　否□ 未验收□	
5	电池	是□　否□	是□　否□ 未验收□	
6	空调	是□　否□	是□　否□ 未验收□	
六、动环监控				
1	设备安装	是□　否□	是□　否□ 未验收□	
2	动环验证	是□　否□	是□　否□ 未验收□	
七、机房环境				
1	土建	是□　否□	是□　否□ 未验收□	
2	防盗	是□　否□	是□　否□ 未验收□	
3	防火	是□　否□	是□　否□ 未验收□	
4	安全隐患	是□　否□	是□　否□ 未验收□	
八、资料资产验收				
1	钥匙	是□　否□	是□　否□ 未验收□	
2	资产交接	是□　否□	是□　否□ 未验收□	

附录四：验收汇总报告

<table>
<tr><td>站点名称：</td><td>验收日期：</td></tr>
<tr><td colspan="2">工程部资产交接：是□　　否□</td></tr>
<tr><td colspan="2">机房钥匙：</td></tr>
<tr><td colspan="2">基站是否已开通：是□　　否□</td></tr>
<tr><td colspan="2">是否一次验收通过：是□　　否□</td></tr>
<tr><td colspan="2">一次验收未通过，存在的问题汇总：</td></tr>
<tr><td colspan="2">问题整改情况：</td></tr>
<tr><td>代维签字：</td><td>监理签字：</td></tr>
</table>

附录五：基站资产交接单

江苏移动×××分公司固定资产交付使用明细表

基站名称：			基站地址：			经度：		纬度：	
存放地点（地点码）	资产名称	规格型号	生产厂家	机架码	机框码	实物设备码	设备来源（新发/利旧）	施工单位	盘点情况

要求：1．条形码标签应分别粘贴机架码—机框码—实物设备码；2．基站条形码包含室外铁塔、天馈线部分；3．传输管道、线路条形码标签不粘贴在实物上，应将标签号码直接填写在资产交接表上，同时将此实物标签销毁。

接收单位：　　　　　　　　　　交付单位：

接收人：　　　　　　　　　　　交付人：

第6章 覆盖延伸系统

覆盖延伸系统由基站功率放大器、塔顶放大器及相应的供电系统组成，它是通过在基站机房内加装大功率超线性选频功率放大器放大下行信号，增强信号对遮挡物的穿透力，达到扩大基站覆盖区域的目的。本章从覆盖延伸系统的工程规划设计、工程建设施工以及工程维护交接3个方面分别就主设备信源、传输设备、分布系统、电源设备和配套设备给出了相应的规范。

6.1 工程规划设计规范

6.1.1 主设备信源规划设计

1. 设备信源选取原则

◆ 20层以上高层建筑物或大型建筑体建议有宏蜂窝机房，以独立机房优先考虑，宏蜂窝机房面积不小于10m^2。宏蜂窝机房完全参照标准基站机房设计建设。

◆ BBU设备参照基站规划要求设计直流设备，不得配置交流设备。

◆ 室外替代基站设备建议优先考虑一体化基站，避免MBO/CBO大量替代。

◆ 2G信源主设备选型原则：

① 室内平层、居民区高层外打（只覆盖居民区内部，在确认泄露情况良好、不影响路测的条件下），一律使用华为信源（拉远BBU+RRU），除部分需进行上、下分层的场景外，需全部设计为多RRU共小区（如有特殊高业务量需求，一事一议）。

② 地下室覆盖使用华为设备，需严格控制信源使用数量，只需保证通话即可，严格按照边缘场强–85dBm来设计。

③ 居民区（有覆盖道路情况），纯道路覆盖信源设计原则如下：

若现场具备MBI-5机架安装条件，优先使用机架覆盖。若现场不具备MBI-5机架安装条件，或因使用MBI-5机架导致需新增传输设备，则使用卡特利旧拉远设备RRH，居民区覆盖优先使用1800MHz频段，道路覆盖优先使用900MHz频段（此种情况主要存在于楼宇规模较大，4G采用1台BBU拖多台RRU覆盖，而2G MBI-5机架因无法拉远，需使用多台MBI-5机架，从而导致需新增传输设备）。

④ 关于频段使用：室内平层使用1800MHz频段，高层外打如投诉有需求则使用900MHz频段（特殊需求站点，一事一议）。

◆ 4G 信源主设备选型原则（见表 6-1）：

表 6-1　4G 信源主设备选型原则

4G 信源类型	适用场景
RRU3161-fae	TD 升级站；存量 3161 站扩容；库存未使用的设备用于规模小于 $5000m^2$ 的小规模站点
RRU3182-e	单/双路 E 频段室内平层 DAS 系统；E 频段补热外打
RRU3182-fad	居民区 F 频段楼顶外打；单/双路 F/A/D 频段室内平层 DAS 系统
Lampsite	高业务密度、较空旷的公共场所；极限高负荷场景
Easymarco	美化要求较高的 F/A/D 频段室分外打
BookRRU	美化要求较高的 D/E 频段引入、室分外打/室内覆盖

◆ RRU 级联要求：

RRU 级联不允许超过 1 级（1 个光口带 1 或 2 台 RRU）。

◆ BBU 收敛要求：

BBU 收敛能力：① 1 块基带板可连接 12 台 RRU，开通 6 个逻辑载波；② 1 个 BBU 机框最多可插 6 块基带板，最大收敛 72 台 RRU，开通 36 个逻辑载波。

BBU 收敛要求：① 一个室分物理点的 BBU 需按最大收敛能力设计；② 只使用 1 台 RRU 的室分物理点，RRU 需拉远到周边站 BBU，不允许新增 BBU，特殊站点一事一议。

2. 主设备位置规划设计

◆ 宏蜂窝机房考虑室外空调机柜安装排水，考虑远离业主仓库、杂物间、排水井道、强电井间等安全隐患地点；考虑远离业主居住房间等。

◆ MBO/CBO 不得安装在弱电间等面积不足 $8m^2$ 的封闭空间，不得挂墙，需设计在通风宽敞处，如图 6-1 和图 6-2 所示。不建议设计安装在楼顶电梯机房内。

图 6-1　MBO/CBO 不得设计在密封空间

图 6-2　MBO/CBO 设计在通风宽敞处

◆ 安装在楼顶平台的设备应安装遮阳棚，避免阳光直射，如图 6-3 所示。

◆ 考虑室外防汛地区，室外设备的安装地点不得选择地形低洼处。

◆ 街道站等设备不得设计挂在路灯杆上，应安装在防盗网内，如图 6-4 所示。

图 6-3　设计搭建遮阳棚

图 6-4　设计安装在防盗网内

6.1.2　传输规划设计

1. 传输成环设计

◆　分布系统除宏蜂窝机房外不下挂任何业务。

◆　分布系统的传输单链不能超过 5 台设备。

2. 传输电源设计

◆　宏蜂窝机房、MBO/CBO 以及配置后备电源站点传输设备必须以直流接入，如图 6-5 所示。

图 6-5　传输设备直流接入

3. 传输电源设计

◆　以 PTN 设备为主，TD 设备以光纤接入（IP 化），禁止 2M 线接入。

6.1.3　分布系统方案规划设计

1．分布系统的总体规划设计原则

◆　室分系统的规划须结合室外现网站和规划站的布局，从解决室内覆盖和容量吸收两方面出发，分场景有选择地进行室分建设，对于覆盖测试达标（单验标准）的室分物理点，如果非容量需求，则不进行室分覆盖。

◆　3000m^2 以下小范围室分场景不在室分工程项目编码立项建设，灵活应用一体化皮基站（Femto）及网优产品（满格宝、分布式微放站）作为正常建设的补充。

◆　地下室、电梯规划原则：居民小区的电梯及地下室需规划 2G 覆盖，VIP 保障及中高端居民区需同步规划 4G 覆盖；非居民区商业楼宇的电梯及地下室需同步规划 2G/4G 覆盖，地下室不建设双路。十层以下电梯采用传统对数周期天线设计，十层及以上电梯采用电梯特型天线设计。

◆　室分设计要充分考虑容量需求，避免开通即需扩容的情况，尤其是高校等大业务量场景，在规划阶段就要做好 LTE 容量规划，同时应保证扩容便利性，以不改变分布系统架构的情况下能够进行小区分裂扩容为目标进行设计。

① 测算每 RRU 下最大在线用户数=RRU 下用户数×移动渗透率×4G 渗透率×最大并发率（建议取值：移动渗透率取 0.75，4G 渗透率取 0.85，最大并发率：普通场景下取 0.35，高业务场景下取 0.6）。

② 考虑后续业务增长，建议以每小区最大在线用户数不超过 150 人为目标规划其下挂 RRU 数（建议取值：普通场景覆盖人数不超过 600 人，高业务场景覆盖人数不超过 350 人）

◆　单/双路规划设计原则（见表 6-2）：

表 6-2　　单/双路规划设计原则

类型	类型细分	补充描述	单/双路设计原则
商用建筑	写字楼	—	结合市场发展需求，开放式无隔间双路（Lampsite），隔间式双路 DAS
	办公楼	A、B 类集团办公楼	结合市场发展需求，开放式无隔间双路（Lampsite），隔间式双路 DAS
		其他办公楼	单路
	酒店	四星级以上酒店	会议室、宴会厅等双路（Lampsite），其他单路
		四星级以下酒店	单路
	营业厅	沟通 100 店	双路（Lampsite）
		其他营业厅	单路（Femto）
	商场	重点商圈内	双路（Lampsite）
		非重点商圈	单路
	大卖场	连锁卖场	双路（Lampsite）
		专业卖场	单路

续表

类型	类型细分	补充描述	单/双路设计原则
生活建筑	居民楼	室分外打	双路（外打天线）
	高校	—	单路；宿舍 Lampsite
	医院	三甲及以上医院	公共区域双路（Lampsite），病房等单路
		二甲医院	单路
大型场馆	体育场馆	大型体育场馆	双路（Lampsite）
	会展中心	大型会展中心	双路（Lampsite）
交通枢纽	火车站	—	双路（Lampsite）
	长途汽车站	—	双路（Lampsite）
	机场	—	双路（Lampsite）
特殊	隧道	—	双路（漏缆）
	地铁	—	双路（漏缆）

双路建设场景采用双路 DAS 或分布式皮基站（Lampsite）建设；单路建设场景采用错层 MIMO 进行单路 DAS 系统设计，信源采用双通道 RRU，一口接奇层，一口接偶层。

◆ 有源 MIMO 用作因市场发展需求有双路建设需求，但新增 Lampsite 系统或新增一路 DAS 系统无法协调的存量单路 DAS 系统的双路改造。

◆ MDAS用作居民区室分外打的补充覆盖手段，在室分外打无法协调的低层居民区及少量地下室场景使用，优先考虑采用 BookRRU。

◆ 建设分布系统的物业点需要保证优质的覆盖质量，同时要控制好室内信号，避免信号泄露到室外。

◆ 传统的 DAS 分布系统应按照“多天线、小功率”的原则进行建设，须满足国家有关环保要求，电磁辐射值满足国家标准 GB 8702-88《电磁辐射防护规定》所规定的限值，采用的设备与材料及产生的物质对环境无污染，新增的设备应达到环保部门对噪声指标的要求。

2．室分系统频段规划原则

（1）LTE 室分系统使用频段规划原则（见表 6-3）

表 6-3　LTE 室分系统使用频段规划原则

频段	适用场景
E（E1、E2）	普通室内平层（默认 E1，扩容、优化 E2）
F（F1、F2）	居民小区外打（F2 频点）；无源器件不支持 E 且无法改造的室内平层 TDS F 升级站点（F1）
D（D1、D2、D3）	室内极限高负荷场景扩容（如地铁、体育场）

（2）居民小区使用频段规划原则（见表 6-4）

GSM 频段优先采用 900MHz 频段，有路测等特殊优化需求时可采用 1800MHz 频段；LTE 频段优先采用 F 频段并要求使用 10MHz F2 频点。

表 6-4　　居民小区使用频段规划原则

<table>
<tr><th>网络制式</th><th>频段</th><th>具体说明</th></tr>
<tr><td rowspan="2">2G</td><td>GSM 900MHz</td><td>外打、电梯、地下室默认采用 GSM 900MHz</td></tr>
<tr><td>DCS 1800MHz</td><td>有特殊优化需求的采用 DCS 1800MHz</td></tr>
<tr><td rowspan="2">4G</td><td>TDD-F</td><td>外打、电梯、地下室默认采用 F2 频点（10MHz）</td></tr>
<tr><td>TDD-E</td><td>Book 补充覆盖、有特殊优化需求时采用 E 频段</td></tr>
</table>

（3）　室外站使用频段规划原则（见表 6-5）

表 6-5　　室外站使用频段规划原则

<table>
<tr><th colspan="2">站型</th><th>使用频点</th><th>具体应用原则</th></tr>
<tr><td rowspan="2">室外小基站</td><td>天线挂高大于 15m</td><td>等效宏站</td><td></td></tr>
<tr><td>天线挂高 15m 以内</td><td>F2、E2 或 E2+E3</td><td>补盲使用 F 频点，业务分担使用 E 频点，若与周边大网合并小区则同频点</td></tr>
<tr><td rowspan="3">居民区外打</td><td>11 层（40m 左右）以上的高层居民区</td><td>F2</td><td>避免与周边宏站的干扰，必须使用 F2 频点，同时在天线点位设计和天线选型时要尽量减少信号外泄；若同时设计有底层独立小区进行补盲覆盖，则该底层小区使用 F1 频点</td></tr>
<tr><td>11 层（40m 左右）及以下的居民区（含多层）</td><td>F2 或等效宏站</td><td>天线位于小区内部且设计为全向站需使用 F2 频点，若为等效宏站，使用原则参考宏站</td></tr>
<tr><td>居民区外打用作居民区外部区域覆盖且天线挂高低于 15m 的</td><td>等效挂高 15m 以内的室外小基站</td><td></td></tr>
</table>

3．天线规划原则

◆　小区美化天线最好不要使用草坪广告牌或射灯美化天线，建议使用高度 1 人以上的路灯美化天线，如图 6-6 所示。

图 6-6　低矮草坪射灯容易被破坏

◆　分布系统天线选型原则（见表 6-6）：

表 6-6　　分布系统天线选型原则

天线类型	适用场景
单极化全向吸顶天线	室内平层单路 DAS 系统
双极化全向吸顶天线	室内平层双路 DAS 系统
烟感/开关美化天线	有特殊美化需求的室内平层单/双路 DAS 系统
壁挂定向板状天线	较空旷的室内平层单/双路 DAS 系统
大张角高增益射灯	11 层及以上高层居民小区外打
高增益射灯	11 层以下中低层居民小区外打
MM 天线	11 层以下中低层居民小区外打
大倾角排气管	有特殊美化需求的居民小区外打
电梯特型天线	10 层及以上电梯
对数周期天线	10 层以下电梯

4．无源器件

◆　主设备之后的前三级无源器件使用高性能器件，功率容限不得低于 500W。三网合路功率容限建议使用 800W 以上。

◆　宏蜂窝架顶设计使用负载吸收功率。

◆　无源器件选择（见表 6-7）：

表 6-7　　无源器件选择

无源器件	应用场景	选型要求	备注
功分器	室内平层、室分外打	800～2700MHz	
耦合器	室内平层、室分外打	800～2700MHz	
合路器	室内平层、室分外打 E 频段	类型 6：GSM/DCS/TD F&TD A&TD E 合路器（三路）	E 频段外打吸收容量；TD 升级点沿用原有型号合路器
	室分外打 F 频段	类型 14：GSM&DCS/TD F&TD A/TD D 合路器（三路）	F 频段外打解决覆盖

5．馈线

◆　禁止从污水井走线，建议少走雨水井道和埋入地下，如图 6-7 所示。

图 6-7　禁止从污水井走

6.1.4　电源设计

1．电源引入

◆　以直供电引入为先，转供电引入必须考虑 24 小时不间断电源。

◆　电源引入不得考虑厨房、仓库、人员居住、高压电等危险地点引入，如图 6-8 所示。

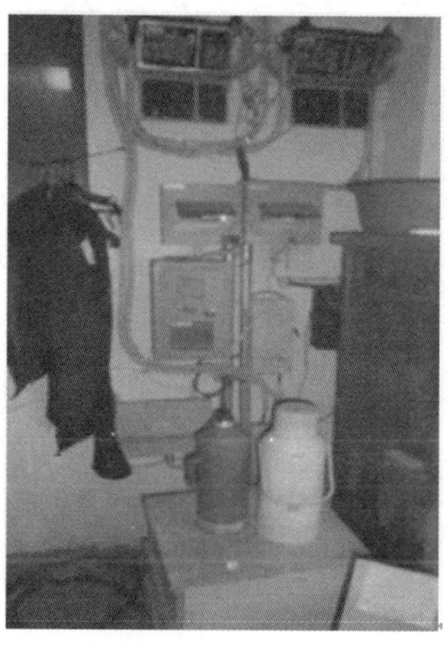

图 6-8　厨房和人员居住电源引入安全隐患极大

2．后备电源

◆　VIP 点或 5 台以上有源设备站点配置后备电源。

◆　宏蜂窝机房配置 500Ah 电池组，具备 2 次下电功能。

◆　重要站点和具备条件的站点配置 UPS、小型开关电源。

◆　室外设备建议配置一体化机柜，配置蓄电池组，设备接入直流。

6.1.5　配套设计

◆　室外楼顶 MBO、CBO 替代基站安装遮阳棚。

◆　室外人烟较少地区、街道站等安装防盗网，如图 6-9 所示。

图 6-9　安装防盗网

◆ 楼顶彩钢瓦房和室内机房安装空调。

◆ CBOE 室内、室外全部配置传输机柜，如图 6-10 所示。

图 6-10 增加传输机柜

6.2 工程建设施工规范

6.2.1 主设备建设施工

1．设备的安装工艺

◆ 微改宏机房参照基站样板点标准执行。

◆ 若为 MBO/CBO 设备安装，必须有底座高度不低于 25cm，并固定在地面；若为 CBOE 设备安装，在地面必须有底座不低于 30cm，可以挂墙安装。设备底座正下方开 2 个直径 10cm 以上的孔洞，所有线路从孔洞穿过。如图 6-11 至图 6-16 所示。

图 6-11 高度不足 25cm

图 6-12 高度达到 25cm

图 6-13　孔洞不足 10cm

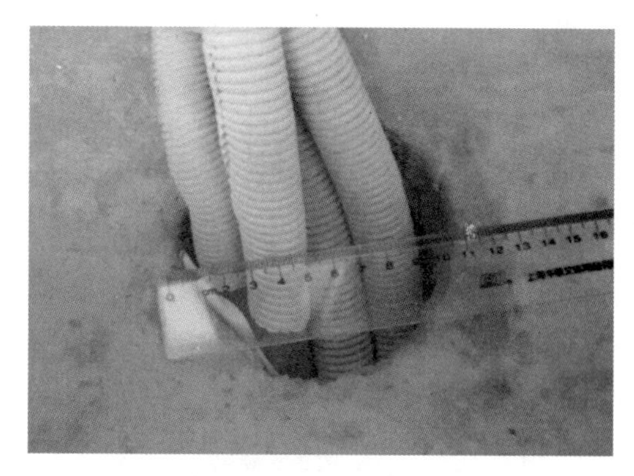

图 6-14　孔洞达到 10cm

图 6-15　未从孔洞穿线

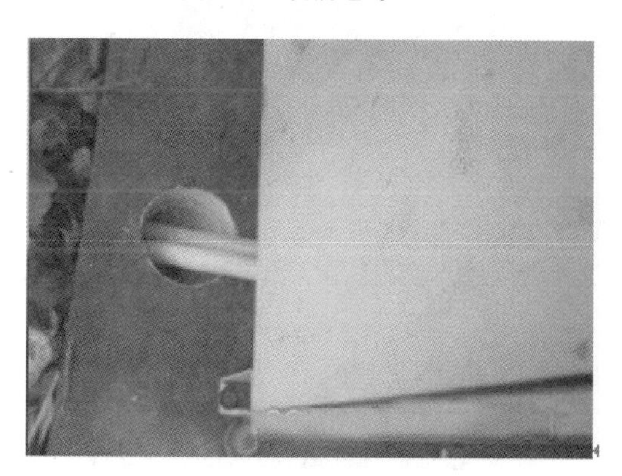

图 6-16　从孔洞穿线

◆　微蜂窝、TD、LTE 设备及直放站等小型设备安装固定上墙，不得放置在地面，安装高度以 1 人维护高度为佳，设备下沿不得低于 50cm，且不得高于 1.8m，如图 6-17 和图 6-18 所示。

图 6-17　挂高太高

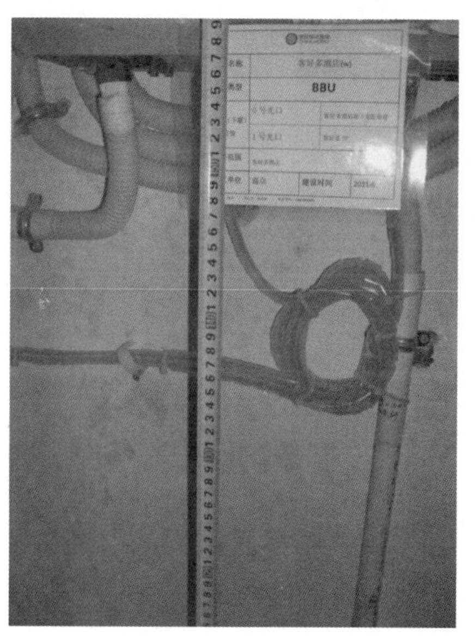

图 6-18　挂高合理

◆　设备不得放置在低洼处。

2．设备安装环境

◆　微改宏机房参照基站样板点标准执行。

◆　有源设备安放在通风、干燥、无杂物的房间内，避开人流量多、随意进出的地方，以防设备丢失。远离火源、水源及强电等安全隐患点（距离强电槽道必须30cm以上）。如图6-19和图6-20所示。

图6-19　设备距离水源和火源太近

图6-20　设备安装位置通风、干燥

◆　设备不得放置在高压电线杆上下。设备与设备之间需留有散热空间至少30cm距离，设备门及BBU板块维护不受影响。

◆　若MBO/CBO放置位置空间便于散热，设备与墙壁之间必须保持30cm以上距离，确保散热不受影响。MBO/CBO不得安装在面积不足8m^{2}的无空调封闭空间内。如图6-21和图6-22所示。

图6-21　空间不足

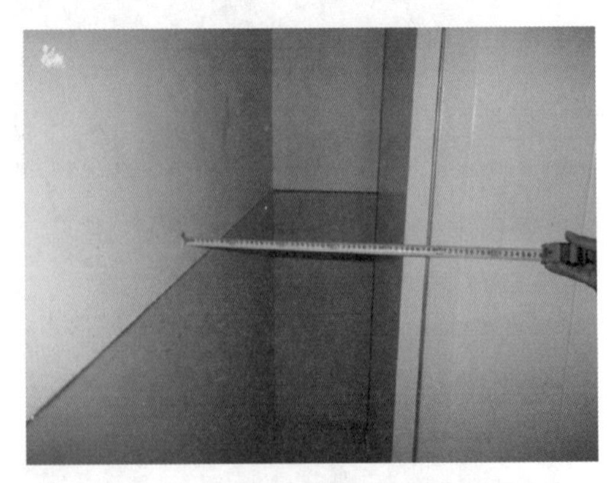

图6-22　空间合理距离墙壁30cm以上

◆　楼顶彩钢房内必须安装空调散热。

◆　室外设备不得张贴任何移动标签。

3．设备配套

◆　若为CBOE设备，无论室外、室内，必须配置传输机柜，如图6-23和图6-24所示。

图 6-23　CBOE 未配置传输机柜

图 6-24　CBOE 配置传输机柜

◆　室外野外或路边街道站等必须安装防盗网，且喷绿色涂料，如图 6-25 和图 6-26 所示。

图 6-25　设备外表未喷漆

图 6-26　设备及防盗网全部喷漆

◆　室外安装防盗网的站点 RRU 等拉远设备必须放置在防盗网内，如图 6-27 所示。防盗网外无其他任何有源设备。

◆　设备及防盗网门锁钥匙已经移交。

◆　特殊地点必须配置一体化后备电源。

◆　室外楼顶 MBO/CBO 设备搭建遮阳棚，避免阳光直射。遮阳棚必须全部遮住设备。如图 6-28 和图 6-29 所示。

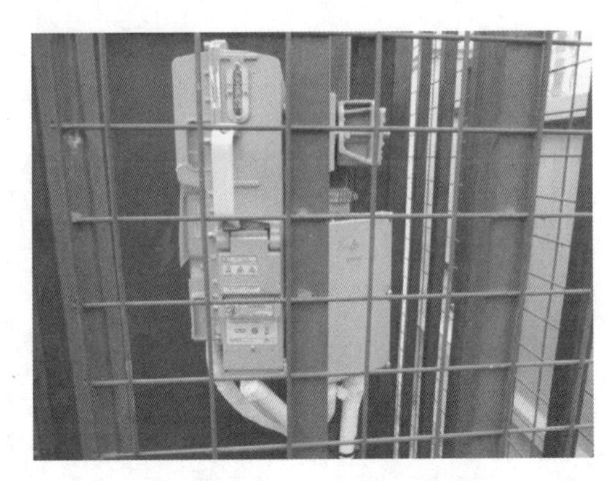

图 6-27　RRU 设备在防盗网内

图 6-28　未搭建遮阳棚

图 6-29　搭建遮阳棚

◆　室外站点全部涂刷高温隔热漆（推广后执行）。

4．设备卫生

◆　设备及周边干净整洁，无堆积杂物。设备无灰尘。如图 6-30 和图 6-31 所示。

图 6-30　周边杂物多、灰尘多

图 6-31　干净整洁

◆　风扇清洁干净，声音运行正常。

6.2.2　天馈及无源器件建设施工

1．天线的安装工艺

◆　若为挂墙式天线，必须牢固地安装在墙上，保证天线垂直美观，并且不破坏室内、室外整体环境。

◆　若为室外外打天线，需加装抱杆或大型支撑件。天线的各类支撑件应结实牢固，铁杆要垂直，横杆要水平，所有铁件材料都应作防氧化处理，如图 6-32 所示。

图 6-32　安装铁件做防氧化处理

◆　若为挂路灯杆等室外天线，必须喷射与天线杆颜色一致的涂料，如图 6-33 所示。禁止使用射灯天线。

图 6-33　喷成与电线杆一样的颜色

◆　若为吸顶式天线，可以固定安装在天花或天花吊顶下，保证天线水平美观，并且不破坏室内整体环境。如果天花吊顶为石膏板或木质，还可以将天线安装在天花吊顶内，但必须用天线支架对天线做牢固固定，不能任意摆放在天花吊顶内。在天线附近须留有出口位（视现场实际情况而定）。

◆　室内天线安装的过程中不能弄脏天花板或其他设施，摘/装天花板时应使用干净的白手套。

图 6-34　未使用天线，无移动 LOGO

图 6-35　有支架，有移动 LOGO

◆　地下室天线安装必须使用天线支架，如图 6-36 所示。

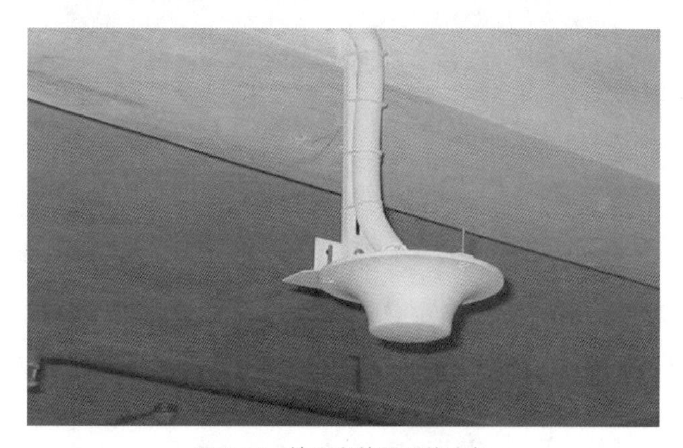

图 6-36　地下室使用天线支架

◆　室内天线上必须使用透明胶带粘贴移动通信标签，且张贴位置肉眼能看见（居民小区等敏感区域酌情考虑），如图 6-37 和图 6-38 所示。

图 6-37　未张贴胶带

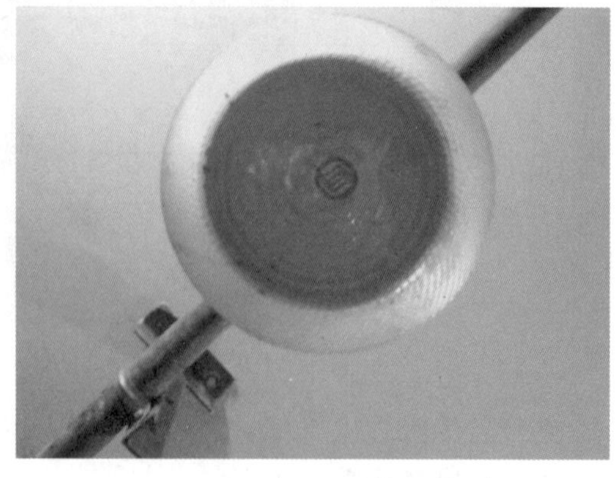

图 6-38　张贴透明胶带

◆　电梯井道内天线要求全部固定安装，杜绝使用扎带，使用铜丝固定，业主认可不影响电梯安全（如无法进入电梯井，可由建设方提供施工固定照片）。

◆　室外地面天线必须使用混凝土固定。

◆　施主天线抱杆的避雷针要求直径 12～14mm，长度 60～80cm，电气性能良好，接地良好。室外天线都应在避雷针的 45° 保护范围之内，如图 6-39 所示。

◆　天线与跳线的接头应接触良好并作防水处理，连接天线的跳线要求有 10～15cm 直出，如图 6-40 所示。

图 6-39　室外天线防雷 45° 保护

图 6-40　天线与跳线有 10～15cm 直出

◆　八木天线等室外天线须接地，接头处及器件须用防水胶泥按照“315 法”包裹，避免渗水，如图 6-41 所示。

2. 馈线安装工艺

◆　馈线所经过的线井应为电气管井，不得使用风管或水管管井，应避免与强电高压管道和消防管道一起布放走线，距离强电、强磁必须超过 30cm 确保无干扰，如图 6-42 所示。

图 6-41　室外天线接头防水“315”包裹

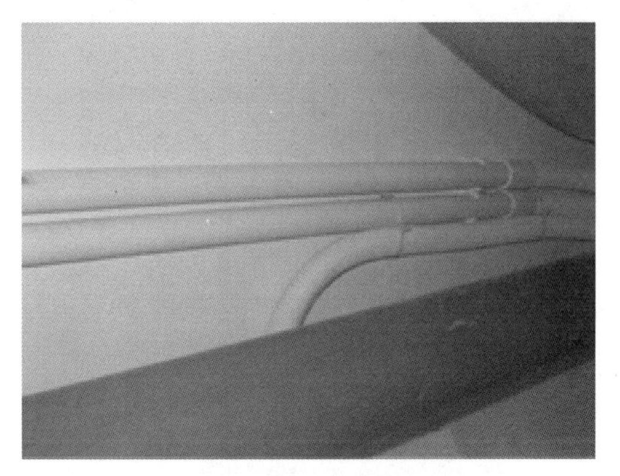

图 6-42　不绑扎在消防管道上

◆　馈线的连接头必须安装牢固，正确使用专用的做头工具，严格按照说明书上的步骤进行，接头不可有松动，馈线芯及外皮不可有毛刺，拧紧时要固定住下部拧上部，确保接触良好，保持驻波比在 1.2 以下，并做防水密封处理。馈线的连接头手拧不得有松动现象，接触良好，并做防水密封处理。室外及地下室要求从里到外 3 层胶带、1 层胶泥、5 层胶带。

◆　埋入地下馈线必须套 PVC 管，PVC 管接头做防水处理，并埋入地下不得低于 30cm，不得暴露在外，如图 6-43 所示。

图 6-43　埋入地下馈线未套管且暴露在外

◆　馈线的布放应牢固、美观，不得有交叉、扭曲、裂损等情况。井道或走线槽内的馈线必须使用绑扎带固定，无源器件不得受力。馈线弯曲角度大于 90°，曲率半径大于 130mm。弯曲度超过要求的需用直角弯头。如图 6-44 至图 6-47 所示。

图 6-44　弯曲度大未使用直接弯头

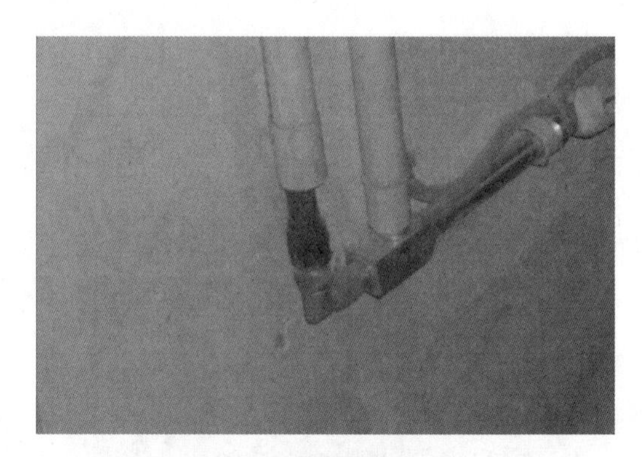

图 6-45　使用直接弯头

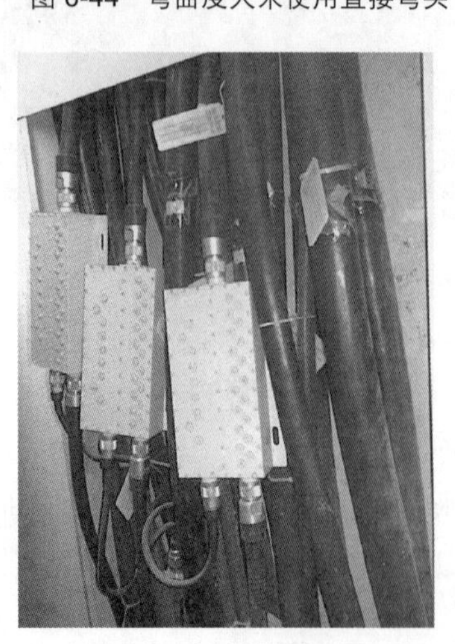

图 6-46　无源器件受力

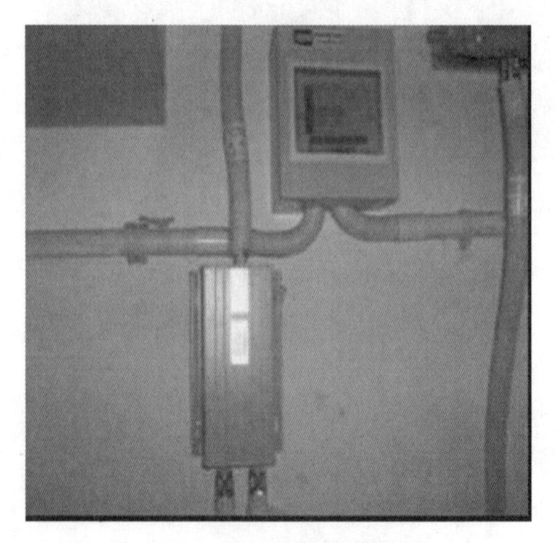

图 6-47　无源器件固定不受力

◆　馈线需要弯曲时，要求弯曲角保持圆滑，其弯曲曲率不能小于表 6-8 中的规定。

表 6-8　　馈线弯曲曲率要求

线　　径	多次弯曲的半径	一次性弯曲的半径
7/8″	340mm	120mm
1/2″ 普通	125mm	70mm
1/2″ 软	30mm	25mm

◆　室外拐弯处馈线须做滴水弯（如不发生雨水倒流现象，可不做滴水弯）。

◆　室内馈线必须有明显的移动标签，馈线每隔 3～5m 贴一张移动 LOGO 标签，对于此类标签，可批量印刷或打印。所有标签方向一致，标签用透明胶包封。每个设备和每根馈线的两端都要贴上标签，并标明馈线走向路由标签（标注起始点和终止点）。室外挂高馈线需挂牌表示。如图 6-48 和图 6-49 所示。

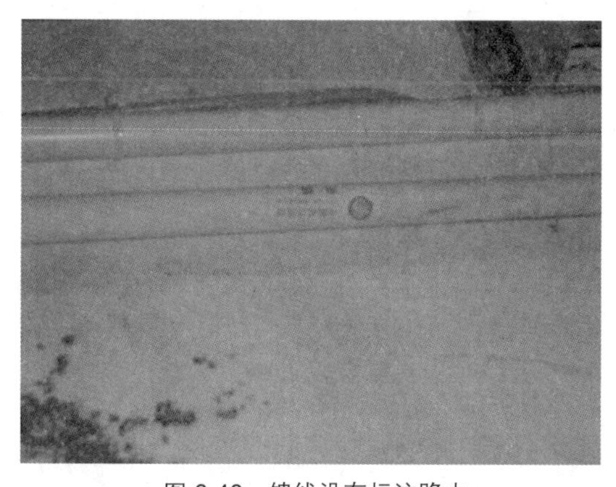

图 6-48　馈线没有标注路由

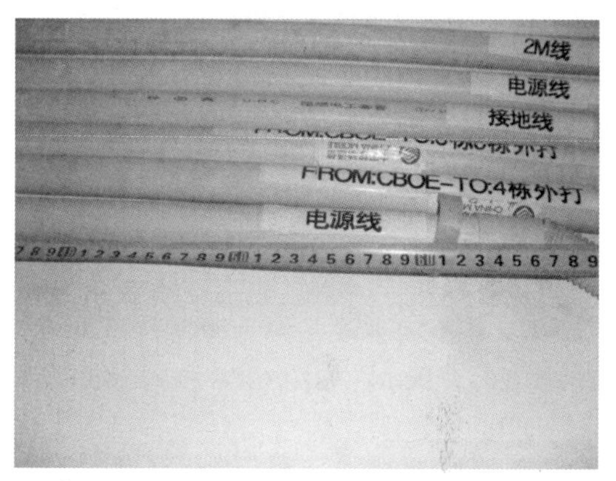

图 6-49　馈线标注机打路由

3. 走线管的工艺

◆　对于不在机房、线井和天花吊顶中布放的馈线，应套用 PVC 走线管（防火特殊地方套用铁管），不得套波纹软管，转弯处可以套波纹软管或转弯接头连接，馈线走向必须横平竖直，不得出现斜交叉，至少每隔 0.5m 固定，混凝土墙使用骑马配，其他墙体使用卡钉。如图 6-50 和图 6-51 所示。

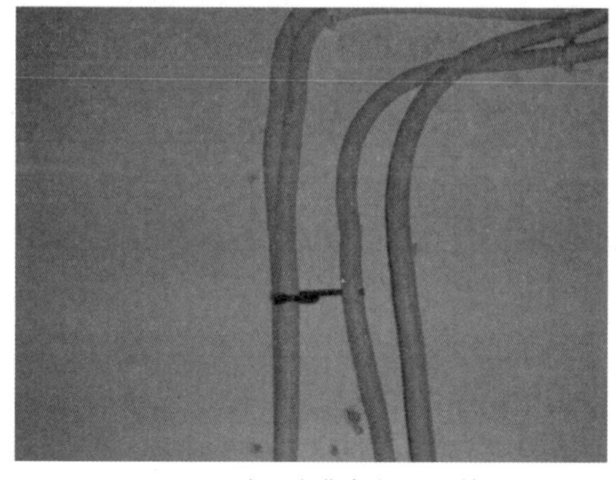

图 6-50　交叉弯曲未套 PVC 管

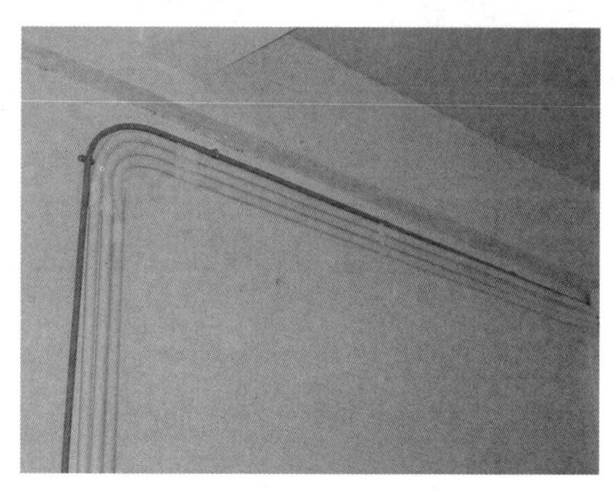

图 6-51　横平竖直套 PVC 管

◆ 走线管应尽量靠墙布放，楼顶平台使用线码或馈线夹进行牢固固定，至少每隔0.5m固定，走线不出现交叉和空中飞线的现象。如图6-52和图6-53所示。

图6-52 走飞线

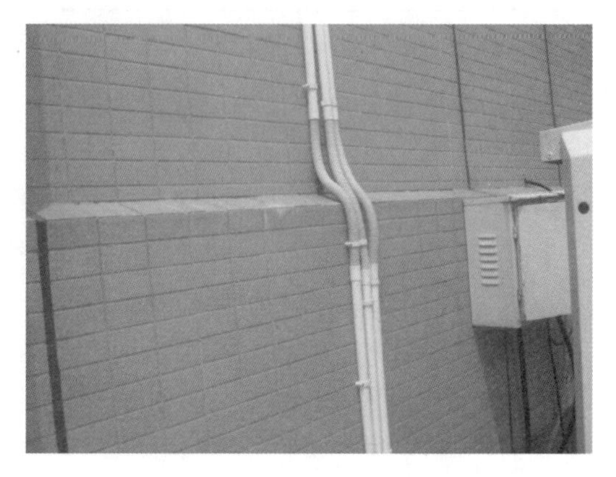

图6-53 室外可以沿墙固定

◆ 若走线管无法靠墙布放(如地下停车场)，则馈线走线管可与其他线管一起走线，并用扎带与其他线管固定，不得使用消防管道。地下室不得自行打孔，必须从人防预留孔洞中穿线。

◆ 走线管进出口的墙孔应用防水、阻燃的材料进行密封。

4．无源器件

◆ 在室内主设备旁无源器件不得放置在设备底部，必须放置在墙上固定或线井内，挂墙不低于50cm。如图6-54和图6-55所示。

图6-54 无源器件未固定放置在地上

图6-55 固定上墙且高于50cm

◆ 线井内的无源器件必须绑扎固定，不得受力，室内每个器件必须张贴移动标签。内容包括每个器件的名称和楼层，标签明细必须与设计文件的系统原理图完全对应。

◆ 室外设备旁无源器件不得裸露在外，需放置在设备底部空间或井道内，如图6-56和图6-57所示。

◆ 室外管道内的无源器件必须放置在管道上方，不得放置在管道底部，不得浸泡在水中，如图6-58所示。

◆ 无源器件空口必须封堵，微改宏等大功率第一级接入必须添加负载，吸收功率。

图 6-56　暴露在外

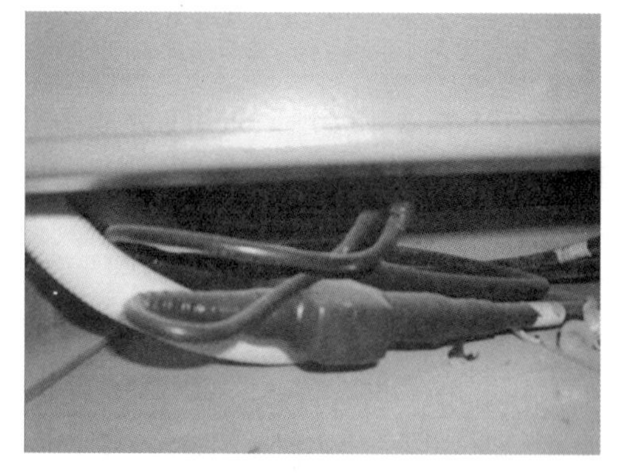

图 6-57　应放置在设备底部

图 6-58　应放置在管道上方

◆　安装时要保证元器件连接头处馈线无余量。量好馈线长度后再锯掉馈线，做到一次成功。

◆　室外无源器件必须做好防水处理，须用防水胶泥按照“315 法”包裹，如图 6-59 和图 6-60 所示。

图 6-59　防水未做好

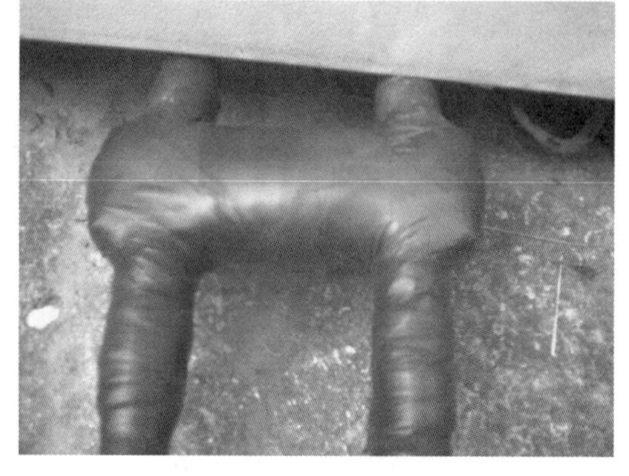

图 6-60　应符合“315”防水包裹

5．天馈部分整体性能

◆　开通时电脑连接主设备检查无驻波告警，验收时使用驻波比仪表测量天线及馈线驻波比值，应在规定值（1.3）以内。

6．GPS

◆ GPS馈线需接地，采用接地套件中的卡箍和电缆压接铜鼻子就近接地。馈线长度不超过45m时，上、下两端（离开安装管下端和入室前各1m处的平直部位）接地。超过60m时，中间增加一次接地，接地电缆应与馈线的入室走线方向一致，与馈线夹角以不大于15°为宜。进入馈线窗前需要做回水弯。

◆ GPS天线接地，张贴对应站点名的标签，安装浪涌保护器，如图6-61所示。

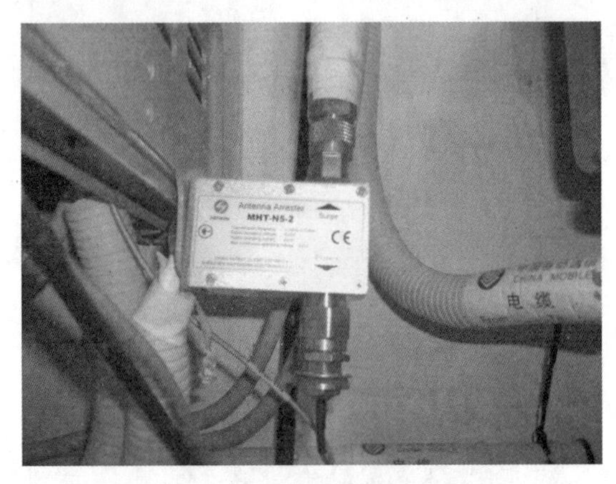

图6-61 必须有浪涌保护器

◆ 安装在抱杆上，位置需在避雷针45°保护角内，如图6-62所示。

图6-62 需有抱杆、防雷

◆ GPS馈线必须整根不得有接头。

◆ GPS必须锁定5颗星以上。

◆ GPS馈线插损应小于20dB。

6.2.3 设备电源建设施工

1．空气开关安装

◆ 所有有源设备处必须安装独立空开（支付电费的需安装电表），带有2芯和3芯插座（插座为可选项），如图6-63所示。

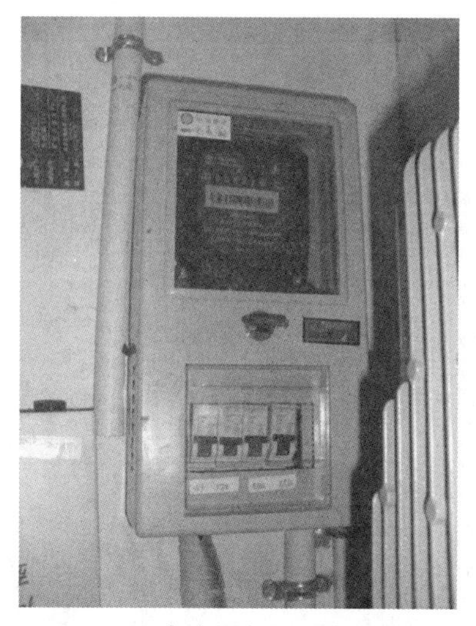

图 6-63　每台设备必须独立空开

2．电源引入

◆　市电引入需从业主可靠电源处接电，避免频繁断电，提供 24 小时电源。如图 6-64 和图 6-65 所示。

图 6-64　电源不可靠

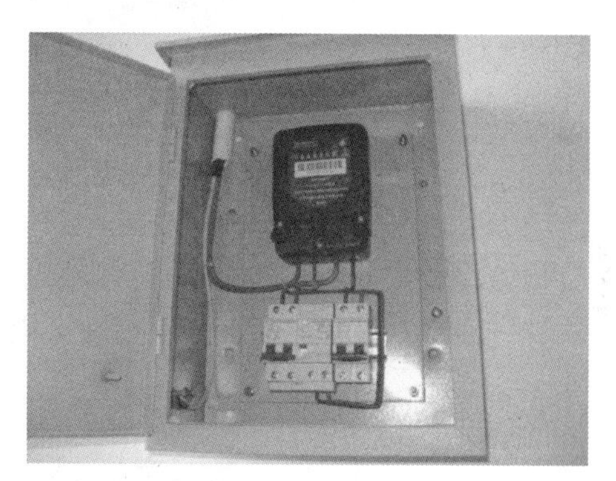

图 6-65　电源可靠

◆　有源设备不得使用插座。如图 6-66 和图 6-67 所示。

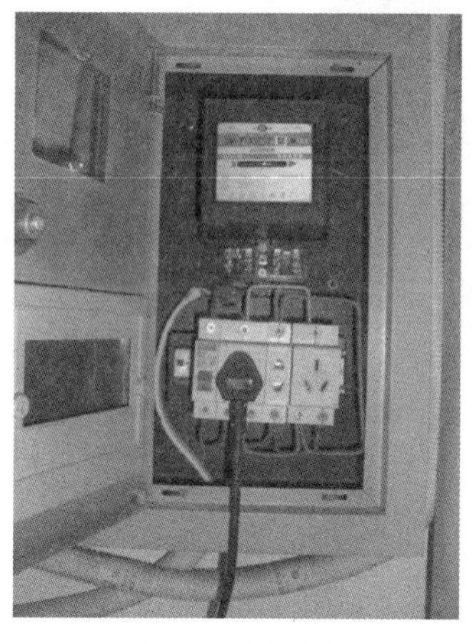

图 6-66　不得接插座

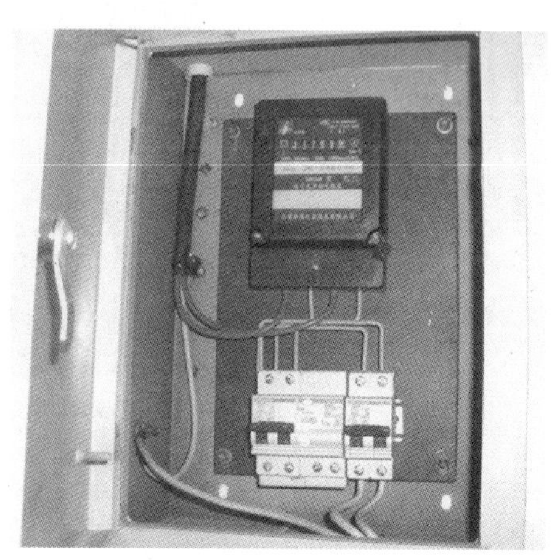

图 6-67　必须使用空开

◆ 同 MBO 和宏蜂窝机房等直流后备电源设备在一起的 TD 设备必须为直流接入。如图 6-68 所示。

图 6-68　BBU 直流接入 MBO

◆ 设备使用电源为单独电源，业主或其他人不能私自从空开上接电，禁止电源复接。如图 6-69 所示。

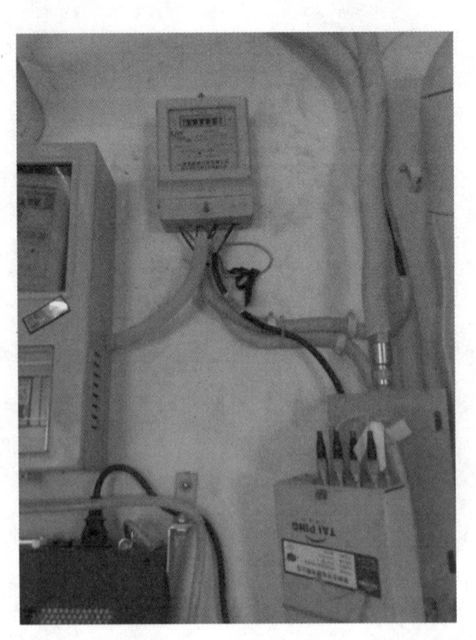

图 6-69　电源不得复接

3．电源线工艺

◆ 电源线正、负电源引入线有标签，并加装 PVC 管，电源线必须外皮完整，严禁中间接头。如图 6-70 和图 6-71 所示。

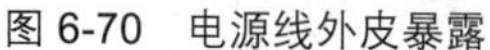

图 6-70　电源线外皮暴露

图 6-71　电源线套管

◆　直流（48V）供电采用 6mm^2 的供电电缆，交流供电采用 6mm^2 的供电电缆，同时满足最大电流不超过线径 3 倍，采用阻燃电缆。

◆　电源走线较长套用 PVC 管，转弯处使用软管（不得剥开套），固定间距为 0.3m，走线外观要平直美观。

4．电表

◆　设备需单独挂表，不得与非移动分布系统设备共用电表。

◆　须使用移动公司提供的电表，电表上张贴移动标签，如果不是移动公司提供的电表，必须是梅兰、日兰等名牌电表，不得使用老式机械表。如图 6-72 所示。

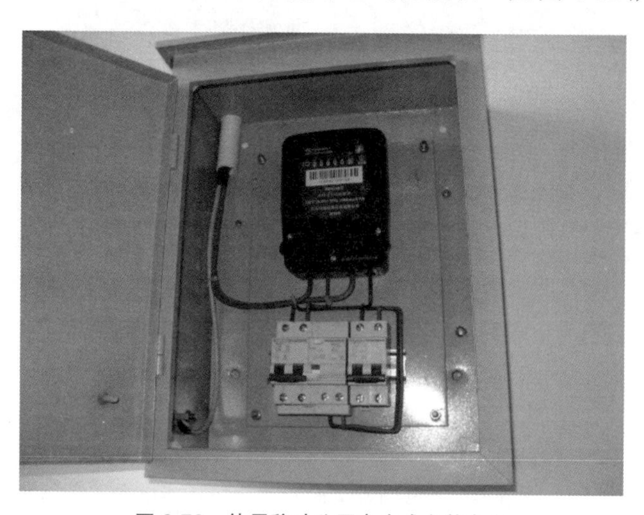

图 6-72　使用移动公司电表或名牌电表

◆　无特殊情况，电表开通前读数不得高于 100 度。

5．电表箱

◆　建议使用不锈钢电表箱（不做强制要求），如图 6-73 和图 6-74 所示。

◆　电表箱必须将电表和空开合并在一起，表箱有锁，不易随便打开。

◆　空开上标明设备电源标签，电表箱安装固定在墙上或挂在大型机柜旁。

◆　安装在地面上的电表必须高于地表 40cm 以上，避免水淹。如图 6-75 所示。

图 6-73　铁皮电表生锈、箱门掉落有隐患

图 6-74　使用不锈钢

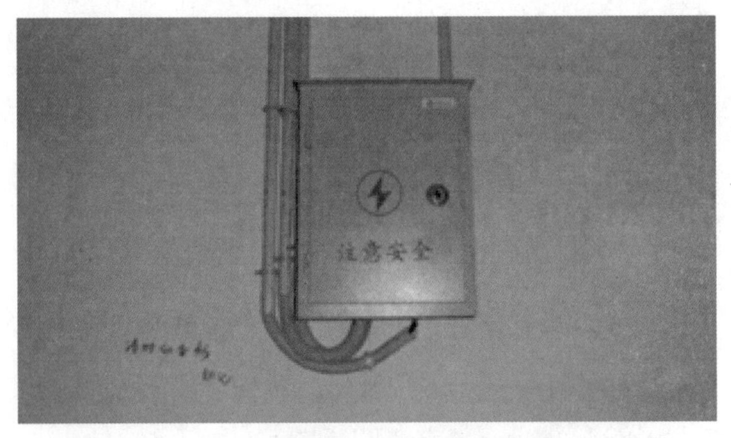

图 6-75　挂高合理

6.2.4　接地系统

1．主设备接地

◆　主设备必须接地，应用截面积不小于 $16mm^2$ 的接地线接地。

◆　机房接地母线建议采用紫铜带或铜编织带，每隔 1m 左右和电缆走道固定一处，保证接地牢固、接触良好。如图 6-76 和图 6-77 所示。

2．接地线安装工艺要求

◆　为了减少馈线的接地线的电感，要求接地线的弯曲角度大于 90°，曲率半径大于 130mm。

◆　所有接地线应用扎带固定，套 PVC 管，转弯处使用软管，固定间距为 0.3m，外观应平直美观。如图 6-78 和图 6-79 所示。

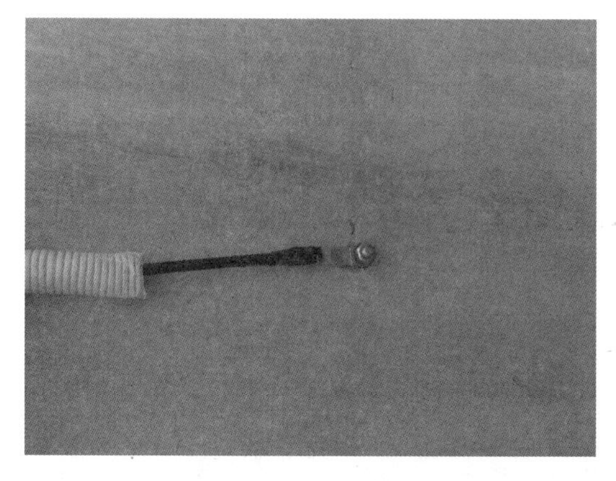

图 6-76　接地不牢靠

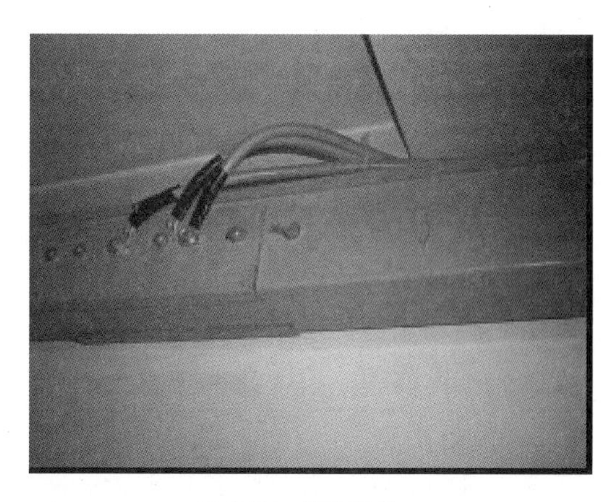

图 6-77　接地牢靠

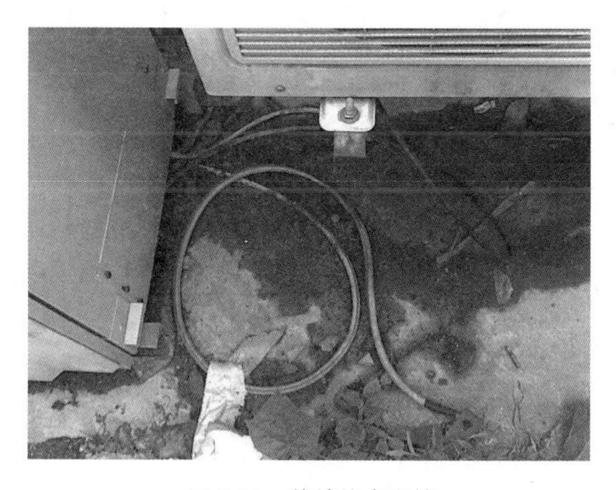

图 6-78　接地线未套管

图 6-79　接地线套管

◆　馈线的接地线要顺着馈线下行的方向进行接地，不允许向上走线，接地线必须套管（必须一次性套管，不得从中剥开）。

3．室外接地排

验收时必须满足接地电阻低于 10Ω，接地扁铁打入地下 2m 以上。如图 6-80 和图 6-81 所示。

图 6-80　未打入地下 2m 以上

图 6-81　未打入地下 2m

4. 保护地线

◆ 接地母线和设备机壳之间的保护地线宜采用 $16mm^2$ 左右的多股铜芯线（或紫铜带）连接。

6.2.5 设备环境

1. 工余料及废线

◆ 现场无任何工余料。

◆ 无废光缆、电源线或馈线。

2. 设备钥匙

◆ 独立机房、各种配套机柜箱、防盗网钥匙已经移交。

3. 站点进出

◆ 不存在任何业主纠纷。

◆ 与业主联系人已经见面，并交接进出维护事宜，互留联系方式。

6.2.6 天线口功率

开通时抽取单个有源设备不低于 10 个天线进行手机测试（手机距离天线分别 0、50cm、1m、2m 处），验收时用频谱仪或功率计，抽取单个有源设备不低于 5 个天线检测天线口功率。

6.2.7 传输系统

1. 传输设备检查

◆ 检查传输设备是否接地，设备放置在 MBO/CBO 内需在机柜内置顶安装放置，传输设备挂墙的必须固定牢靠。如图 6-82 至图 6-84 所示。

◆ 电源采用独立空开，不允许出现插头现象。

图 6-82 MBO/CBO 内传输设备应该置顶放置

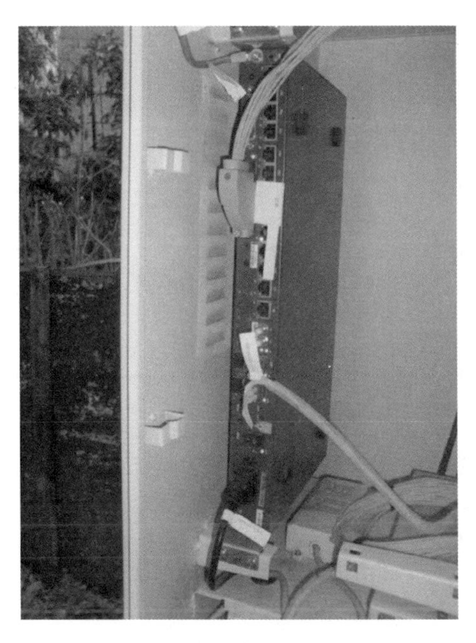

图 6-83　CBOE 传输固定在传输机柜内

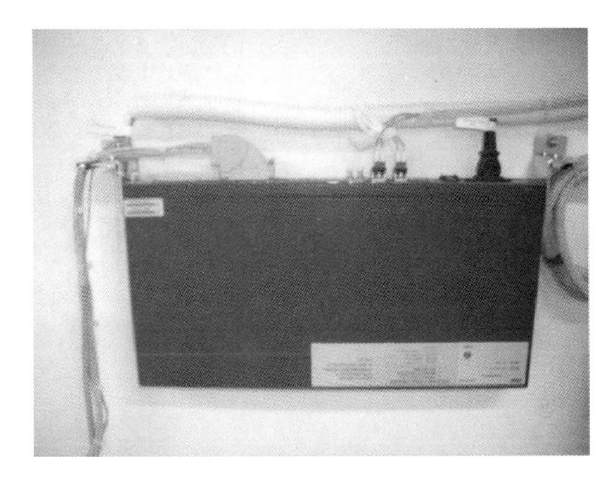

图 6-84　传输设备应固定挂墙

- MBO/CBO 宏蜂窝的传输设备必须直流接入。如图 6-85 所示。
- 设备散热区域不能堵死，要留有一定空间，如 30cm 距离。如图 6-86 所示。

图 6-85　传输设备应直流接入

图 6-86　距离不足 30cm 时散热困难

- 设备需固定，不能随意摆放；需配置静电环。如图 6-87 所示。
- 设备光口要有成端。
- 电源线上走线架和下走线架要横平竖直，且在机柜内电源线与光纤要相互隔离。
- 电源线必须套 PVC 管。

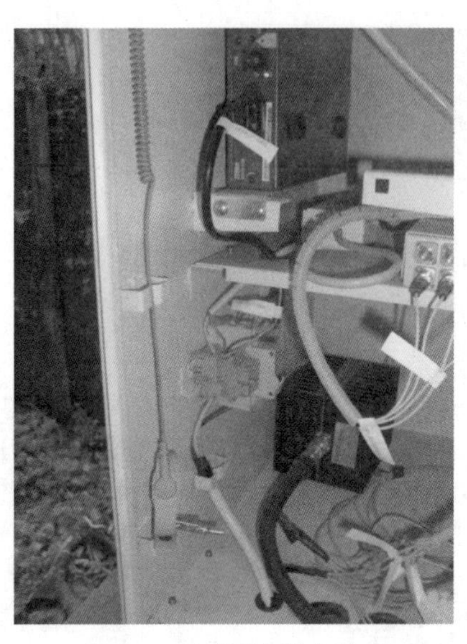

图 6-87　必须配置静电手环

2．光缆

光纤尾纤在走线架内需套管，标签挂牌明确，光缆余缆不得放置在设备附近，室内站点放置在室外或平层楼道，室外设备光缆余缆放置在管道井内或楼道内，不得放置在设备底部处，挂牌不得在室外，应放置在机柜或管道井内。如图 6-88 至图 6-94 所示。

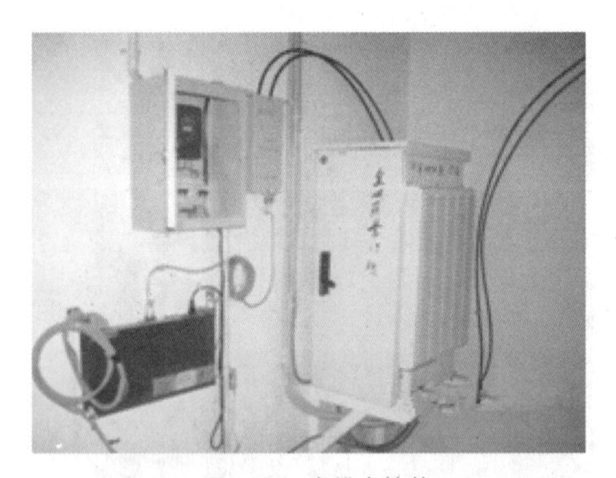

图 6-88　光缆未挂牌

图 6-89　光缆挂牌

图 6-90　设备附近留有余缆杂乱

图 6-91　余缆放置楼道上方合理

图 6-92　室外余缆不得放置在设备旁

图 6-93　余缆应放置在管道内

图 6-94　挂牌不得放置在室外看得到的地方

3. 光缆终端盒

◆　设备不得暴露在室外，标签明确，必须固定，MBO/CBO 终端盒必须放置在最底部，CBOE 终端盒必须固定放置在配置的传输机柜内，其他信源配套终端盒需挂墙固定。如图 6-95 至图 6-97 所示。

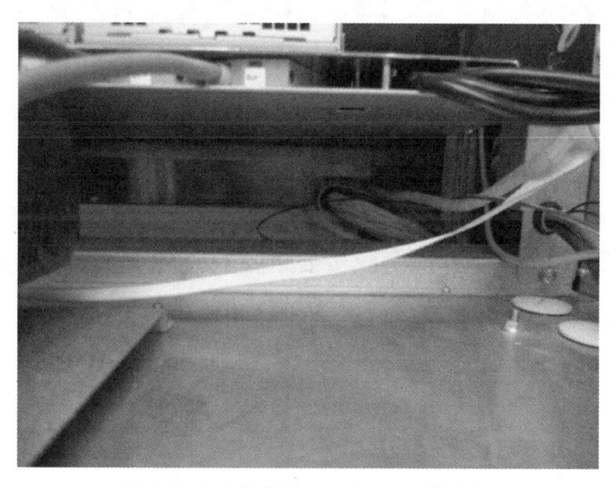

图 6-95　应放置在 MBO/CBO 最底部

图 6-96　CBOE 终端盒应放置在传输机柜中

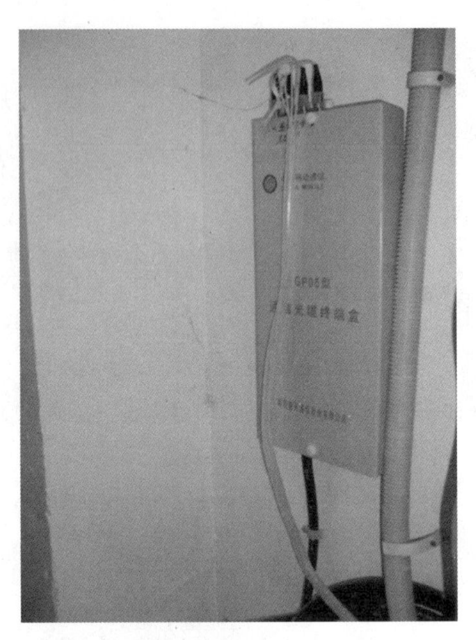

图 6-97　终端盒应固定上墙

4．尾纤

◆　室内尾纤要有缠绕管保护，室外尾纤使用铠装尾纤，长度适中。如图 6-98 所示。

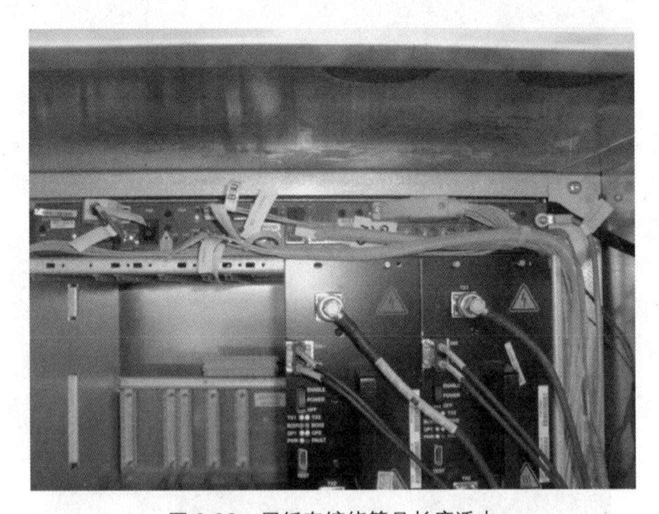

图 6-98　尾纤套缠绕管且长度适中

◆　与设备连接尾纤要捆扎，不能用扎带捆绑，尾纤不能存在受力。

◆　线缆中间无断线和接头，长度应按要求留有适中余量。槽道及走线梯上的线缆应排列整齐，所有线缆绑扎成束，线缆外皮无损伤。

5．成端和标签

◆　标签需机打；标签内容：正面标注业务名称，反面标注本端和对端的位置。如图 6-99 所示。

◆　光口成端的 ODF 要有明确标识，如图 6-100 所示。

图 6-99　尾纤标签机打标注业务

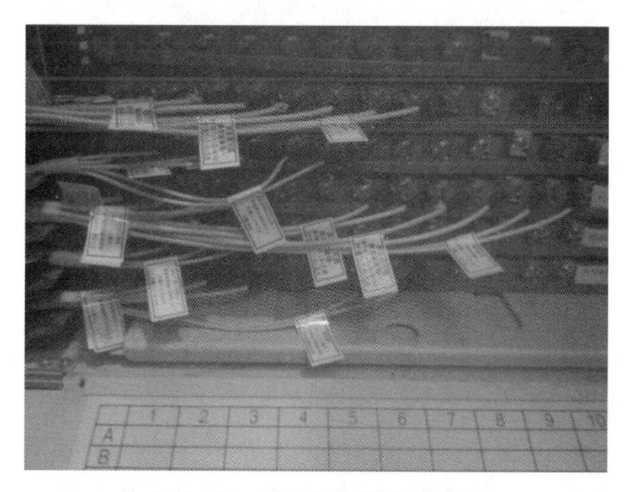

图 6-100　ODF 架光纤有明确标注

◆　MBO/CBO/CBOE 内使用的小型 DDF 架，2M 线成端好。如图 6-101 和图 6-102 所示。

图 6-101　MBO/CBO 内使用小型 DDF 架

图 6-102　CBOE 内使用小型 DDF 架

6．设备资产

◆　设备资产准确、完整。

7．竣工资料

◆　需要提供竣工资料，检查与现场情况的一致性。

6.2.8　标签标识

1．固定资产标签

◆　检查固定资产是否已贴标签并做登记。

2．标签的粘贴

◆　覆盖延伸系统中的每一个设备（如主设备、无源器件、天线、干线放大器、接地等）以及电源开关箱都要贴上明显的标签（室外不得张贴）。

◆　合路做过 TD/WLAN 覆盖的需在合路器贴上 TD/WLAN 机打标签注明。

◆　所有标签要求见附件标签汇总。

3．电梯标牌的粘贴

◆　电梯标牌应粘贴牢固，无脱落现象（居民小区不做强行要求）。

6.3　工程维护交接

6.3.1　现场拨打测试

1．2G 拨打测试

◆　在通话状态下场强须在–80dBm 以上，通话质量为 0～3 级，无杂音、单通、掉话现象。要求在室内覆盖的设计范围内任何地点所测得的空闲状态下不低于–80dBm。

2．TD 拨打测试

◆　TD 手机接入信号强度不得低于–80dBm。下载速率不低于 125kbit/s（1Mbit/s）。

3．CMMB 拨打测试

◆　使用 CMMB 终端测试电视等，测试无马赛克、图像清晰、电平强度达到 2G 标准。具体测试记录见表 6-9。

表 6-9　CMMB 终端测试记录表

测试点位置	测试情况			CMMB 信号情况
	无法建立	有马赛克	图像清晰	
合计				

4．LTE FTB 下载测试

◆　对于 E 频段，在上/下行子帧配置 1:3、特殊时隙配置 10:2:2 的典型配置下，终端的平均速率为：双路下行 40Mbit/s，单路下行 25Mbit/s。

5．LTE FTB 上传测试

◆　对于 E 频段，在上/下行子帧配置 1:3、特殊时隙配置 10:2:2 的典型配置下，终端的平均速率为 2.5Mbit/s。

6．LTE 遍历性测试覆盖率

◆　一般场景下：TD-LTE RS 覆盖率 = RS 条件采样点数（RSRP≥−105dBm & RS-SINR≥6dB）/总采样点×100%。

营业厅（旗舰店）、会议室、重要办公区等业务需求高的区域：TD-LTE RS 覆盖率 = RS 条件采样点数（RSRP≥−95dBm & RS-SINR≥9dB）/总采样点×100%。

（双路）在单路的基础上，增加如下条件：TD-LTE RS 覆盖率 =RS 条件采样点数（RSRP ≥−85dBm）/总采样点×100%。

6.3.2　监控的验收

1．监控接入检查

◆　有源设备监控接入正常。

2．监控参数值检查

◆　监控平台采集的各项参数值符合标准，如图 6-103 所示。

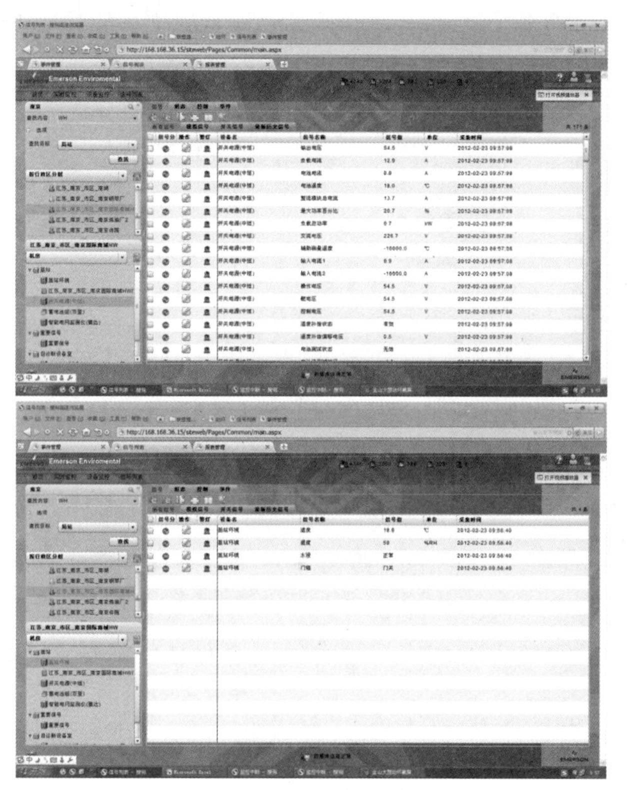

图 6-103　动环监控正常

3. 监控告警检查

◆ 若为 2G 独立信源，查看 OMCR 监控平台采集的站点无遗留告警。如图 6-104 所示。

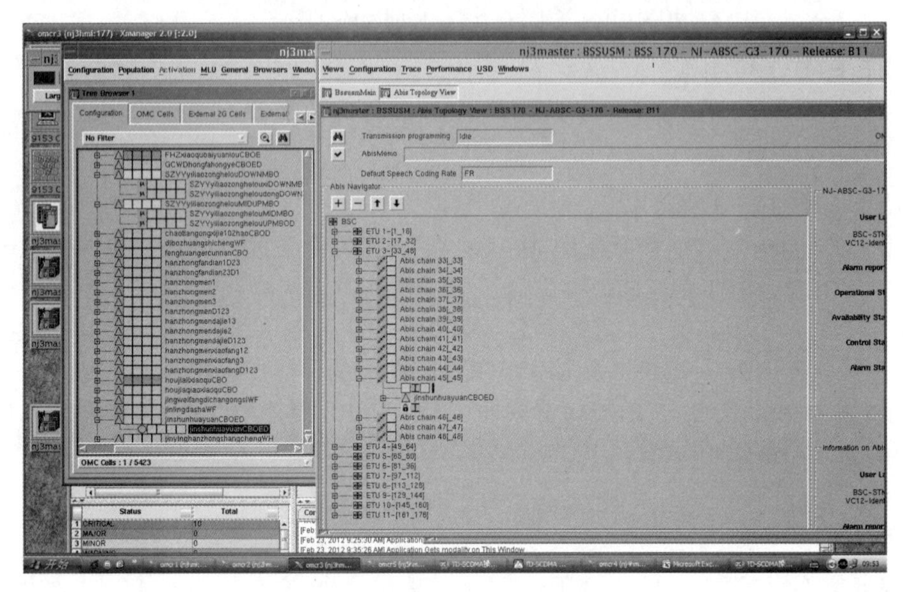

图 6-104　OMCR 无任何告警

◆ 若为 TD 设备，查看大唐或华为 OMC 监控平台采集的站点无遗留告警。如图 6-105 所示。

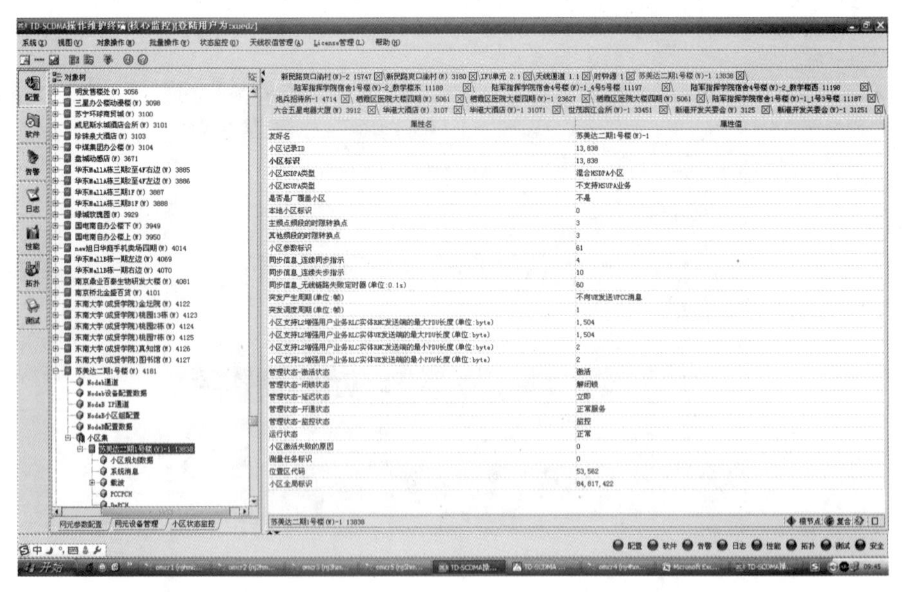

图 6-105　TD 监控平台无告警

◆ 若为 GRRU、CMMB、直放站等设备，查看直放站网管告警平台。如图 6-106 所示。

◆ 宏蜂窝机房动环监控无任何告警，各种监控都有（具体可参照基站部分）。如图 6-107 所示。

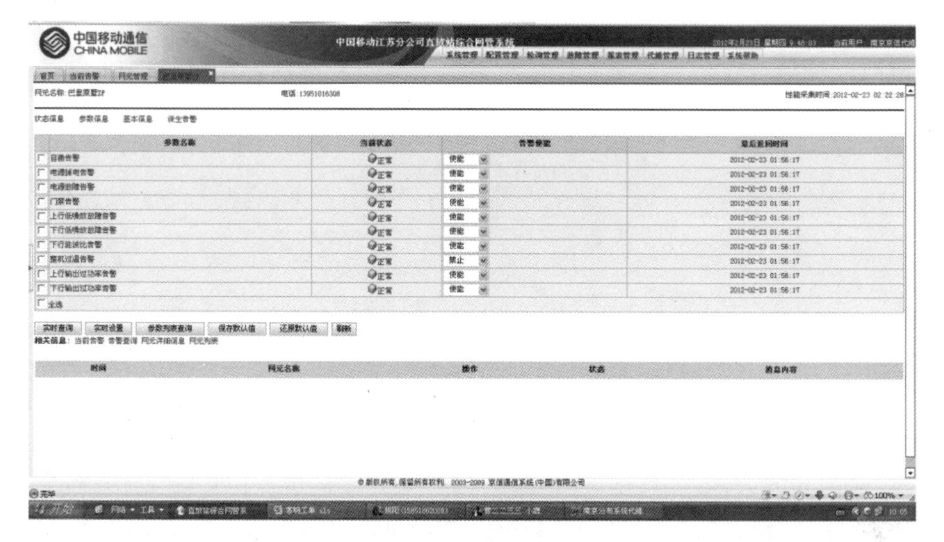

图 6-106　直放站网管无任何告警

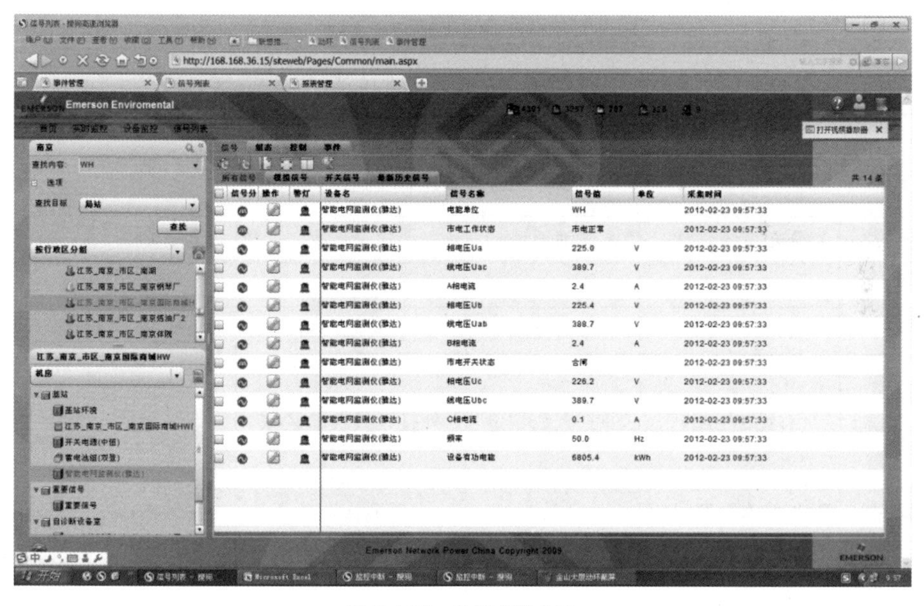

图 6-107　监控参数正常

6.3.3　协议交接

1．协议的签定

◆　客响平台上已经上传合同审批单和合同扫描件。验收站点协议必须签订完整，一式二份，已经给业主 1 份。如图 6-108 所示。

2．站点及业主资料

◆　站点及业主资料必须完整正确，必须提供开通资料交接单（具体见表 6-10）。开通及验收时需要对开通资料交接单、开通验收交接表进行详细、准确比对。开通验收交接表必须全部符合才能开通或验收通过。建设方和代维必须双方签字确认。具体如下。

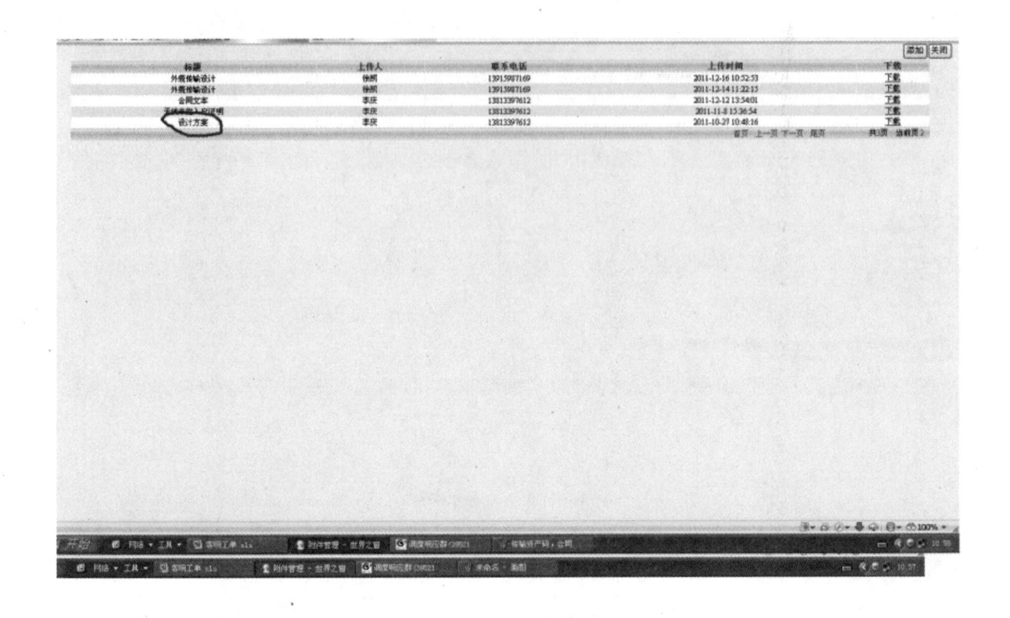

图 6-108　客响平台上传合同

表 6-10　　分布系统开通资料交接单

分布系统开通资料交接单					
基础资料					
分布系统价格	分布系统名称	详细地址	建设厂家	经度	纬度
行政区	分布系统点类型	覆盖面积	覆盖区域	楼高	覆盖电梯数量
信源采用方式	有无 WLAN	外打天线数量	外打天线覆盖区域	天线数量	供电方式
业主单位	业主单位类型	联系人	联系人职务	联系电话	其他系统覆盖
地点码	开通日期	进出要点	室内/室外	备注	
设备资料（包括传输设备、GPS、空调等所有有源设备）					
序号	设备名称及类型	设备位置	覆盖区域	设备资产码	设备型号

续表

序号	电表号	电表位置	电表读数	备注	
建设单位签名：			代维公司签名：		
日期：			日期：		

6.3.4　现场物业交接

1．业主联系人及联系方式交接

◆　现场与业主联系人交接并交代进出事宜，索要业主负责人联系电话及进出管理人员进出联系方式，留下维护及工程建设人员双方联系方式。

2．合同事宜确认

◆　与业主确认合同内容无问题。

6.3.5　现场资料交接

1．设计文件

◆　开通时提供站点设计文件、设计图（电子档）并上传至客响平台，验收时提供竣工验收表等相关资料。

2．设计方案现场比对

◆　现场方案与实际一致，包括天线位置、馈线长度、设备位置及类型、天线口功率及测试电平。

3．资产交接

◆　现场资产与资产管理系统资料一致，包括地址码、设备类型、资产编码等完全一致。

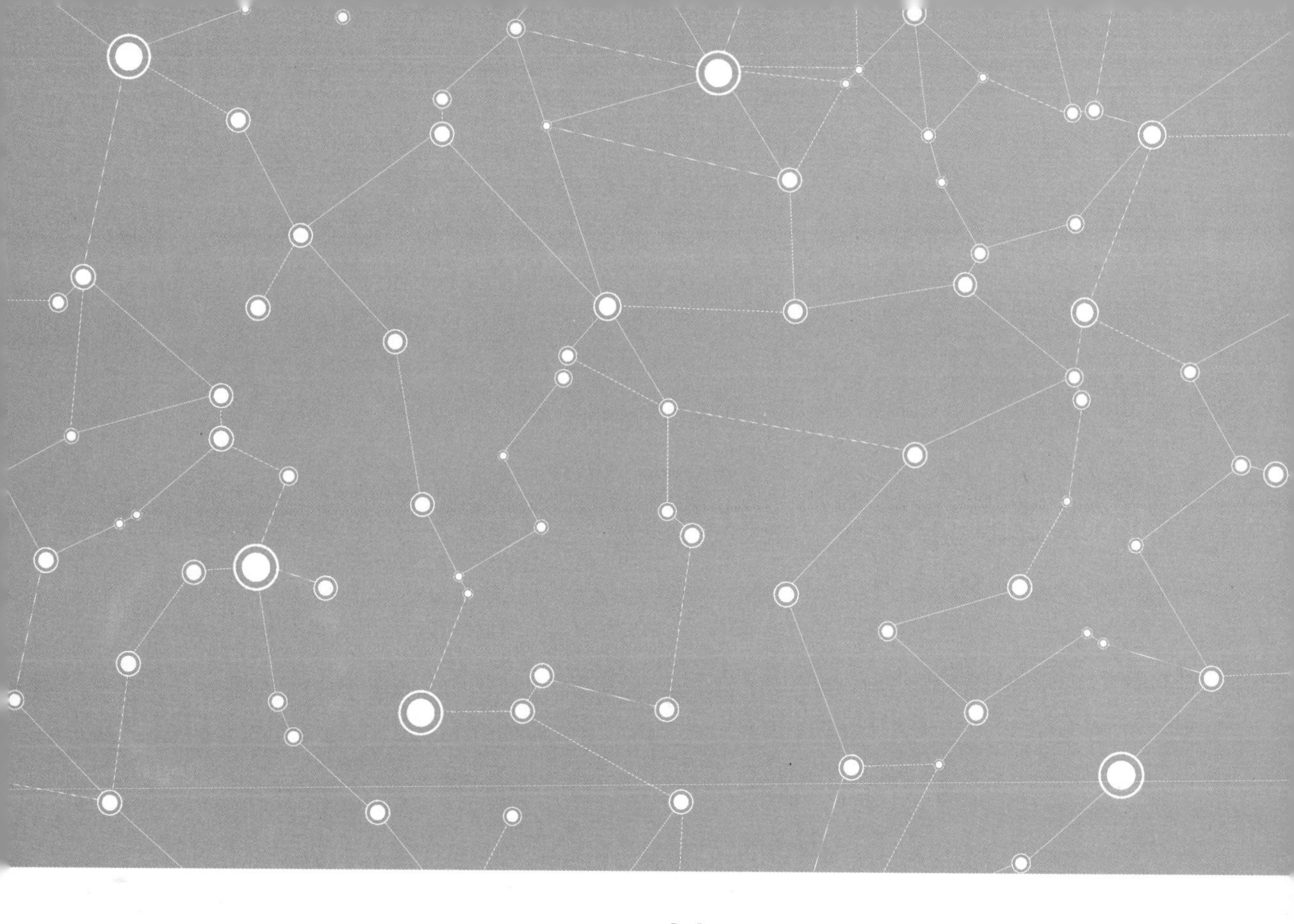

下　篇

代维维护服务指导手册

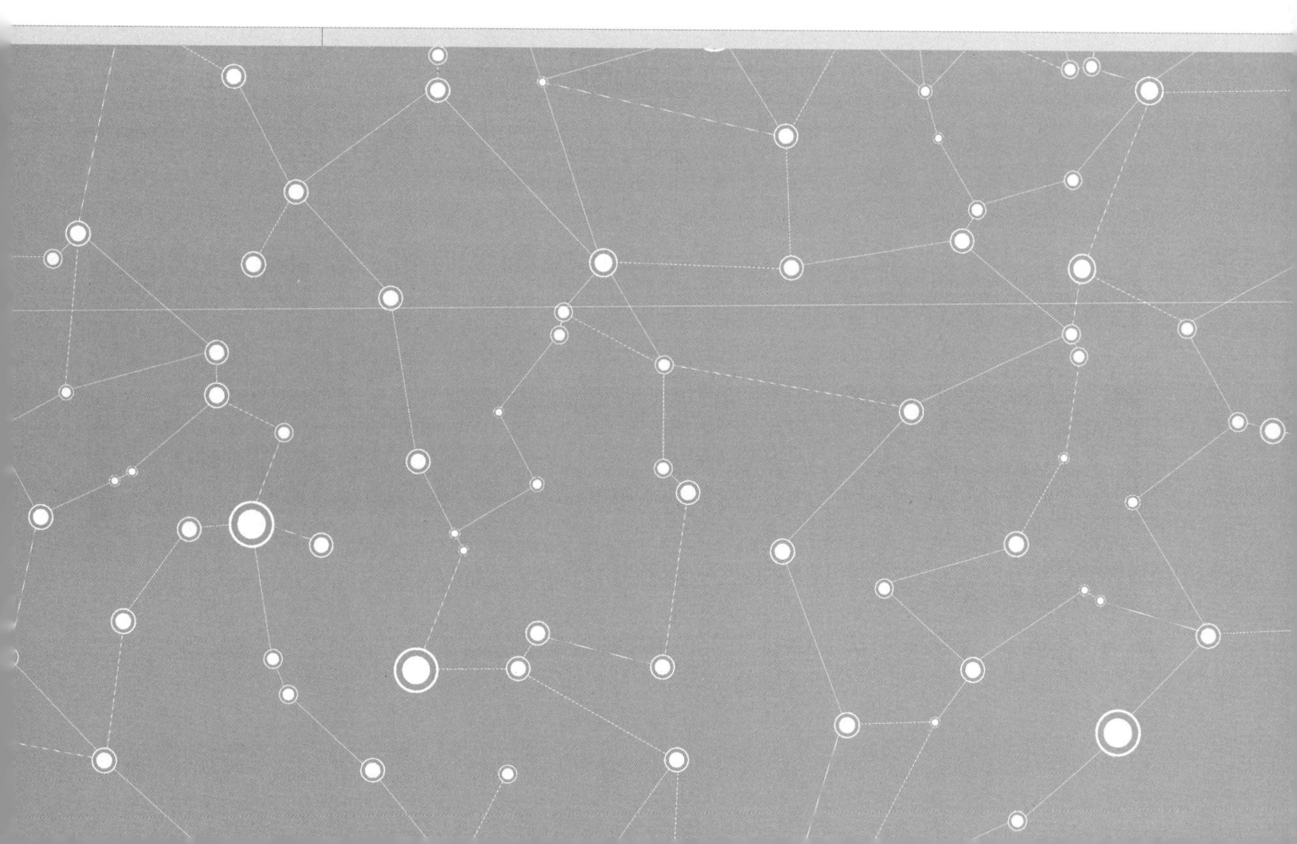

第 7 章

传输线路

本章从验收管理、维护机构及人员标准化、隐患点看护管理、线路抢修管理、资料资源管理及迁改管理等几个方面对传输线路代理维护服务给出了相应的规范要求。

7.1 验收管理规范

7.1.1 验收要求

验收作为管线工程交接的重要环节，由工程建设部门和维护部门双方人员或代表到场按照验收规范要求进行逐个项目验收，并进行相关资料的核对和维护交接工作，双方共同完成验收质量报告。相关要求如下。

◆ 管线验收工作参与人员：工程部建设项目负责人、监理人员、施工单位代表、网络部现场维护人员。

◆ 网络部现场验收维护代表需要经过网络部考试，通过后方可持证上岗进行验收。

◆ 验收人员根据此手册进行现场验收，验收完成后现场填写《现场验收表》，并且必须有双方签字。

◆ 所有验收发现的问题，必须在遗留问题中备注，要求施工单位在规定时间内完成整改，复验通过后在验收表上签字确认合格。

◆ 现场验收完成后，维护单位需要在第二天反馈验收结果给网络部相关维护管理人员。

◆ 现场验收单必须要工程建设部、网络部相关项目经理和现场维护审核签字确认后方可作为验收通过进行归档。

◆ 验收人员必须对验收规范要求的所有项目进行验收，严禁偷工减料，严禁私自减少验收项目。

◆ 参加验收人员必须验收要求，准时参加验收，严禁迟到及中途退出。

◆ 参加验收人员严禁以权谋私，否则，将严格按照考核办法进行考核。

7.1.2 验收标准

1．管道验收标准（参考 GB 50374-2006 通信管道及通道工程验收规范）

◆ 管道竣工资料和现场实际相符合（包括井距、管道断面、道路及附近标志性建筑物名称等）。

◆ 管道竣工图应包含管道谷歌示意图，高程图包括管道的断面图、管孔规模、管道程式、埋深等。

◆ 管道所有人井需要进行经纬度定位，要求采用nm级GPS定位仪，要求偏差小于5m范围。

◆ 管道现场验收前，需要将管线资料完整准确地录入管线资源管理系统，经审核签字确认后方可进行现场验收。

◆ 竣工资料封面用黄色，应包括工程说明、隐蔽工程记录、气吹试通记录、测试记录等。合建管道标明权属，及与实际相符。

◆ 竣工资料是否包含监理隐蔽工程签证。

◆ 现场人井编号需要按照人井编号原则统一进行编号，人井编号喷刷清晰，喷刷位置、效果符合要求，并保证竣工资料、资产管理录入资料与现场一致。

◆ 现场验收管道管孔必须全部进行试通，其中试通器直径需要达到管孔内径的90%。

◆ 管道开挖深度（管顶至路面）符合规范：原则上人行道下不小于0.7m；车行道下不小于0.8m。

◆ 特殊情况（载重车辆禁行道路、在建广场等），当埋深接近70cm时，可将管材更换成PE管或硅芯管。

◆ 当埋深为30～50cm时，采用PE管加包封方式。

◆ 当埋深≤30cm时，采用钢管（非机动车道），机动车道要采用钢管加包封方式。

◆ 长途直埋管道标石（要求1.8m长标石）齐全、符合规范、编号清晰，如图7-1所示。

图7-1　长途直埋管道标石示意图

◆ 顶管、长途直埋管材进入人井排放整齐，并适当余留，安装堵头。

◆ 人（手）孔内无漏水，无砖块、垃圾等杂物。

◆ 人井抹面、勾缝、粉刷等是否符合工艺要求（抹面应平整、压光、不空鼓，墙角不得歪斜；抹面厚度、砂浆配比应符合规定；勾缝应整齐均匀，不得空鼓，不应脱落或遗漏）。

◆ 微孔定向钻工程要求提供轨迹图。

◆ 微孔定向钻工程竣工图要求每隔 2m 或 3m 提供管道深度；同时每隔 2m 或 3m 提供管道水平偏移度。

◆ 市政主次干道以及一般道路管道要求人井规格为 90cm×120cm；人井口圈采用圆形。

◆ 其他出土引上人井及末端引接管道可采用方形口圈。

2．光缆验收标准（参考 YD 5121-2010 通信线路工程验收规范）

◆ 光缆竣工资料和现场实际相符合，竣工图包括管孔占用图、纤芯分配图、接头盒位置、人井编号、经纬度、ODF 及光交面板图。

◆ 管道光缆人（手）孔内的光缆不得直线穿越，应靠井壁用波纹管保护固定。固定的方法要合理，绑扎牢固，整齐美观，固定方法全程统一。

◆ 管道光缆在人（手）孔内接头，余缆必须抽至接头盒两侧人井中预留（吹缆工艺敷设光缆除外）。

◆ 管道光缆余留长度 8～10m（不超过 15m），光缆进地下室 15～20m，余缆应圈绕整齐美观，固定位置适宜、牢固。

◆ 管道光缆每个人（手）孔内的光缆应挂统一的标志牌（塑料牌），用扎线绑扎牢固，放在醒目位置（靠近井盖附近），便于识别。

◆ 光缆在地下室应挂多块标志牌（不少于 3 块），在机房走线槽道内间隔一定距离挂一块，起始点、终点各挂一块。

◆ 光缆从局前人孔进入地下室、分纤点、机房两侧管道口和塑料子管均要封堵严密。

◆ 在地下室、机房内和引上布放时要排列整齐，严禁绞缆布放。

◆ 挂牌内容应包括光缆段落、纤芯数目、型号、施工单位、施工日期等信息。

◆ 杆路光缆角杆、出土杆、过街杆处光缆必须挂牌，直线杆每隔 1 个杆一块挂牌。接头盒两侧必须挂牌，有伸缩弯。

◆ 余缆抽到接头盒两侧杆进行余留，余缆长度 10～15m。

◆ 在市区采用架空方式敷设的光缆，过街杆路高度需达到 7m，同时悬挂红白警示管，如图 7-2 所示。

图 7-2　过街红白警示管悬挂示意图

◆ 因特殊原因确实无法达到规定高度要求的，还必须悬挂限高牌，如图 7-3 所示。

图 7-3　限高牌悬挂示意图

◆ 出土杆、角杆（两端）、过街处电杆（两端）必须要挂光缆标牌，直线杆路部分隔杆挂牌（架空部分选用标牌同管道人井中使用的标牌，必须用扎线绑扎）。

◆ 三线交越处必须按照维护要求加以保护。安装三线交越保护板，过路缆线对地高度在竣工图纸上必须标注。

◆ 出土光缆须钢管内穿子管保护；钢管口须封堵；出土高度在 2.5m 以上。

◆ 光缆必须进行 OTDR 测试，其中 G.652 光缆要求平均衰耗小于 0.36dBm/km；G.655 衰耗小于 0.20dBm/km；接头衰耗小于 0.08dBm。

◆ 光缆需要在接头井两侧进行余留，余留长度 10～15m。

◆ 光缆成端要从下往上占用光 ODM 架；并按照要求张贴标签和挂牌（参考光缆挂牌、标签管理规范）。

◆ 光缆测试需要进行光源、光功率计逐段测试，保证衰耗合理，避免错纤发生。

◆ 新立 ODF 要求 ODF 架顶统一贴牌，ODM 框按从上到下、从小到大的顺序进行贴牌编号。

◆ 跳纤标签应按照标准进行张贴，标签内容齐全，统一打印，严禁手写。

◆ 一干光缆采用红底黑字标签，省内干线光缆采用绿底黑字标签，其他本地光缆跳纤采用白底黑字标签。

◆ 光缆交接箱体正直，落地式光交要有底座且底部良好密封，接地、门锁及外部配件完好；光交箱正门内外两侧需要粘贴统一标志牌。

◆ 光交内部线缆走线合理、排列整齐、不绞杂、绑扎牢固，待用法兰盘上有防尘端帽，进线孔封堵严密，箱内无杂物。

◆ 光交内光缆须挂牌注明光缆规格程式及光缆段名称，内容与管线资源管理系统的数据一致。

◆ 光交接箱必须采用配套托盘进行成端，否则整改后方可进行验收。

◆ 光交接箱之间必须用光缆成端进行沟通，不允许使用尾纤进行沟通。

光交接箱编号示意图如图 7-4 所示，光交接箱成端标签示意图如图 7-5 所示。

图 7-4　光交接箱编号示意图

图 7-5　光交接箱成端标签示意图

◆　光缆应在 ODM 内集中成端，严禁在 ODF 机柜内侧附挂等情况，ODF 面板上应贴机打标签标明光缆名和光缆分支情况。

◆　标签单芯业务，只需在一根跳纤的两端分别粘贴标签（需两张标签）。双芯业务，需在两根跳纤两端分别粘贴标签，跳纤标签距光纤接头 5～10cm。

◆　粘贴标签时应保证标签位置准确，醒目、方向端正，粘贴牢固；应注意所用标签完整干净，不能破损。

◆　跳纤长度必须掌握一定的余长，在合理范围内；并盘扎整齐。

◆　长度不足的跳纤不得使用，不允许使用法兰盘连接两段跳纤进行业务跳接。

◆　架内跳纤应确保各处曲率半径大于 400mm。

◆　所有跳纤必须在走线架内布放，严禁架外布放、飞线等现象的发生。

◆　所有跳纤需要用软管或者波纹管保护，余缆统一在盘纤区内盘扎整齐。

7.2　维护机构及人员标准化管理

7.2.1　组织机构设置要求

1．组织结构设置

按照省公司对现场维护公司组织机构的要求，各个维护公司至少需设置 2 级机构：维护项目部（维护中心）和维护驻点，如图 7-6 所示。

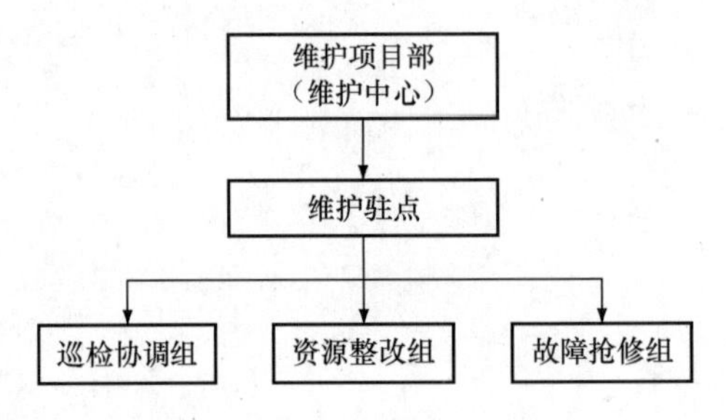

图 7-6　维护公司组织机构图

维护项目部负责维护业务管理和考核工作。

维护驻点按照要求，为确保抢修速度及维护质量，在各区、县设置的下属分支机构，达到进行合理的区域化维护的目的。

维护项目部可以与其中一个维护驻点同址办公。

2．驻点标准化要求

◆　维护驻点要根据县（区）业务分布情况合理设置。维护公司在每个行政县区域内至少设置一个驻点，区域内每超过或达到 500 管杆程公里需再配备一个驻点，驻点应当根据要求配置相应人员、仪器仪表和车辆。

◆　维护项目部门口须悬挂统一牌匾，格式和内容模板见图 7-7（牌匾尺寸大小建议为 180cm（高）×35cm（宽），文字字体建议为隶书，文字大小随牌匾调整）。

◆　维护驻点门口须悬挂统一牌匾，格式和内容模板见图 7-7（牌匾尺寸大小建议为 180cm（高）×35cm（宽），文字字体建议为隶书，文字大小随牌匾调整），项目部与驻点同址办公的，需悬挂两块牌匾。

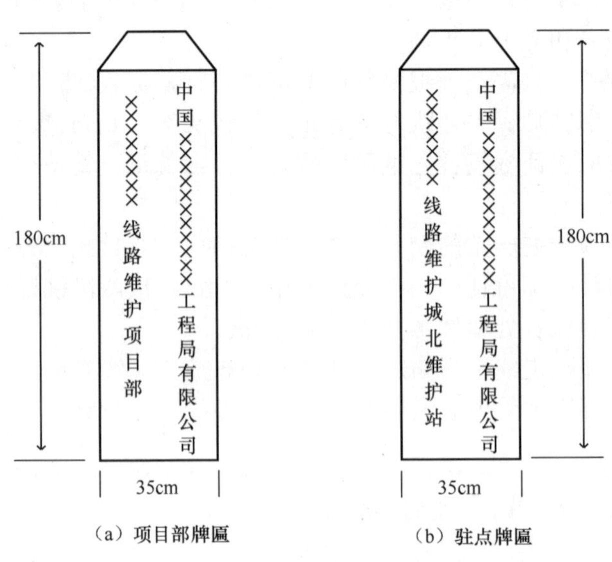

图 7-7　牌匾示意图

◆　驻点内需设置独立的功能区，包括但不限于办公区、资料区、会议区、食堂区、生活区、材料仓库区。各个区域须钉挂明显的文字标牌予以明确。如图 7-8 至图 7-11 所示。

图 7-8　驻点内宿舍区标牌

图 7-9　驻点内办公区标牌

图 7-10　驻点内食堂标牌

图 7-11　驻点内仓库标牌

◆　办公区办公环境安全、整洁，各种线缆布放有序、不凌乱。桌椅排放整齐。办公区可在墙面上张贴维护公司企业文化、企业制度等挂牌，挂牌需整齐。如图 7-12 和图 7-13 所示。

图 7-12　办公区环境

图 7-13　办公区桌椅摆放

◆　资料区各种资料按类整理到相应的文件夹内，文件夹须整齐排放于资料柜内，并做好标识。文件夹应至少包括以下几项。

➢ 线路维护工作计划及完成情况（年/季/月），具体如下（以年计划为例）。

××代维中心代维光缆线路年度维护计划表

（国家干线光缆线路维护计划表）

序号	敷设方式	维护项目及内容	维护周期	段落范围	计划时间
1	管道	路由探测、砍草修路	年		1～3 月，8～11 月
2	管道	标石（含标志牌）油漆、描字	年		9～12 月
3	管道	空余管孔的试通并做好记录	年		1～3 月，8～11 月
4	管道	清洗人（手）孔及清刷四壁	年		3～5 月，9～11 月
5	管道	标石（含标志牌）锄草、培土	季度		9～12 月
6	管道	检查人（手）孔内的托架、托板是否完好	季度		2、6、9、12 月
7	管道	人（手）孔内光缆的外护层及接头盒有无腐蚀、损坏或变形等异常情况	季度		3、5、8、11 月
8	管道	人（手）孔内光缆的走线排列是否整齐，预留光缆和接头盒固定是否可靠	季度		2、6、9、12 月
9	管道	人（手）孔内光缆的识别标志牌是否清晰、醒目且拴扎牢固	季度		2、6、9、12 月
10	管道	管孔或子管两端端口是否完全封闭	季度		3、5、8、11 月
11	管道	清洗人孔内光缆上的污垢及抽取人孔内的积水	季度		3、5、8、11 月
12	管道	清理人（手）孔中的异物（如砖块、垃圾等）	季度		3、5、8、11 月
13	管道	标石、标志牌、宣传牌和警示牌有无丢失、损坏或倾斜等情况	2 次/周		结合巡线
14	管道	护坎、护坡等防护措施有无损坏情况	2 次/周		结合巡线
15	管道	管道附近是否有其他单位在施工或零星作业，危及或可能危及管道安全时，及时通报有关单位，研究防护办法和注意事项	2 次/周		结合巡线
16	管道	人（手）孔上覆铁盖上是否堆放大量物资	2 次/周		结合巡线
17	管道	是否有其他单位在管道上方或人孔井上未按规定间距栽花种树，应及时与对方洽商解决	2 次/周		结合巡线

续表

序号	敷设方式	维护项目及内容	维护周期	段落范围	计划时间
18	管道	是否有人（手）孔盖丢失、破碎情况，发现后立即添补、更换孔盖	2 次/周		结合巡线
19	管道	是否有管道或人（手）孔沉陷、破损等情况，及时采取措施进行修复或改造	2 次/周		结合巡线
20	管道	是否有人在人（手）孔附近放火，及往人（手）孔中倾倒垃圾或其他废料	2 次/周		结合巡线
21	管道	有无增加新标石，并及时更改资料	按需		结合巡线
22	架空 管道	开展护线宣传及对外联系工作	按需		结合巡线
23	架空 管道	技术档案和资料正确、详细、完整	按需		及时
24	架空 管道	其他工作：	按需		随机
24（1）	架空 管道	做好元旦、春节、五一、国庆等节假日战备值班，组织好抢修队伍	年		1、5、10 月
24（2）	架空 管道	抓好节前的巡检工作	年		1 月
24（3）	架空 管道	划分维护段落，落实巡线员，以军事化管理，尽快熟悉线路，并巡查目前线路中存在的问题，上报申请维护材料	年		2 月
24（4）	架空 管道	组织维修队伍对线路中存在的问题进行维护，整理线路资料并录入，建立完好的电子文档	年		随机
24（5）	架空 管道	对维护基站内的光缆标贴进行更新和空余纤芯的测试	年		随机
24（6）	架空 管道	做好防汛准备工作	年		5、6、7 月
24（7）	架空 管道	做好光缆线路发生障碍及时出勤的准备	年		随机

- 巡线日志（日）。
- 管线隐患及看护、零星工程汇总表（周）。

管线隐患及看护表关键字段	零星工程汇总表关键字段
序号	序号
地市	工程名称
区域（下拉选择）	是否已审批
中继段	零星工程完成日期
归属代维公司（下拉选择）	零星工程割接申请工单号
存在隐患项目（下拉选择）	工程施工负责人
安全隐患详述	联系电话
是否有干线	竣工图纸编号
是否有核心层	光缆段是否改变
是否有汇聚层	纤芯使用是否改变
是否申请看护	是否新增光缆
隐患段落内是否存在汇聚层及以上同路由	现场挂牌及标签是否更新
迁改优化（下拉选择）	管线资料是否更新
解决措施	结算表制定日期
问题上报人（代维）	工程项目送审日期
发现日期	工程项目送审金额
隐患是否消除	工程项目审计金额

➢ 纤芯测试与局内外资源核查及清理表（周）。

纤芯测试与废纤缆清理表关键字段	设备成端核查与废纤缆清理表关键字段	光缆路由排查表关键字段
区域	区域	区域
测试站点/光交	站点	光缆名称（尽量与管线系统中名称相同）
光缆名称（尽量与管线系统中名称相同）	设备名称（须与专业网管中名称相同）	全程挂牌整改情况
是否已通过预验	是否在用	沿途管井清理整治情况
纤芯号/总纤数	槽位	沿途管道标石检查情况（缺失的补全）

续表

纤芯测试与废纤缆清理表关键字段	设备成端核查与废纤缆清理表关键字段	光缆路由排查表关键字段
ODF 成端位置	端口	管线资料修正情况
管线系统导出的光路名称	ODF/DDF 成端位置	废缆拆除情况
验证后是否有光路	管线系统导出的光路名称	处理日期段
纤芯类型	验证后是否有光路	处理人
管线系统中长度（km）	综合资源管理系统导出的电路缩写	备注
测试长度（km）	验证后是否有电路	代维抽查人
全程衰耗（dB）	资料更新与否	代维抽查日期
平均衰耗	废纤缆清理与否	代维抽查结果
资料更新与否	处理日期	
废纤缆清理与否	处理人	
处理日期	备注	
处理人	代维抽查人	
备注	代维抽查日期	
代维抽查人	代维抽查结果	
代维抽查日期		
代维抽查结果		

- 维护量及月度考核结算表（月）：维护单位留存。
- 库存维护材料明细表（月）。

××××年××月维护材料统计表

序号	物品名称	规格及型号	上月库存	本月入库	本月领出	本月剩余	使用情况说明	存放地点	备注（盘号）
1	8 芯光缆	GYFTY-8B1	3200	0	3000	200	高淳代维	驻地	
2	16 芯光缆	GYFTY-16B1	0	0	0	0		驻地	
3	24 芯光缆	GYFTY-24B1	6030	0	1300	4730	杨家场至镇政府等光缆常溧路 246 省道段迁改工程	驻地	
4	32 芯光缆	GYFTY-32B1	1190	0	0	1190		驻地	

续表

序号	物品名称	规格及型号	上月库存	本月入库	本月领出	本月剩余	使用情况说明	存放地点	备注（盘号）
5	48 芯光缆	48B4	6750	0	0	6750		驻地	
6	48 芯光缆	48B1	12950	0	6000	6590	高淳代维	驻地	
7	72 芯混合光缆	24B1+48B4	3500	0	0	3500		驻地	
8	60 芯混合光缆	12B1+48B4	5425	0	1550	3875	常溧路干线二路由迁改	驻地	
9	72 芯光缆	72B1	1978	0	0	1978		驻地	
10	96 芯光缆	96B1	5900	0	0	5900		驻地	
11	144 芯光缆	144B1	3000	0	550	2450	杨家场至镇政府等光缆常溧路 246 省道段迁改工程	驻地	
12	24 芯接头盒		20	0	9	11	郜村抢修、杨家场至镇政府等光缆常溧路 246 省道段迁改工程、快达消防抢修	驻地	
13	48 芯接头盒		32	0	14	18	东屏抢修、石山下 325—周王村 325 抢修、溧水开发区基站前同路由改造工程、常溧路干线二路由迁改、杨家场至镇政府等光缆常溧路 246 省道段迁改工程、洪兰 T 至白马 T 抢修、石湫抢修、付家边抢修	驻地	
14	72 芯接头盒		0	0	0	0		驻地	
15	96 芯接头盒		22	0	0	22		驻地	
16	人井口圈（井圈）	ϕ760	95	0	7	88	溧水县二号路西延移动管道维修工程、高淳代维	驻地	
17	人井口圈（井盖）	60×90	11	0	0	11		驻地	
18	人井口圈（井盖）	60×60	9	0	0	9		驻地	

续表

序号	物品名称	规格及型号	上月库存	本月入库	本月领出	本月剩余	使用情况说明	存放地点	备注（盘号）
19	人井口圈（井圈）	45×45	-6	0	0	-6		驻地	
20	实壁管	PVC	46	0	35	11	溧水县中兴东路瑞摩公司前管道修复工程	驻地	
21	梅花管	7 孔	24	0	10	14	溧水县二号路西延移动管道维修工程	驻地	
22	硅芯管	ϕ40/33	278	0	220	58	溧水县双塘路管道维修工程	驻地	
23	子管		215	0	0	215		驻地	
24	光交箱	576 芯	1	0	0	1		驻地	

◆　会议区需设置单独的会议桌椅，会议室墙壁上需张贴以下挂牌：项目部职责（项目部设置）、维护站职责（驻点设置）、线路工作十不准（见下）、线路抢修流程、线路割接流程、巡线分区图（在维护区域地图上划分区域，并在对应区域上标上巡线员姓名，如图 7-14 所示）。

线路维护项目部职责

一、履行维护承包合同的责任和义务，协调与建设单位、监理单位、政府等部门的关系；制定维护项目的目标和总体进度计划。
二、建立和完善维护组织结构，合理组织、配置人员，调度维护力量。执行维护质量方针，实现维护服务项目质量目标，对维护服务项目质量负全责。
三、组织编制辖区内线路维护设备的维修作业计划，及时上报甲方审核；按月填写维护计划完成情况并进行上报。
四、与甲方保持 24小时的沟通联系，落实维护项目质量、进度、工期、安全、服务等方面的要求和建议，掌握维护项目的进度，及时调整方案，确保不折不扣地完成维护任务。
五、做好维护线路设备维护工作的技术总结及技术档案和资料的管理工作；根据资源管理系统建设要求，落实对线路相关基础资料的整理工作。
六、制定维护项目的各项管理制度，建立恰当的激励机制，充分发挥参与维护项目服务人员的积极性。
七、编制维护项目技术要求及操作标准，组织技术交流和新技术、新工艺、新标准的学习；不断提高维护的专业技能水平。

线路维护维护站职责

一、负责维护区域工作的具体组织实施；按甲方审定的维护作业计划，进行各项预检、预修工作，及时排除障碍隐患。
二、与甲方、维护中心保持24小时的沟通联系，组织人员迅速查修维护线路设备的障碍。
三、负责维护项目的现场管理工作，按照甲方规定的流程组织实施维护光缆线路的迁改、割接与维修。
四、负责区域维护用料的保管与领用，定期上报使用情况；加强仪表工具、车辆、通信工具和零星材料的管理，确保处于随时可使用状态。
五、组织维护人员进行技术交流和新技术、新工艺、新标准的学习，参加甲方组织的培训和考核，不断提高维护的专业技能水平。
六、定期组织线路障碍抢修的应急演练，加强全体维护人员的应急排障能力。
七、做好护线宣传、对外联系和施工配合工作，确保线路设备的安全。

图 7-14　维护区域巡线分区图

线路工作十不准

一、工作现场没有安全措施不准作业。

二、没有安全措施不准带电作业。

三、没有使用安全防护用品，不准操作。

四、不准使用不安全设备。

五、技术考核不合格不准独立操作。

六、临时工、短期工不准私招乱雇。

七、不准酒后作业。

八、临时工、短期工未经培训考核不准上杆作业。

九、不准擅自更改工程或维护设计。

十、杆上、杆下不准抛掷工具和材料。

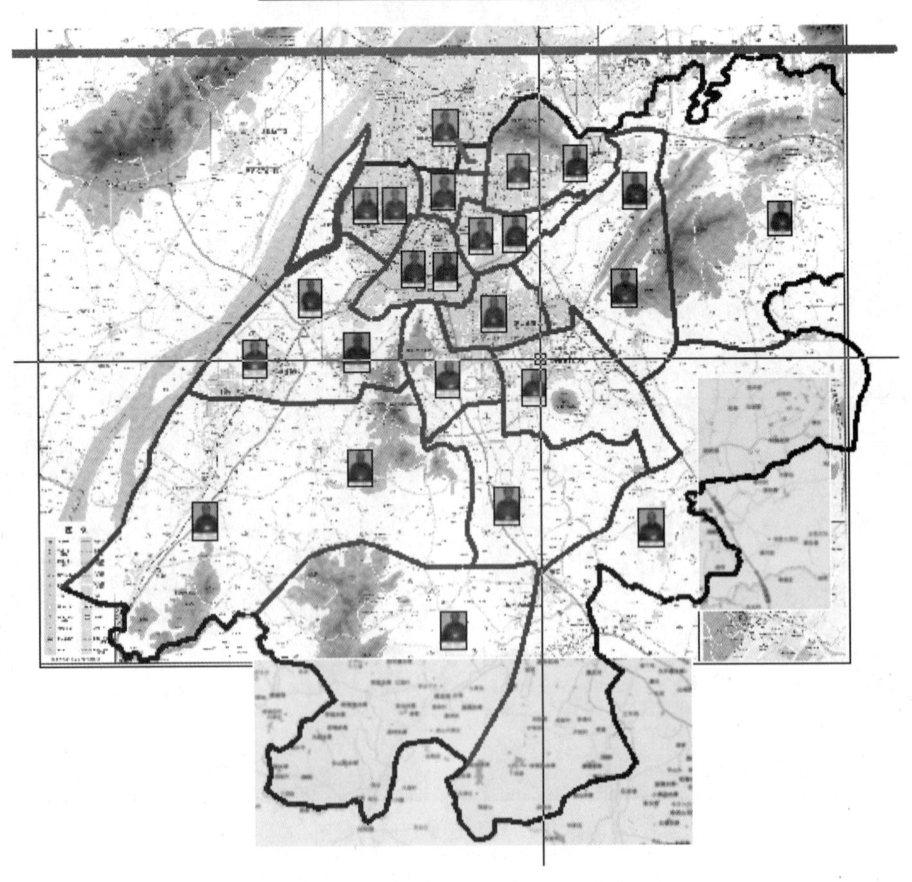

图 7-14 维护区域巡线分区图（续）

◆　材料仓库区，需设置材料架，根据材料类别划分子区域，备品备件全部上架，专区专用。对于电杆、井圈井盖、光缆等大型物件，需划分专门区域堆放，并要注意取用的方便性。如图 7-15 和图 7-16 所示。

图 7-15　材料仓库线缆摆放

图 7-16　材料仓库备品备件摆放

7.2.2　人员标准化管理

1．人员数量及任职要求

◆　人员数量要求：维护管理人员、巡线员、抢修员、资源整改人员按照要求配置，不得缺少。

◆　各类人员任职要求，需要通过上岗考试获得相关资质方可上岗。

2．人员工作仪表要求

所有人员均需挂牌上岗。工作时间必须携带工作牌，办公室人员必须挂在胸前，不得将牌子放在口袋里或者放置于其他地方。工作证大小与身份证一样，格式如图 7-17 所示。

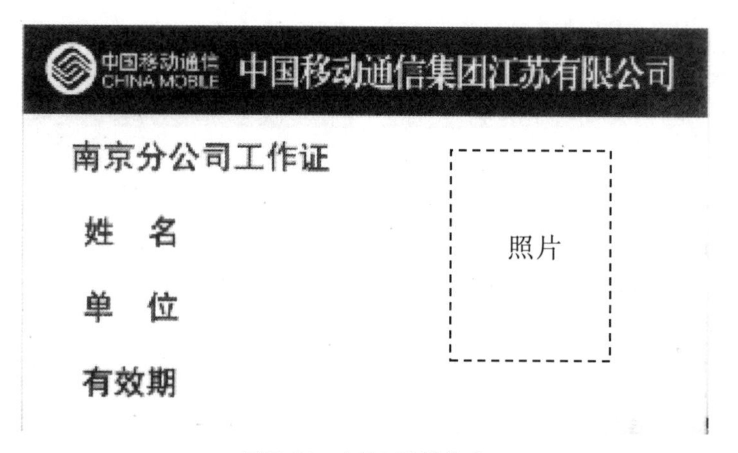

中国移动通信 CHINA MOBILE　中国移动通信集团江苏有限公司

南京分公司工作证

姓　名

单　位

有效期

照片

图 7-17　人员工作牌格式

◆　人员服装要求：维护单位需给巡线员、抢修员、资源整改员等室外工作人员分发统一工作服装、安全帽，工作服统一为蓝色，一个公司内服装一致。

7.3 隐患点看护管理

7.3.1 隐患看护定义

在维护日常工作中，通过巡线、检查、发现管线安全造成威胁的，统称为隐患。隐患管理是光缆日常维护的重要部分，是确保光缆安全的重要手段之一。

光缆外力施工现场是指已知的光缆沿线一定范围内，存在外力施工动态，该外力施工动态将直接或间接构成光缆安全隐患的区域。

光缆的外力施工视影响程度大小分为Ⅰ、Ⅱ、Ⅲ类进行管理。Ⅰ类：对线路安全有严重威胁，必须立即处理。如线路外露，路由滑坡、塌陷；线路沿线 10m 范围以内的开挖、回填土、顶管等机械施工；在线路附近打桩、挖沙、炸鱼、放炮等。Ⅱ类：对线路安全有较大威胁，如不及时处理，可能上升为Ⅰ类外力隐患。如线路沿线 10～20m 范围之间的开挖、回填土、顶管等机械施工；在架空光缆附近堆放易燃易爆品。Ⅲ类：对线路安全有潜在威胁。如在线路沿线 20～50m 范围之间的机械施工和堆放堆积腐蚀物品；线路沿线 20m 以内的非机械施工。

对于Ⅰ类，必须对现场安排看护。其他类别视现场情况确定。

7.3.2 外力施工现场设置

（1）在施工现场挖土机门把手附近张贴宣传警示标语。如图 7-18 和图 7-19 所示。

图 7-18 施工现场门把手处宣传警示标语

图 7-19 警示标语内容

（2）外力施工现场必须做好“明线化”工作。在光缆路由上方增加临时标石、插小红旗、立宣传牌等，确保光缆路由醒目；采用打石灰线、拉警戒带、挂宣传横幅等方式设置警示范围。外力施工现场的各类标志、标记一旦丢失或损坏，应及时补齐或更换。

7.3.3 施工配合工作标准

1. 技术支撑

◆ 巡线员巡检过程中，一旦发现外力施工现场确定，必须及时上报维护站，维护站技术支撑人员必须在 24 小时内到达现场对看护等级予以确认并完成看护现场的设置。

◆ 外力施工影响无论新增、变更或消除，均应在当周周报中如实、详细地填报、修改或注销。对于需要设置现场看护的，通过 EOMS3 中的“维护任务工单”提交申请。

◆ 对于现场看护人员的增援请求，维护站支撑人员、网络部相关负责人应立即作出响应，并给予必要的协助和支撑。

2. 对外宣传

◆ 巡线员、看护员需积极向施工单位宣传护线政策和护线知识，记录施工单位相关人员的联系方式，随时保持联系，确保施工现场通信光缆的安全畅通。

◆ 必须就现场光缆的敷设方式、条数、路由、埋深等向施工单位进行技术交底，共同协商施工作业进度、方案以及保护光缆的技术措施并予以落实。

◆ 对于埋式和管道光缆，要重点防范打桩、顶管、挖掘机取土等；对于架空光缆，要重点防范高空坠物、机械臂、翻斗车等。对钻探机、挖掘机、吊机、挖泥机、导向员等机械操作手进行重点宣传，特别要防止施工人员麻痹思想。

3. 埋式和管道光缆的施工配合

◆ 对受施工影响的管线区域进行随工看护，特别是在使用机械进行施工作业时，一定要让施工配合先用人工探出管道深度、宽度和走向。在这一过程中，必须遵循：探测→人工开挖→机械辅挖→探测→人工开挖→机械辅挖……直至找到线路位置。当管道深度在 1m 以内，路面可以用机械破除外，必须坚持人工开挖的原则。

◆ 施工开工时，现场看护人员必须克服侥幸心理，必须时刻注意光缆的安全，对施工中出现的新问题、新情况，要求施工单位立即停工，并请示分管人员、分管领导直至主要领导。接到现场看护人员的通知后，分管人员、分管领导直至主要领导必须尽快赶到施工现场进行技术支撑，确保光缆安全。

4. 架空光缆的施工配合

◆ 施工单位在架空线路附近开挖鱼塘、兴建水利时，现场看护人员必须注意杆根和拉线。地锚铁柄出土部位保持方圆 4m 以上的泥土，受客观原因无法达到该标准时，应采用水围桩进行保护，并要求施工单位进行 45° 放坡处理。

◆ 挖掘机挖臂最大限度伸展时，不能碰及架空线路；挖掘机挖臂的高度不能超过架空线路；现场看护人员必须注意自卸式运土车在架空线路下方通过时必须放下翻斗才能通过。

◆ 架空线路附近起吊任何物品时，现场看护人员必须制止起吊物从架空线路上方通过，吊臂必须低于架空线路高度。

5. 定向顶管作业配合

◆ 施工单位与我们线路交越时，扩孔头净距必须保持在 2m 以上的安全隔距；与我们线路平行施工时，要求他们的扩孔头净距原则上必须保持在水平间距 3m 以上、上下间距 2m 以上。如果施工方无法保证，现场看护人员必须上报维护单位负责人。

◆ 施工开工时看护人员应跟踪导向人员进行导向，时刻提醒导向人员注意安全避让、保持安全间距，及时了解每一根钻管的位置、深度，确定下一根钻管的位置、深度和方向。发现导向有偏离或信号不明确立即停止施工，确保安全。

◆ 施工开工时，现场看护人员在导向钻头与线路接近 3m 时，应将人孔内绑扎的光缆放松（有条件的时候，涉及的两孔内回拉些余线），同时安排人员下井观察光缆及管线情况，发现异常立即停止。同样，回扩孔时也要同上一样操作，并时刻提醒开机操作人员细心观察扭力表，发现异常立即停车。

6．挖土机、推土机作业配合

◆ 当外力施工配合人员测试结果与我方测试结果水平相差 1m、深度相差 0.50m 时，或探测仪不能正常工作时，必须要求施工单位进行挖点找位，做好标记。

◆ 挖土机、推土机在施工时，线路上方不允许机械设备通过。

◆ 挖土机、推土机在施工时，线路两侧 5m 内严禁施工，线路两侧 5m 内严禁作为挖臂的支撑点。

7．桥桩、喷墨桩作业配合

桥桩与线路安全间距不能仅考虑桥桩位置，同时要考虑与桥桩承台间的安全间距。线路与承台间的安全间距原则上应大于 3m。喷墨灌注加固路面原则上与线路保持水平、垂直 1.5m 的安全间距；管线加固的喷墨桩原则上与线路保持 3m 的安全间距；线路埋深大于 3m 时，必须进行挖点探测，两孔间挖点不少于 3 处，挖点探测埋深小于等于 3m，方可施工。

8．平行及交越管线开挖施工配合

◆ 平行管线施工时，3m 内严禁采用机械开挖。

◆ 交越管线施工时，交越点线路两侧 3m 内严禁机械开挖，交越点在线路下方通过时，必须对我方管线进行保护，必须遵循当天施工当天恢复，否则 24 小时看护我方管线，以防被盗。

9．房屋建筑施工配合

◆ 架空线路：房屋基础施工时应注意杆根、拉线部位的泥土不被流失；建筑物高于架空线路时，应在建筑物与架空线路间加护网对架空线路进行保护，以防高空坠物损坏线路；建筑井字架应远离架空线路，原则上安全间距保持 $4/3H$（H 为井字架高度），建筑井字架拉线不能固定在杆根和拉线地锚上。

◆ 直埋或管道线路：房屋基础施工时应注意对地下线路的保护，以防塌方损坏地下线路；施工单位有运输车辆在地下线路上方通过时，要对地下线路进行加固保护；建筑井字架拉线桩应离线路 1m 外。

10．道路（含绿化）施工配合

◆ 架空线路附近有道路（含绿化）施工时，现场看护人员应注意挖掘机、推土机不能碰及架空线路设备，自卸式运土车在架空线路下方通过时必须放下翻斗才能通过。路面抬高后，架空线路必须升高以保持架空线路穿越公路的安全间距。

◆ 直埋或管道线路附近有道路（含绿化）施工时，特别是在直埋或管道线路埋深较浅的情况下，现场看护人员应采取覆盖钢板、混凝土加固等手段对地下线路实施保护，同时要防止履带式、钉耙式机械在路由上方碾压。

◆ 直埋或管道线路绿化施工后，应及时对标石、人（手）孔进行升高，必要时还应复探路由、埋深，并对竣工资料进行修正以便今后维护。

7.3.4 现场看护人员要求

1．年龄、性别、流动性、技能等要求

◆ 现场看护人员宜为男性，年龄不超过 65 周岁，在本地有相对固定的住所，身体

健康，责任心强，吃苦耐劳，善于人际交流和信息沟通，具备基本的读写能力。

◆　现场看护人员着装要规范，看护服及看护帽要有清晰的标志。如图 7-20 所示。

图 7-20　现场看护人员着装规范要求

◆　现场看护人员要严格遵守交通安全法规、安全生产相关规定，严禁有任何有损企业形象、企业利益的行为。

◆　现场看护人员须自备的物品具体要求如下：

物品名称	数　量	备　注
交通工具（形式不限）	1 部	须符合交通安全规定
通信工具（运营商不限）	1 部	24 小时开机并可接听
防寒、防暑、防雨用品	若干	自定

现场看护人员须单位统一配置和随身携带的物品具体要求如下：

物品名称	数　量	看护撤销后是否收回
小红旗、防护带、喷漆罐	若干	剩余物品收回
隐患点看护现场信息表	1 份	需收回
护线宣传资料、广告	若干	剩余物品收回
外力施工动态管理日志	1 本	需收回
马夹、安全帽、手套等劳动保护用品	1 套	黄马夹须收回

◆　现场看护人员须严格按照上述要求随身携带有关物品，合理使用并妥善保管。部分一次性易耗物品不足时，可申请补足。

2．看护人员配置管理标准

◆　外力施工现场由线路维护负责人视具体情况设置看护人数和看护班次。

◆　线路维护单位及网络部对现场看护人员实施建档管理。

3．施工看护要求

◆　及时制止一切危害干线光缆的施工行为，采取一切可以采取的措施排除干线光缆障碍的隐患。如施工队不听劝阻，应立即向上级汇报，直至发《停工通知书》。

◆　告知施工人员光缆重要性、指示路由及埋深，协助机械操作手施工，提醒其注意光缆安全隔距。

◆ 保护现场警示标记，防止损坏、丢失或被挪作他用。

◆ 详细作好《动态管理日志》的记录，认真对待每一次检查签证，并按照检查人员提出的要求对相关工作作出改进。

◆ 外力施工现场看护人员只负责职责范围内光缆及承载设施（管道、杆路及附属设施）的看护，其他运营商的管线概不负责。

◆ 及时掌握施工进度及机械动向，一经发现危及线路安全的施工，应主动与施工单位联系，想方设法予以制止，并立即向主管人员报告。

◆ 看护人员在遇到个人能力范围内无法解决的问题或无法作出可靠决断时，必须立即向上级部门报告，请求增援和支撑。

◆ 外力施工现场看护等级发生变化，应及时向上级部门报告，经确认后对施工现场作相应调整。

7.3.5 作息及交接班制度

（1）现场看护人员要在工程开始之前到达现场，施工期间不得擅自离岗；当日施工结束，要与施工单位明确下次开工时间，落实相关安全保护措施后方可撤离。

（2）如遇特殊情况需离开的，必须与接班人员进行现场交接后方可离开。现场值守人员交接时，双方要在看护日志上签字确认。

7.4 线路抢修管理规范

7.4.1 线路故障定义

（1）由于线路原因造成线路阻断的叫作线路障碍。

（2）由于线路原因导致系统发生障碍由备用系统倒通或备用系统发生障碍，虽未影响通信，仍然计为一次线路障碍。

（3）线路障碍的实际次数及历时均应记录，作为分析和改进维护工作的依据。

7.4.2 故障考核要求

1. 线路障碍处理单次时限要求

◆ 省际、省内骨干传送网：光缆故障抢通时限 3 小时。

◆ 城域传送网：骨干层光缆故障抢通时限 3 小时；汇聚层光缆故障抢通时限 3 小时；接入层光缆故障抢通时限 4 小时。

2. 年障碍总时限要求

◆ 省际、省内骨干传送网光缆平均每千皮长公里障碍历时长为 10 小时/年。

◆ 城域传送网：骨干层、汇聚层光缆平均每千皮长公里障碍历时长为 12 小时/年；接入层光缆平均每千皮长公里障碍历时长为 32 小时/年。

3. 线路障碍次数要求

◆ 月度光缆千公里（皮长公里）阻断次数，市区、江宁不得高于 1.0 次/月，其余区县不得高于 0.5 次/月。

7.4.3　故障抢修流程

如图 7-21 所示。

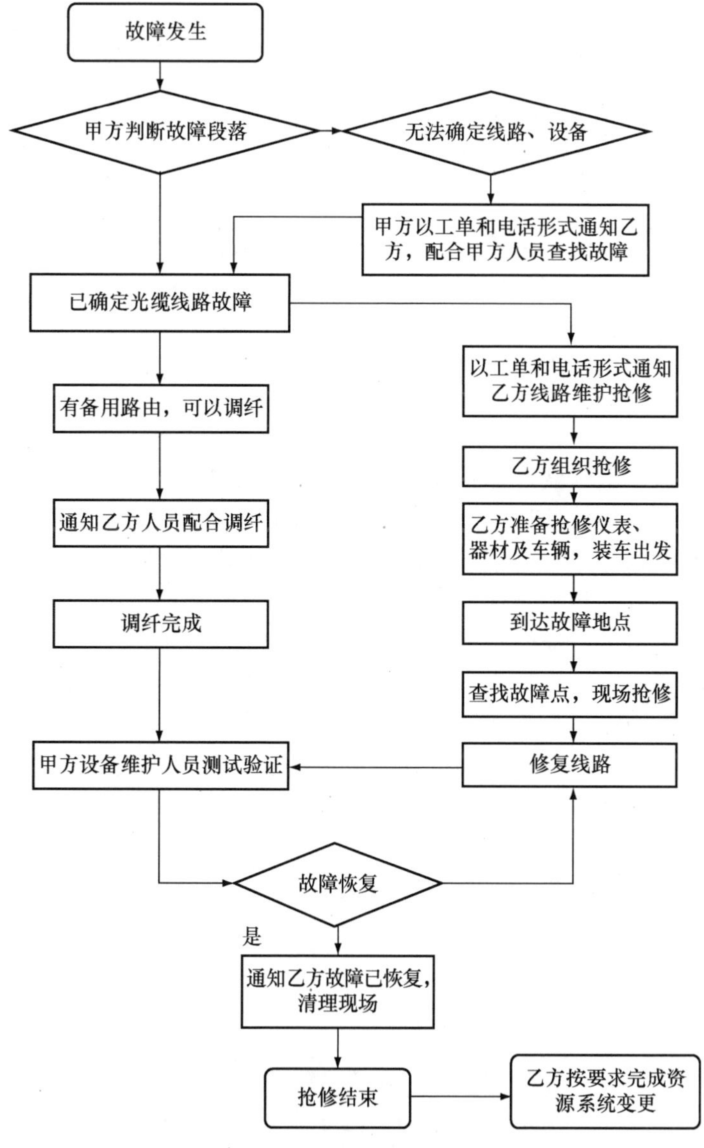

图 7-21　故障抢修流程图

7.4.4　抢修准备

◆　抢修工具应携带齐全：熔接机、OTDR、光源、光功率计、FC-SC/FC-FC 尾纤、接头盒 2 个以上、同型号光缆 200m、发电机、抽水机、梯子、雨具、穿缆器、酒精棉球、照明器材等。

◆　车辆、仪表仪器应保持性能良好。抢修人员统一着维护作业标志服。

◆　故障受理电话及应急电话要求24小时值守，并于拨打3次内接通或10分钟内回复。

7.4.5 抢修进行

◆ 接到障碍通知后，抢修人员应迅速到达故障现场，市区要求半小时内到达，郊县要求 1 小时内到达。及时汇报抢修进度。

◆ 到达后，根据现场情况，遵循“先抢通，后修复”的原则，合理制定抢修方案，在最短时间内，按业务重要等级恢复业务。

◆ 抢修时除光缆断点接续人员外，机房需安排人员测试，相关巡线员需到场协助。

◆ 在抢修现场应注意文明作业，避免与客户、群众发生争执，遇到突发事件，及时向相关负责人汇报。

◆ 光缆接续质量过硬，熔接接头平均衰耗不得大于 0.1dB。

◆ 障碍排除需经严格测试，与设备维护或网管人员确认各项网络设备性能指标与中断前是否一致，确认业务中断时长。

◆ 整个抢修过程中应采取必要的安全保护措施，并遵循安全生产规章制度。

7.4.6 抢修完成

◆ 障碍排除后，抢修队员需记录纤芯测试衰耗及现场变更资料，整理仪器仪表及剩余材料，清理现场，并按原样恢复事故现场或征得业主单位同意后离开。

◆ 抢修后性能劣化或临时抢修的，维护公司需安排现场看护，并按照光缆割接流程及时安排时间窗口恢复性割接。

◆ 故障调度人员填写应急抢修记录，记录系统影响范围和中断时长。

◆ 故障发生后 1 个工作日内完成故障报告，详述故障原因、修复方案、经验建议、下一步工作计划等，故障报告格式见附件。

◆ 故障发生后 3 个工作日内根据现场变更情况完成管线系统的录入更新。

7.5 资料资源管理规范

7.5.1 技术档案及资料

◆ 光缆线路的技术档案和资料应齐全、完整、准确（内含图纸资料）。纸质竣工资料上架。如图 7-22 所示。

图 7-22 技术档案资料上架

◆　应有维护区域内所有管道、线路工程的设计文件、竣工资料、验收文件、工程遗留问题的处理意见及线路设备的变更记录。

◆　应建立线路历次性能测试记录表、线路故障报告、障碍统计及分析表、包线员连续无障碍月统计表、季度和年度维修作业计划及完成情况表。

◆　直埋线路金属护套对地绝缘电阻及防护接地装置地线电阻测试记录，并存档。

◆　建立防雷、防蚀、防强电、防蚁及防鼠等的资料，灾害性的与维护的有关气象、水文资料的记录档案。

◆　建立备品、备件及仪表、工具的资料档案。

◆　所有档案资料应具有电子和纸质两种方式存档，并由专人负责保管。

7.5.2　管线资源管理系统

◆　各维护单位专人负责维护管线资源管理系统内数据的准确性和完整性，人员配备要求按市区（含江宁、浦口）平均每维护站不少于 3 人，郊县平均每维护站不少于 2 人。各维护单位专人负责抢修、迁改工程的管线数据录入更新，平均每维护站不少于 1 人。所有管线系统维护人员必须通过《管线系统操作技能初级测试》，持证上岗。

◆　工程部门工程现场竣工后，现场验收前，施工单位将竣工资料录入管线资源管理系统，维护公司应协助进行竣工文件与管线资源管理系统之间的核对工作，审核通过后进行现场验收。现场验收时，维护公司应协助进行竣工文件与竣工现场的核对工作，并作为验收的重要项目严格把关。

◆　维护工程、抢修工程中产生的资源变更，维护公司应根据维护工程、抢修工程光缆线路路由图、线路传输衰减测试资料、纤芯分配图、光缆端面图等有关资料，绘制维护图纸，同时录入管线资源管理系统。维护公司在光缆线路割接或光缆线路、管道进行迁改、整治后，在 3 个工作日内提交经过重新核对、修改后的光缆、管道图纸资料，同时完成录入管线资源管理系统工作。

◆　维护公司需实时保证管线资源在管线系统中的准确性，结合相关资源管理系统对局内、局外资源进行资源普查，记录普查资料并录入管线资源管理系统。普查进度每天上报，报告包含普查内容、录入内容等。

◆　管线维护人员需严格遵守系统账号保密管理规定，资料录入及竣工资料录入审核工作均应遵循该管理办法中的录入要求及审核注意事项。

7.5.3　资源信息安全

◆　未经书面许可，维护公司不得以任何方式向除双方所属子公司、分公司及所属企业以外的任何第三方提供或披露维护合同的内容、对方提供的保密信息和资料及与对方业务有关的资料和信息，并且上述信息披露只能为实现维护合同目的所为。

◆　维护公司应当确保空余管线资源安全可用。在未经上级主管单位书面许可的情况下，不得向任何第三方透露空余管线资源情况，同时采用合法手段，确保空余管线资源不被任何第三方占用和使用，并定期上报情况。

7.6 迁改管理标准

7.6.1 总述

1. 线路迁改主要因素

线路迁改的主要因素包括：市政修路、道路出新、自来水、煤气等市政、污水改造；供电杆路下地、业主要求、农民盖房、楼房装修、拆除广告牌、高铁施工、地铁施工、隧道桥梁施工；集团客户要求、基站业主要求整改、管道不通修复、光缆资源优化合缆、10086等反映要求对现有的光缆进行整改、巡线人员巡检过程中发现隐患等。

2. 线路迁改实施施工单位

依据线路维护合同约定要求，按维护区域发生的迁改由该区域维护单位实施迁改，费用参照工程年度框架的下限执行。

7.6.2 线路迁改项目审批要求

线路迁改实施维护单位的主要工作：通过各种信息渠道，获知可能影响管线安全的信息，安排技术人员现场进行查看，经维护单位（南京维护中心）确定需要迁改，按以线路迁改实施流程执行。

◆ 制定项目审批单提交审核（审批单要求具体见附件）。

◆ 制定项目管线材料审批单（审批单要求具体见附件）。

◆ 编制迁改项目初步设计预算与施工图。

线路迁改实施主要工作：线路维护管理人员根据维护单位申报线路迁改项目进行现场核查，对项目、材料、预算进行初步审批，审批通过后报网络部/县公司部门分管领导审批。具体如下。

◆ 线路迁改实施预算费用在30 000元以内的零星迁改项目，由网络部负责总体实施，根据实施要求，由辖区维护管理人员、班组长/中心主任签字审核。分管部门经理确认。

◆ 线路迁改实施预算费用在30 000元以上的，由网络部以业务联系单形式提交工程建设部，工程建设部负责统一实施。

7.6.3 线路迁改项目实施规范

线路维护单位迁改项目实施：线路迁改项目审批通过后，领取线路迁改材料，组织施工人员进行项目施工。

◆ 管道改移新建按通信行业规范标准施工，管道施工如需政府行政单位审批，涉及交纳规划费、挖掘费等，数额在10000元以内的，由维护单位垫付，决算时将行政发票或收据复印在决算表中进行审计（该费用不进行打折）。

◆ 人手井提升口圈、上覆单独记取施工费用。其中提升人手井口圈每个施工费用（含材）200元，提升人手井上覆每个施工费用500元（含材）。

◆ 光缆迁移、改道、下地、割接施工按通信行业规范标准施工，光缆割接通过

EOMS 工单形式提交割接申请，审批通过后按审批要求进行光缆割接。

◆　线路迁改项目施工完成后 3 天内完成资源管理系统的修改。

◆　线路迁改项目施工完成后一周内完成竣工决算、竣工图编制，同时上报验收。

◆　线路维护单位及时提交线路迁改副材价格变动表，按审批结果编制材料结算。

线路迁改项目实施管理：严格控制线路迁改项目的质量，掌握迁改项目实施的进度，及时完成迁改项目验收，及时完成迁改项目的呈批与送审，审计完成后及时支付线路迁改费用。

◆　网络部/县公司安排专人负责对线路迁改工程质量进行随工与验收，不定期换人进行验收。

◆　网络部/县公司线路管理员掌握施工进度，不定期抽检现场工程质量，对竣工决算与竣工图认真进行审核，及时审批副材价格变动表并呈批公司，及时提交呈批与送审，及时支付线路迁改费用。

附录一：管线迁改项目审批单

管线迁改项目审批单

编号：

申请单位、部门 （签章）	
迁改事由 （表述详细，其中必须注明是否为光缆故障后的迁改）	
项目名称	
迁改方案与图纸预算（附后）	
申请项目负责人	姓名：　　　　联系电话：
维护管理员 （现场签证）	
审批部门 （网络部或县公司综合支撑部签章）	

备注：图纸方案附后（略）。

附录二：管线迁改材料审批单

管线迁改材料审批单

编号：

<table>
<tr><td>申请单位、部门
（签章）</td><td colspan="2"></td></tr>
<tr><td>申请事由</td><td colspan="2"></td></tr>
<tr><td>项目名称</td><td colspan="2"></td></tr>
<tr><td>方案图纸</td><td colspan="2"></td></tr>
<tr><td rowspan="9">申领材料
（型号规格）</td><td>1</td><td></td></tr>
<tr><td>2</td><td></td></tr>
<tr><td>3</td><td></td></tr>
<tr><td>4</td><td></td></tr>
<tr><td>5</td><td></td></tr>
<tr><td>6</td><td></td></tr>
<tr><td>7</td><td></td></tr>
<tr><td>8</td><td></td></tr>
<tr><td>9</td><td></td></tr>
<tr><td>申领人</td><td colspan="2">姓名：　　　　　　联系电话：</td></tr>
<tr><td>维护管理员</td><td colspan="2"></td></tr>
<tr><td>审批部门
（网络部或县公司综合支撑部印章）</td><td colspan="2"></td></tr>
</table>

附录三：维护光缆线路迁改流程图

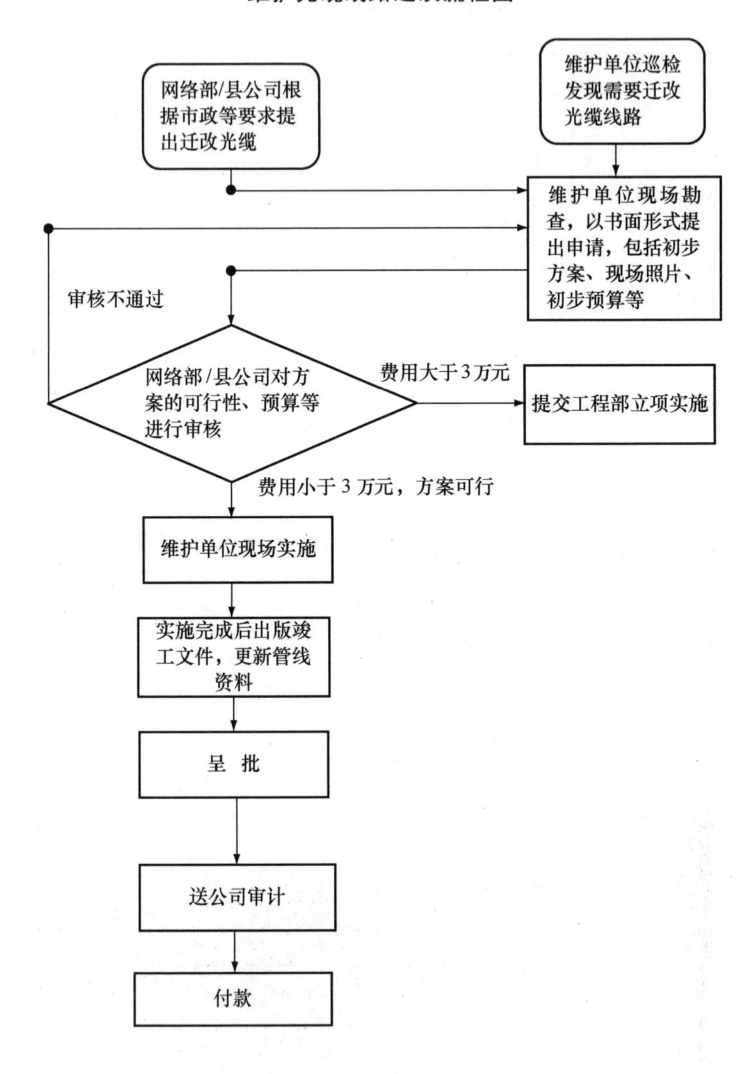

第 8 章 宽带驻地网

本章从现场验收和服务标准化管理两个方面给出了宽带驻地网在代理维护服务方面的规范和要求。

8.1 现场验收规范

8.1.1 流程规范

第一条 验收前

（1）验收资料完整性。

◆ 包括甲乙双方签字盖章后的接入协议、用电协议（使用表前电除外）、维护资料电子档（含平面图、设备分布图、管道图、光缆分布图、信息点资料、光功率测试表、跳纤资料）。

（2）ONU 设备在网管可见作为验收的必要条件。

◆ 必须至少提前 1 天通知相关维护单位，否则可以拒绝前往现场验收。

◆ 宽带设备信息表（见附件 1）由维护单位人员打印一式三份带到现场。

附件 1

宽带设备信息表

设备名称	设备类型	具体位置	MAC 地址	设备资产编码	用电许可编码	备　　注
验收人员签字（工程部/监理、网络部/代维、施工单位）：						

注：（1）设备名称命名规则：小区名称—栋名—号名—设备名—设备编号。为确保 ONU 网管中对应的名称信息与实际相符，施工监理在 ONU 开通时，需通过开关电源的方式逐一与网管人员确认位置。
（2）“具体位置”栏，要求根据表中的信息能顺利定位到设备，至少需包含设备所在的栋号及设备位置。

第二条 验收中

（1）如现场发现光功率在正常范围内，但存在上网、分组丢失的情况，则由维护单位人员负责牵头联系网管人员进行解决。

（2）验收表中的“限期多少天整改”必须各方协商后填写完整。

（3）验收表中的驻地网名称必须和驻地网建设流程中的名称保持一致。

（4）验收表必须与最新版本一致，不得使用过期版本。

附件 2

驻地网（放装）验收表

驻地网名称		驻地网地址	
施工单位		现场负责人及联系方式	
监理单位		现场负责人及联系方式	
代维单位		现场负责人及联系方式	

竣工资料（现场验收前务必核实，如不完整则拒绝现场验收）

1	是否在客响平台提供驻地网平面图、设备分布图、管道图、光缆分布图、维护篇（光功率测试表）、跳纤资料、驻地网合同（表后电需提供用电协议）	□是 □否	
2	驻地网维护资料中是否明确标明各段光缆的实际长度以及管道线的实际长度	□是 □否	
3	ONU 设备是否在网管状态，ONU 名称是否和客响平台维护篇中的一致，无模糊、歧义现象	□是 □否	
4	EAM 系统中是否存在驻地网转资工单	□是 □否	

现场情况（斜体项目必须达标，得分项目总分≥90 分为良好，80～90 分为合格，低于 80 分则不合格）

序号	项目	内　　容	代维人员填写	得分
1	光电缆布放（35分）	*是否符合第三方资源使用要求，禁止使用电信、广电、联通、网通或第三方管线资源（与对方有协议除外，协议必须是与产权运营商的正式合同）*	□是 □否	
2		*纤芯光功率是否达标，施工单位携带 OTDR 现场测试或者使用光源光功率计测试，驻地网代维负责填写《光功率测试反馈表》*	□是 □否	
3		*光电缆布放的管道是否规避隐患，禁止使用污水管道*	□是 □否	
4		*是否使用雨水管道（□是 □否），如使用雨水管道，是否套子管保护*	□是 □否	
5		*是否遵守人防施工规范要求*	□是 □否	
6		光交箱是否挂牌（不含光分线箱）、门锁是否良好、箱门是否粘贴纤芯资源表	3	
7		光交箱编号		
8		光交箱内跳纤盘绕是否整齐，跳纤上是否有对应的 ONU 标签	3	
9		光交箱内法兰盘沿卡槽是否固定整齐，防火泥是否合理使用	3	
10		光交箱需粘贴施工信息卡，包括施工、监理、设计单位信息	4	
11		光纤熔接是否套热熔管	4	
12		光缆是否挂牌，尤其是否在分歧点、光缆起始端挂牌	4	

续表

序号	项目	内　　容		代维人员填写	得分
13	光电缆布放（35分）	直埋部分是否加塑料管保护（子管、硅芯管等）并埋深 20cm 以上，特殊的水泥路面是否加水泥包封		4	
14		引上是否固定并进行保护（安装 PVC 管），附挂墙壁光缆是否达到 2.5m		3	
15		光缆是否进行绑扎、固定，接头盒是否固定		3	
16		光缆预留是否盘绕绑扎，是否避免扭绞现象		4	
1	设备 BAN 箱（35分）	*现场施工是否按照图纸进行，包括接入 ONU 设备、管道、光缆、跳纤（包括相关标签）等，ONU 设备需 100%验收*		□是 □否	
2		4 对模块施工质量	4 对模块间是否高低一致、无松动或脱落等情况	3	
			4 对模块是否严格按色谱线序下压	3	
3			模块上各类成端（设备成端、大对数成端、用户成端）标签卡槽完好、标识清晰	3	
4		BAN 箱网线	ONU 引出成端的网线水晶头线序是否制作规范	3	
5			ONU 引出成端的水晶头是否为我公司甲指定乙提供品牌	2	
6		BAN 箱光缆	光缆剥离束管是否在 5～10cm 范围内，尾纤（强弱电线路）是否固定良好	2	
7		电源接入	表前电是否粘贴表前电标签，表后电是否提供用电协议	4	
8			是否正常接地（线径要求 6～10mm^2），空开和插排接触正常，空开上外接电源必从上方进入固定，信号线是否与电源线分开绑扎，电源线包括保护地线，不允许串接，应有绝缘保护	4	
9		箱体、ONU 设备、110 模块是否固定牢固，门锁是否良好且开关自如		3	
10		BAN 箱外表是否整洁无灰尘，箱体内无杂物		2	
11		如取电为表后电且使用普天机械式电表，是否更换为数字式电表		2	
12		ONU 用电标签和资产标签是否和维护篇一致		3	
13		ONU 数量：_____个			
14		ONU 设备语音板卡是否与设备本体适配（仅集团适用）		1	
15		*聚类市场如现场无门牌号是否按照格式绘制信息点平面图*		□是 □否	
1	综合布线（20分）	现场楼宇综合布线是否规范（横平竖直，PVC 管保护）、线卡是否固定，卡钉必须钉入墙内，是否杜绝直角弯头上掏洞走线		5	
2		楼道内打洞是否填补，且整洁美观		5	
3		现场施工是否符合设计驻地网类型（一类至五类），是否按照维护篇内的信息点表格进行覆盖		5	
4		现场施工是否按照设计图纸进行，包括信息点、配线架、高频模块（包括标签）等，包括每一栋每一单元，每单元至少 2 个信息点		5	
1	应用（10分）	*现场是否能够正常上网，至少选取 2 台 ONU 测试*		□是 □否	

续表

<table>
<tr><th>序号</th><th>项目</th><th colspan="3">内　容</th><th>代维人员填写</th><th>得分</th></tr>
<tr><td>2</td><td rowspan="2">应　用
（10 分）</td><td colspan="3">登录 http://idc.e172.com，用右键点击页面上的“FTP 下载测试”，并以“右键另存为”方式下载该文件（idc.rar），使用“ping -l 1400 -n 50 218.206.97.19” 命令进行测试</td><td>2</td><td></td></tr>
<tr><td>3</td><td colspan="3">联系物业确认是否施工阶段遗留问题已彻底解决</td><td>8</td><td></td></tr>
<tr><td>4</td><td rowspan="2">其他</td><td colspan="3">是否存在商铺信息点</td><td>□是 □否</td><td></td></tr>
<tr><td>5</td><td colspan="3">如存在商铺信息点，是否被覆盖</td><td>□是 □否</td><td></td></tr>
<tr><td>整改意见</td><td></td><td colspan="5"></td></tr>
<tr><td>验收结果</td><td></td><td colspan="5">以移动公司网络部判定为准（现场人员只需在上表和整改意见中详细真实反映情况即可）</td></tr>
<tr><td>整改要求</td><td></td><td colspan="5">限期________天整改完毕</td></tr>
<tr><td>验收人员签字</td><td colspan="2">工程部/监理：</td><td>施工单位：</td><td>代维单位：</td><td colspan="2">验收时间：　　年　　月　　日</td></tr>
<tr><td>网络部基础维护班签字</td><td colspan="6"></td></tr>
</table>

（5）工程验收中关键项目设置一票否决制，如私自使用异网运营商资源、未遵守人防工程要求、使用污水管道、与施工图纸偏差较大、存在物业纠纷。

（6）工程竣工后，应对施工单位的施工质量进行等级评定。衡量施工质量标准的等级如下。

◆　良好：主要工程项目全部达到施工质量标准，其余项目较施工质量标准稍有偏差，但不会影响设备的使用和寿命，总分≥90 分。

◆　合格：主要工程项目基本达到施工质量标准，不会影响设备的使用和寿命，总分在 80～90 分之间。

◆　不合格：总分低于 80 分。

（7）维护单位人员在验收时不得因为其中某项达不到要求而直接离开现场，而应该按照验收表内容逐一细致预验收。

（8）维护单位验收人员不得接受施工单位任何形式的礼品、款待，一经发现，必将严惩！

（9）现场完成《驻地网验收现场和资产用电拍照格式 V2》拍照内容，包括“驻地网验收现场情况拍照”和“驻地网验收设备资产编码和用电许可编码拍照”两部分。

验收表、设备信息表均按照要求进行现场签字确认。

附件 3

驻地网验收现场及资产用电拍照格式建议

驻地网验收现场情况拍照

1．光交箱（××栋旁；光交箱门打开，全景照片）
（1）光交箱门打开，全景照片。
（2）光交箱挂牌（如缺失，不需拍照；如光分线箱，也不需拍照）。
2．光缆挂牌
（1）位置一（××栋××单元）。
（2）位置二（××栋××单元）。
3．BAN 箱（BAN 箱门打开，全景照片；如小区 BAN 箱数量小于 3，则全部拍摄）
（1）位置一（××栋××单元）。
（2）位置二（××栋××单元）。
（3）位置三（××栋××单元）。
4．接电（××栋××单元）
5．户线（××栋××单元）
6．封堵（××栋××单元）
7．卡钉（××栋××单元；如没有，则不需要拍摄）
8．门头盒（××栋××单元）

第三条　验收后

（1）当日的验收情况必须在次日 12:00 之前反馈。

（2）维护单位反馈材料包括：① 验收表照片；② 宽带设备信息表照片；③ 小区驻地网验收现场和资产用电拍照 WORD 文档。

（3）维护单位必须在验收后 24 小时内登录管理平台填写电费、房租及资产相关信息。

第四条 特殊情况——小区（含门面房）验收要求

（1）验收队伍选取原则

◆　如本区域内同一家维护单位负责集团和小区维护工作，建议由该维护单位负责，统一进行验收和后期维护、物业关系维系。

◆　如本区域内不存在同一家维护单位既维护集团又维护小区，则由集团维护单位和小区维护单位共同进行验收签字确认。

（2）共同维护情况下的职责分工

◆　小区维护单位牵头统一负责小区整体光缆、设备和家庭宽带用户维护、物业关系维护、房租电费缴纳等，集团维护单位只负责和集团用户相关的户线以及用户端开通和维护。

第五条 对于施工遗留问题，将根据影响范围和程度进行追溯，对相应的施工单位进行扣款处罚。具体如下。

类　别	问题说明	处罚建议
第一类	对驻地网维护造成严重影响，存在严重隐患，如私自使用异网运营商资源、未遵守人防工程要求、使用污水管道、与施工图纸偏差较大、存在物业纠纷等	5000 元
第二类	对驻地网维护造成一定影响，存在隐患，如 110 模块高低不平、松动或脱落，水晶头线序错误，电源接电不规范等	3000 元
第三类	未按照规范进行施工，影响整体美观和维护效率，如光缆未挂牌、施工信息卡未填写、BAN 箱外表灰尘、箱体有杂物	1000 元

8.1.2 检查规范

第一条 光交箱/光缆分线箱

（1）光交箱挂牌、门锁良好，有对应标识，箱门上有光缆纤芯资源表。

（2）光交箱内跳纤盘绕整齐，跳纤上有对应的 ONU 标签。如图 8-1 和图 8-2 所示。

（3）光交箱内法兰盘沿卡槽固定整齐，防火泥合理使用。

（4）小区井内光缆必须绑扎、固定，接头盒必须固定。如图 8-3 所示。

（5）小区井内光缆预留必须盘绕绑扎，避免扭绞现象。如图 8-4 所示。

图 8-1 光交箱跳纤标签

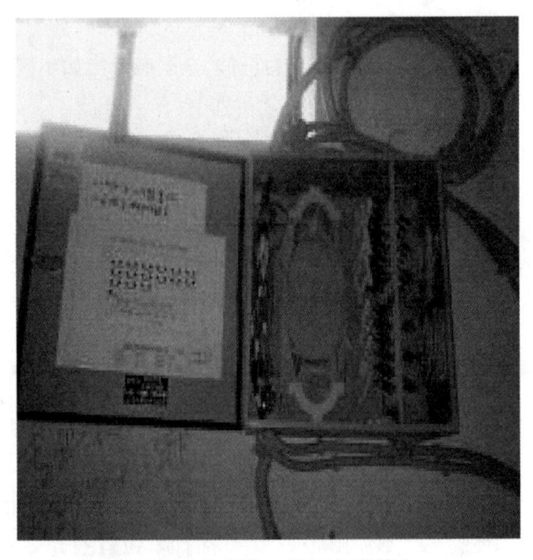

图 8-2 光交箱内跳纤盘绕整齐

图 8-3 小区井内光缆绑扎

图 8-4 小区井内光缆预留盘绕

第二条 楼道 BAN 箱

（1）箱体必须安装牢固，不可松动；门锁良好，开关自如。

（2）BAN 箱外表无明显灰尘，箱体内无杂物。

（3）箱内设备水平摆放整齐、稳定，必须固定。

（4）箱内在用尾纤必须用标签标明上联分光器端口，备用尾纤需标明纤号，盘绕规整。

（5）箱内走线整齐，设备端网线标签准确齐整，模块上各类成端（设备成端、大对数成端、用户成端）标签卡槽完好、标识清晰。

（6）BAN 箱内资产条码、用电标签需齐全，填写规范，粘贴整齐。如图 8-5 所示。

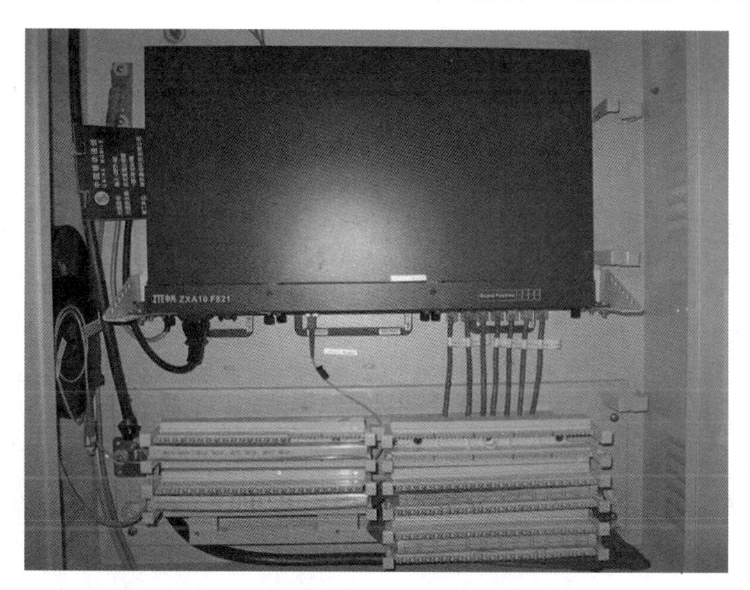

图 8-5　BAN 箱内资产条码、用电标签

第三条 设备的网线、尾纤的走线

（1）箱外走线布局合理，用线卡固定，余线盘放整齐，机架内的信号线应尽可能与电源线分开绑扎。

（2）设备引出网线必须成端，水晶头制作规范。如图 8-6 所示。

（3）4 对模块间高低一致，无松动或脱落等情况，严格按色谱线序下压。

（4）110 高频模块打线符合规范，线缆按色谱卡接整齐，跳线走线规范整齐，110 模块和户线标识准确、完整、清晰。如图 8-7 所示。

图 8-6　设备引出网线

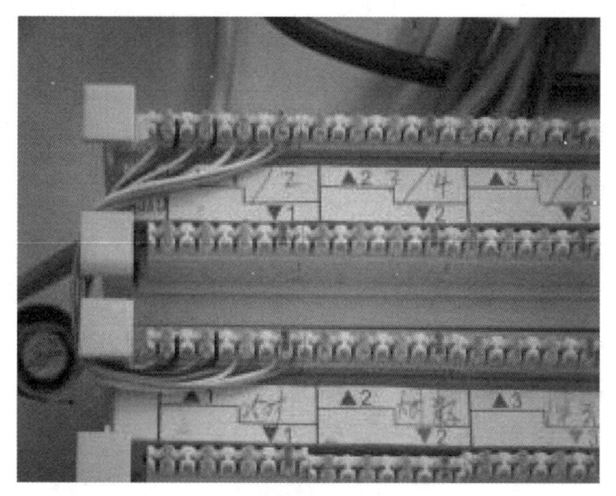

图 8-7　模块安装、打线要求

第四条 电源线和保护地线的走线

（1）为防止交叉，应事先安排线缆位置，富余线缆在机箱侧合理盘留。

（2）电源接地正常，空开和插排接触正常；空开上外接电源必从上方进入固定；电源线包括保护地线，不允许串接，应有绝缘保护。如图 8-8 所示。

（3）接地线与接地汇集线（接地铜排）连接应使用铜线鼻、螺栓及弹簧垫片紧固。如图 8-9 所示。

（4）从设备至接地汇集线（接地铜排）的保护接地线采用 $4mm^2$ 以上线路。

（5）设备接地应与接地柱/条可靠连接，接地柱/条应与保护地或引入的保护地可靠连接。

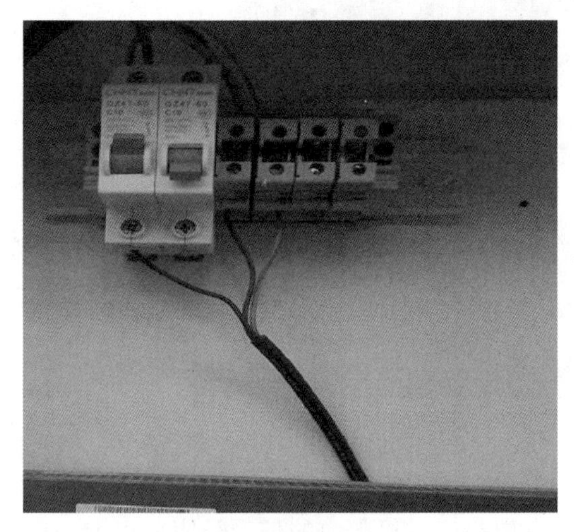

图 8-8　电源线走线规范

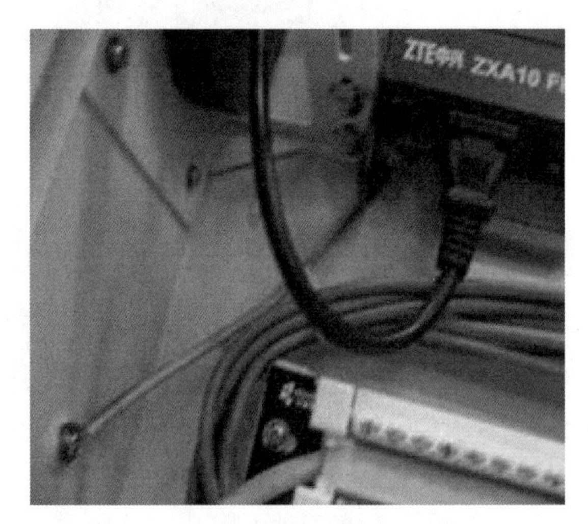

图 8-9　接地线走线规范

第五条 楼道户线

（1）楼道综合布线需遵循横平竖直，PVC 管保护要求。

（2）打洞后及时进行封堵，垂直主管需固定不扭曲，水平布管需用线卡固定，线卡卡钉完全打入墙内。

（3）规范材料使用，避免在直角弯头上掏洞走线的情况，不允许出现管线相交无 PVC 管保护或直接裸线过管情况。如图 8-10 至图 8-13 所示。

图 8-10　楼道综合布线规范（1）

图 8-11　楼道综合布线规范（2）

图 8-12　楼道综合布线规范（3）

图 8-13　楼道综合布线规范（4）

第六条 标牌

施工信息卡和设备维护卡标牌的粘贴需清晰、牢固。如图 8-14 和图 8-15 所示。

中国移动通信 CHINA MOBILE　中国铁通 CHINA TIETONG

驻地网施工信息卡

施工单位：________

监理单位：________

设计单位：________

项目经理：________

竣工日期：________

图 8-14　施工信息卡

中国移动通信 CHINA MOBILE　中国铁通 CHINA TIETONG

家庭宽带设备维护卡

出现紧急情况时请与维护人员联系

联系人：________

联系方式：________

便捷服务满意100

维护星级

图 8-15　设备维护卡

8.2 服务标准化管理

适用范围为参与家庭客户维护人员，包含仪容、仪表、行为、服务语言、服务道德以及具体服务中的起始、过程和完结要求。

8.2.1 仪容要求

第一条 发式：不留异型发式，头发应梳理整齐。男士不留长发，以“前不遮额、侧不盖耳、后不触领”为宜；女士发型发式应秉承美观得体的原则，应倾向于简洁庄重的式样。

第二条 面容：面部保持清洁，女性面部修饰应该是以淡妆为主，不应该浓妆艳抹。如戴眼镜，应保持镜片的清洁，不得戴墨镜面对服务对象。

第三条 鼻子：鼻孔干净，不流鼻涕，鼻毛不外露。

第四条 口腔：保持口中无异味，面向服务对象时不嚼口香糖等食物。

第五条 耳部：耳廓、耳根后及耳孔边应勤清洗，保持内外干净，不戴奇异耳环。

第六条 手部：保持手部的清洁，不留长指甲，不涂指甲油。

第七条 纹身：皮肤裸露部分（如面部、手部、颈部）不允许出现纹身或粘纹身贴。

第八条 着装

（1）工作时应身着统一制服，要求颜色统一、式样统一、穿戴统一。

（2）应保持制服平整洁净，无破损、无污渍；衬衫袖口须扣上纽扣，不能敞胸。

（3）工号牌佩戴时应全部外露，清洁、整齐、端正，位置佩戴适当。徽章式工号牌佩戴于左胸上口袋处或不低于衬衫第三粒纽扣处；胸卡式吊于胸前，正面面向服务对象。

（4）工作时应穿统一工作鞋。

（5）工作时应佩戴统一工具包，用以容纳相关服务工具。

8.2.2 服务行为要求

“服务行为”是指维护人员在提供服务过程中的个人行为举止，包含立姿、坐姿、行姿、入座/离座、缔结物品、递接名片、出入房间的礼仪。

第一条 立姿要求

（1）挺胸抬头，不得前俯后仰或把身体依靠在某一设施上。

（2）禁忌的立姿：随意扶、拉、倚、靠、趴、蹬、跨等姿势，双腿叉开过大或双脚随意乱动。

第二条 出入房间礼仪

（1）进房间前要先敲门，敲门前稍微稳定一下自己的情绪，防止连续敲不停，敲的力量过大。敲门标准动作为连续轻敲 2 次，每次连续轻敲 3 下，有门铃的要先按门铃，得到服务对象允许后再入内。

（2）服务对象开门后，要面带微笑送出问候语并做自我介绍：“您好，我是 XX 公司服务人员 XXX”，同时出示工作卡及名片。如因工作需要进入服务对象房内施工时，需穿上鞋套。先穿一只鞋套，踏进服务对象门内，再穿另一只鞋套，踏进服务对象门内。如果服务对象不让穿，维护人员要向服务对象解释为工作纪律，原则上必须穿；特殊情况下可按服务对象的意见办理。如果维护人员穿鞋套站在门外，进门前要擦干净鞋套；如遇下雨天，应将雨具放在室外。

（3）准备出房间时，应面向服务对象，礼貌地慢慢倒退至门口，要走到门口时先脱下一只鞋套跨出门外，再脱下另一只鞋套，站到门外，最后再次向服务对象道别。如果在服务对象家中脱了鞋套，维护人员要用抹布将地擦拭干净，并向服务对象道歉。道别后出门，再轻轻把门关上。

第三条 电话礼仪

（1）明确打电话的目的，做好沟通事项的内容准备。

（2）确定通话服务对象的电话号码、姓名、职业及身份。

（3）选择适当的通话时间（避免在用餐、休息时间打电话）。

（4）通话前准备笔和通话备忘录。

（5）通话前保持情绪平稳。

8.2.3　服务语言要求

第一条 解答服务对象疑问时，要用通俗易懂的语言，维护人员在使用专业术语时，一定要把握好分寸，表现得体，尽量避免使用专业术语，如需使用则需向服务对象明确解释。当着服务对象面与其他同事询问交流时，应选择服务对象能够听得懂的语言和说明方式。

第二条 言之有礼，谈吐文雅。礼貌用语的使用要做到口到、心到、意到，即态度诚恳、亲切，用语谦逊、文雅。严禁没有称呼、态度生硬、心不在焉、东张西望。有话让客户先说，非必要不打断客户说话。

第三条 服务禁语：服务人员在客户端进行施工及维护工作中严禁使用有损公司形象的用语，严禁使用不符合文明礼貌规范的用语，凡脏话、粗话、讽刺、训斥客户的话均列为服务禁语。

8.2.4　服务过程要求

第一条 信息收集

（1）明确并保证服务对象信息准确。服务对象信息包括：服务对象姓名、地址、联系电话、故障现象、需要提供服务的需求等。

（2）核对服务对象的需求和反映的现象，深入分析，拟定解决方案。

第二条 证件准备

（1）出发前需带齐工号牌、工作证件、身份证等有效证件。

（2）特殊的服务对象单位（如军队、银行、政府部门）还需提前准备对方所需证明材料。

第三条 工具、备件检查

维护人员进行服务前，应先准备好“七个一”（一套维护工具，一副鞋套，一块垫布；一块抹布，一个垃圾袋，一份服务记录表，一套冗余备件），出发前实施例行检查，避免中途离场或反复上门打扰服务对象。

第四条 时间、地点约定

（1）及时联系服务对象，约定服务时间、地点。说明我方上门工作内容，上门服务时间，征询服务对象的意见，应尽量选择不影响对方工作、休息的时间段。

（2）接到投诉或故障申报后，应在服务规定的时限内与投诉（申报）对象取得联系。通过沟通，了解现场情况及故障表现，并预约上门服务时间。

（3）根据服务对象地址、预约时间及自身工作进度的情况分析，判断能否按时上门服务。如果时间太短，不能保证按时到达，要向服务对象致歉，取得服务对象谅解并另约上门服务时间；若服务对象不同意，须转给其他维护人员或反馈给公司。

（4）如果服务对象电话无法接通，一时联系不上，可隔半小时再次拨打，连续拨打三次，每次拨打后应发送短信告知客户“尊敬的客户您好，由于您的电话无法接通，暂时无法与您取得联系，特留下联系电话号码”，并在工单上注明，后续等待客户联系。

第五条 维护人员要根据约定时间及路程所需时间倒推出发时间，确保到达时间比约定时间提前 5～10 分钟。

第六条 维护人员在路上遇到塞车或其他意外，要提前电话联系向服务对象道歉，在同意的前提下改约上门时间或提前通知调度改派其他人员；如果维护人员在上一个服务对象家耽误时间，应将信息反馈给相关接口人员，以便通知到服务对象。

第七条 遇到不可调解冲突事件必须避让，必要时报警解决，严禁打架斗殴；避免在服务对象面前暴露内部矛盾；避免与服务对象争执。

第八条 服务过程中不准指使服务对象或叫服务对象留人帮助搬运施工器材。

第九条 在服务过程中服务对象出现严重的排斥情绪下，先终止服务过程，再与服务对象进行有礼有节的耐心沟通和解释；若服务对象仍不理解，须立即停止服务，再另行约定时间。

第十条 受理投诉服务

（1）遇到服务对象情绪激动，应保持平和语调，稳定服务对象情绪。

（2）对服务对象的投诉，应及时予以回复，如不能回复，应告知回复时间。

（3）服务对象不同意时，应耐心解释原因，避免直接予以拒绝。

（4）超出处理权限时，应及时上报，并告知服务对象已经上报另行处理。

（5）如存在客观问题，公司有能力予以解决的，则应尽快协调解决；如属服务对象情绪原因，则应更多地运用倾听并加以劝慰、说服。

（6）记录主要的投诉内容并保存，如有必要，应上报公司。

第十一条 故障服务

（1）维护人员经过初步鉴定，确定为故障引起的原因，严格按照故障处理的流程对故障进行定位。

（2）在处理带风险性的故障时，应向服务对象解释存在的风险及后果，尽量做好应急防范或数据备份措施，在征得服务对象同意后开始实施操作。

（3）故障处理时间较长、影响较大时，应将预估的处理时限、故障影响范围告知服务对象，并做好服务对象的情绪安抚工作。

（4）在处理盯防相关事项时应与施工方保持良好沟通，做好“三盯”工作，确保公司资产不受损毁。

第十二条 “服务完结”是指维护人员为服务对象完成服务工作后所从事的相关工作，包含现场服务意见收集、事后跟踪、为解决遗留问题提出的后续方案等。

第十三条 服务完毕后，无论是否用过防尘布，必须用抹布清理施工现场留下的施工污迹和因防尘布遮挡不到而留下的尘土；将现场留下的工程垃圾等杂物清理干净。

第十四条 服务作业结束且施工现场清理后，须对服务对象表示感谢，请服务对象填写现场服务确认单，要包含满意度调查项目，请服务对象提出宝贵意见并签字，不准代服务对象在调查表上签名，不可强逼或诱导服务对象填写不真实的意见。对于客户不满意的情况，应及时反馈整改。

第十五条 服务完结后向服务对象赠送名片（见图 8-16），若服务对象再有什么要求，可按服务名片上的电话进行联系。如果服务对象要求维护人员留下电话，维护人员要向服务对象解释，名片上的电话为公司服务电话，若有什么要求都会及时上门服务。

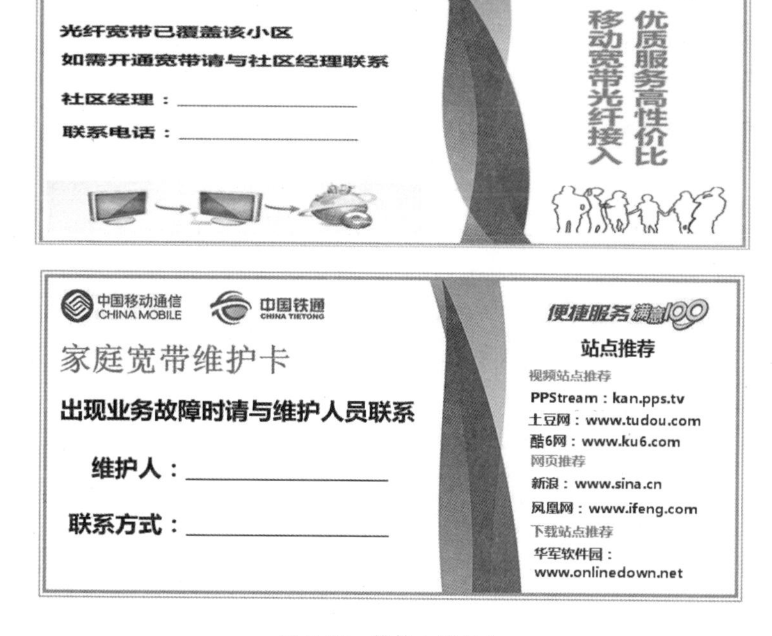

图 8-16　维护人员名片

附件 4　服务用语示例

一、服务礼貌用语

（一）问候语：

1．您好！

2．您早！

3．早上好！

4．下午好！

（二）感谢语：

1．谢谢！

2．非常感谢！

3．麻烦您了！

4．谢谢您的夸奖！

5．谢谢您的建议！

6．多谢您的合作！

（三）致歉语：

1．抱歉！

2．对不起！

3．让您久等了！

4．请原谅/请您谅解。

5．请稍等，我会加快速度！

6．由于我们工作中的疏忽，给您添麻烦了。

（四）征询语：

1．请问有什么可帮您的？

2．我能为您做些什么？

3．请您填写您的名字。

4．请问您交多少钱？

5．请问您的电话号码。

6．请您再报一遍。

7．我的解释您听明白了吗？

（五）道别语：

1．再见！

2．您留步！

（六）应答语：

1．好的。

2．是的。

3．不客气。

4．请稍等。

5．请拿好。

6．很高兴能为您服务。

7．这是我们应该做的。

8．请对我们的工作多提宝贵意见。

9．您反映的问题，我们会争取尽快办理。

10．请您将联系电话留下，我们会及时与您联系。

二、工作场景文明用语

（一）故障处理服务承诺语

我们是×××项目维护小组的，现了解到贵公司×××业务出现×××的使用问题，为保障贵公司×××业务的正常使用，我们将开展紧急修复工作，初步预计将在×××时间内完成相关工作。我是负责此项故障处理工作的×××，对于此次故障给贵公司带来的不便，我们深表歉意并将尽快修复故障。

（二）上门安装设备和调测数据征询语

我是负责此项业务开通（或调整）工作的×××，现需在贵公司进行相关的开通（或调整）调测工作，期间可能会因×××等原因在×××时间内影响贵公司×××的使用，请知悉并给予相关配合，谢谢。在此期间有对贵公司的工作造成不便之处，敬请谅解。

（三）业务巡检预约征询语

1．场景 1（正常情况）：我们是×××项目维护小组的，贵公司×××业务设备据上次巡检已经有×××的时间，为确保设备的健康运作、保障贵公司×××业务的稳定使用，我们期望可在×××时间内到贵公司再巡检一次，请问您方便给予安排吗？

2．场景 2（若服务对象表示没时间，应跟进询问服务对象何时有空）：您看近期什么时候方便再跟您预约巡检时间？

3．场景 3（若服务对象无法确定时间）：如您方便，我将在×××日跟您再次预约，或者您也可直接拨打×××与×××联系，我们再来做业务巡检，谢谢您对我们工作的支持。

（四）故障（服务对象自身原因）咨询应答语

很抱歉，此次故障是由于贵公司×××原因造成的，我方网络正常，建议您及时解决贵公司问题，如有需要，我方可提供技术咨询。

（五）故障（第三方原因）询问应答

很抱歉，此次故障是由××（第三方问题）引起的，我们正在关注××（第三方）处理，将尽快修复。

（六）故障（故障处理完毕后）询问应答

此次设备故障给您带来不便，我们深表歉意。对于故障，我们会先抢通业务，使服务对象的损失降到最低；因此具体的故障原因我方正在研究和分析，稍后将由服务对象经理向您说明故障的相关情况，谢谢。

（七）到达维护现场征询语

您好，我是××公司代维公司的维护人员，我叫×××，现在需要进入您单位内我公司的基站进行设备检修，请您允许我进入贵公司开展工作。

（八）向服务对象电话了解故障事宜询问语

您好，我是××公司设备代维公司的，我叫×××。我们了解到位于贵公司内的我方基站存在故障，现向您核实一下情况。谢谢您的配合。

（九）向物业或服务对象外市电了解供电情况询问语

您好，我是××公司××维修小组的，我们的基站现在上报了停电告警，请问您当地是否停电，请问您知道是什么原因停电吗，请问您是否知道预计来电时间，谢谢您对我们工作的支持。

（十）工作完成离开的告别语

我（们）已经完成工作，谢谢您的配合。

三、服务忌语

（一）我现在没空，等会再说。

（二）你问我，我问谁？

（三）你有没有搞错？

（四）刚才不是跟你说了，怎么又问？

（五）你们必须/你们应该……

（六）说明书上有，你自己看。

（七）快下班了，明天再说。

（八）不知道，这事不归我管。

（九）故障界面在这里，我方没有问题，你自己找人来处理吧。

（十）我就这态度，怎么着。有意见找领导去。

（十一）着什么急，你没看我忙着吗？

附件 5

小区宽带开通施工单

业务流水号		日期	
客户信息			
客户名称		小区名称	
联系人		联系方式	
客户地址			
客户端基本配置			
账号		初始密码	
施工信息			
预占端口		业务类型	
使用端口	____________		
户线信息	□ 一次配线		□ 二次配线
BAN 跳线 1	从 ____________ 跳到 ____________		
BAN 跳线 2	从 ____________ 跳到 ____________		
施工人员		施工人员电话	
预约施工时间			
施工次数	历史备注		
备注			
客户评价			
响应时间	□ 及时		□ 不及时
服务评价	□ 很好　□ 好　□一般　□ 较差		
意见或建议			
客户签字		日期	____年__月__日

附件 6

家庭宽带故障确认单

客户姓名			
客户住址			
客户故障类型	□互联网　　　□语音电话		
故障接报时间		故障接报来源	
故障内容描述			
现场实际情况			
预约到达时间		维修结束时间	

故障维修过程	是否变更设备、材料
检查： □光纤通断　　□五类线通断　　□电源 □机箱端设备及配置 □用户端设备及配置 解决方案描述：	设备材料名称： 1．光纤收发器　　型号：＿＿＿＿＿＿＿＿ □楼宇端　　□机房端 2．交换机、ONU：　型号：＿＿＿＿＿＿＿＿ □楼宇端　　□机房端 3．其他附件： □对接模块　　□水晶头 □五类线　　□尾纤 □电源插座 □其他
处理结果： □故障排除　　□等待协调 □尚待观察　　□其他 □等待客户解决其他问题	

共同签字确认	
维修日期　＿＿＿＿年＿＿月＿＿日	
用户签字：	维修工程师签字：
备注：	
请用户务必仔细核实所填项目，如有问题请在备注栏中进行说明，或致电本公司客服热线。	

第 9 章

集团客户接入

本章从验收、服务标准化管理及驻点和人员标准化管理这几方面给出了集团客户接入在代理维护服务方面的验收规范和标准要求。

9.1 验收

集团客户单点接入工程包括：语音及语音增值类业务、数据专线、互联网专线、GPRS 专线，所有集团客户单点接入工程由网络部进行验收。现有集团客户单点接入工程验收可分为 PBX 工程验收和非 PBX 工程验收。

9.1.1 非 PBX 工程验收

（1）在进行非 PBX 集团业务开通时，同时负责与设计单位、施工单位和监理单位相关人员进行工程验收。

（2）工程验收按照《集团接入工程验收单》的要求对工程及业务进行验收。

附件 1

集团客户接入项目验收单

工程名称						
客户名称			客户地址			
客户联系人			联系电话			
工程验收	验收内容	细则要求	验收结果			备注
			优良	合格	返工	
	设备安装	1．壁挂箱/机柜安装位置合理，固定可靠				
		2．设备水平摆放整齐并尽可能固定				
	接电接地	1. 壁挂箱/机柜取电可靠，对应连接处及空气开关处有标签示意为通信设备用电				
		2．电源线接地线的　面积符合标准				

续表

工程名称						
客户名称			客户地址			
客户联系人			联系电话			
工程验收	线缆布放	1．光缆布放严禁飞线，余缆盘放整齐				
		2．沿墙布放缆线必须用卡钉固定缆线，卡钉间距相同，转角处需套管保护				
		3．线缆走线应横平竖直，无明显交叉并绑扎固定，拐弯处应均匀圆滑				
		4．线缆应绑扎，外观平直整齐，线扣间距均匀，松紧适度。绑带余下部分应剪断，与线扣头部齐平				
	标识标签	1．ODF 框及纤芯资料在现场须标识				
		2．尾纤（跳纤）、线缆标签、设备标签齐全，描述准确、清晰、规范				
	现场环境	1．工余料清理，恢复施工现场整洁				
		2．设备运行正常，无影响用户正常工作的噪声				
		3．壁挂箱/机柜明显位置处贴有　后报障电话				
业务验收	互联网业务	用户带宽测试情况 测试数据：				
		Ping 测试 测试结果：				
		用户使用方法知晓情况：用户 IP 地址设置				
	语音业务	对照号码表，每门电话拨测正常				
		业务功能开通情况测试				
		用户使用方法知晓情况：开通 V 网用户出局先加拨 9				
	数据专线业务	传输误码率$<10^{-7}$（2Mbit/s 专线）				
		Ping 测试：1472Bytes，分组丢失率低于 1/1000				
		时延小于 150ms/单程				
验收结果						
客户满意度		开通安装的及时性	□满意　□一般 □不满意			
		施工人员的技术水平	□满意　□一般 □不满意			
		施工人员的服务态度	□满意　□一般 □不满意			
客户方签字			时间			
施工方签字						

9.1.2　PBX 工程验收

（1）PBX 接入工程由工程建设部负责建设和业务开通。

（2）PBX 接入工程验收由工程建设部派单并在业务开通前一天通知网络部，业务开通当天进行验收交接，如有问题立即进行整改。

（3）业务开通后的一周内由工程建设部负责保障，开通一周后自然交接给网络部，后期维护中如发现有工程建设中的遗留问题，仍由工程建设部协助解决。工程验收按照《集团接入工程验收单》的要求对工程及业务进行验收并填写《拨打测试表》。

9.1.3 施工质量等级评定

衡量施工质量标准的等级如下：

（1）按照以上验收表对集团接入项目组织验收，满分 100 分，总分在 90 分以上为 A 类工程；

（2）总分在 80～89 分为 B 类工程；

（3）总分在 60～79 分为 C 类工程；

（4）60 分以下验收不通过。

分项为关键点，如果不达基本值 5 分，具有一票否决权，验收不通过。相关互联网、语音、数据专线业务如无需求，按分值补齐。

附件 2

施工质量等级评定表

检查编号	内　容	分数	得分	备注	照片编码
JTYS-1	**设备安装**				
JTYS-1.1	壁挂箱/机柜安装位置合理，固定可靠	7			
JTYS-1.2	设备水平摆放整齐并尽可能固定	5			
JTYS-2	**接电接地**				
JTYS-2.1	壁挂箱/机柜取电可符合设计要求，对应连接空气开关处有明确标签	7			
JTYS-2.2	机柜和设备按照规范接地	5			
JTYS-3	**线缆布放**				
JTYS-2.1	线缆布放严禁飞线，选用长度适中的线缆，余量盘放整齐	7			
JTYS-2.3	线缆走线应横平竖直无明显交叉并绑扎固定，拐弯处应均匀圆滑	5			
JTYS-2.4	线缆应进行绑扎，外观平直整齐，绑带余下部分应剪断，与线扣头部齐平	5			
JTYS-4	**标识标签**				
JTYS-4.1	ODF 框及 DDF 架资料标识清晰	5			
JTYS-4.2	尾纤、线缆标签、设备标签齐全，描述准确、清晰、规范	7			
JTYS-5	**现场环境**				
JTYS-5.1	无工余料，工程现场整洁	5			
JTYS-5.2	设备运行正常，无影响用户正常工作的噪声	5			

续表

检查编号	内　　容	分数	得分	备注	照片编码
JTYS-5.3	壁挂箱/机柜明显位置处贴有专用标牌	5			
JTYS-6	**互联网业务**				
JTYS-6.1	用户带宽测试符合合同约定	5			
JTYS-6.2	客户明确业务使用方法	5			
JTYS-7	**语音业务**				
JTYS-7.1	对照号码表，每门电话拨测正常	5			
JTYS-7.2	客户确认跨接号码表	7			
JTYS-8	**数据专线业务**				
JTYS-8.1	传输误码率合格（2M 专线）	5			
JTYS-8.2	Ping 测试通过，时延符合设计要求	5			
合　　计		100			

9.1.4　施工整改

对于验收中发现的问题，由网络部在客响平台系统中发起集团接入施工整改流程。工程建设部核实后要求施工单位对施工进行整改并对施工单位进行扣款处罚。

9.2　服务标准化管理

9.2.1　总则

第一条 本节包含仪容、仪表、行为、服务语言、服务道德以及具体服务中的起始、过程和完结要求。

9.2.2　仪容要求

第二条 发式：不留异型发式，头发应梳理整齐。

第三条 面容：面部保持清洁，不应该浓妆艳抹。如戴眼镜，应保持镜片的清洁，不得戴墨镜面对服务对象。

第四条 鼻子：鼻孔干净，不流鼻涕，鼻毛不外露。

第五条 口腔：保持口中无异味，面向服务对象时不嚼口香糖等食物。

第六条 耳部：耳廓、耳根后及耳孔边应勤清洗，保持内外干净，不戴奇异耳环。

第七条 手部：保持手部的清洁，不留长指甲，不涂指甲油。

第八条 纹身：皮肤裸露部分（如面部、手部、颈部）不允许出现纹身或粘纹身贴。

9.2.3　仪表要求

第九条 着装

（1）工作时应身着统一制服，要求颜色统一、式样统一、穿戴统一。

（2）应保持制服平整洁净，无破损、无污渍；衬衫袖口须扣上纽扣，不能敞胸。

（3）工号牌佩戴时应全部外露，清洁、整齐、端正，位置佩戴适当。

（4）工作时应穿统一工作鞋。

（5）工作时应佩戴统一工具包，用以容纳相关服务工具。

9.2.4 服务行为要求

“服务行为”包含立姿、坐姿、行姿、入座/离座、缔结物品、递接名片、出入房间的礼仪。

第十条 立姿要求

（1）挺胸抬头，不得前俯后仰或把身体倚靠在某一设施上。

（2）禁忌的立姿：随意扶、拉、倚、靠、趴、蹬、跨等姿势，双腿叉开过大或双脚随意乱动。

第十一条 出入房间礼仪

（1）进房间前要先敲门，敲门前稍微稳定一下自己的情绪，防止连续敲不停，敲的力量过大。敲门标准动作为连续轻敲 2 次，每次连续轻敲 3 下，有门铃的要先按门铃，得到服务对象允许后再入内。

（2）服务对象开门后，要面带微笑送出问候语并做自我介绍：“您好，我是××公司服务人员×××”，同时出示工作卡及名片。如因工作需要进入服务对象房内施工时，需穿上鞋套。先穿一只鞋套，踏进服务对象门内，再穿另一只鞋套，踏进服务对象门内。如果服务对象不让穿，现场人员要向服务对象解释为工作纪律，原则上必须穿；特殊情况下可按服务对象的意见办理。如果现场人员穿鞋套站在门外，进门前要擦干净鞋套；如遇下雨天，应将雨具放在室外。

（3）准备出房间时，应面向服务对象，礼貌地慢慢倒退至门口，要走到门口时先脱下一只鞋套跨出门外，再脱另一只鞋套，站到门外，最后再次向服务对象道别。如果在服务对象家中脱了鞋套，现场人员要用抹布将地擦拭干净，并向服务对象道歉。道别后出门，再轻轻把门关上。

第十二条 电话礼仪

（1）明确打电话的目的，做好沟通事项的内容准备。

（2）确定通话服务对象的电话号码、姓名、职业及身份。

（3）选择适当的通话时间（避免在用餐、休息时间打电话）。

（4）通话前准备笔和通话备忘录。

（5）通话前保持情绪平稳。

9.2.5 服务语言要求

第十三条 解答服务对象疑问时，要用通俗易懂的语言，现场人员在使用专业术语时，一定要把握好分寸，表现得体，尽量避免使用专业术语，如需使用则需向服务对象明确解释。当着服务对象面与其他同事询问交流时，应选择服务对象能够听得懂的语言和说明方式。

第十四条 言之有礼，谈吐文雅。礼貌用语的使用要做到口到、心到、意到，即态度诚恳、亲切，用语谦逊、文雅。严禁没有称呼、态度生硬、心不在焉、东张西望。有话让客户先说，非必要不打断客户说话。

第十五条 服务禁语：服务人员在客户端进行施工及维护工作中严禁使用有损形象的用语，严禁使用不符合文明礼貌规范的用语，凡脏话、粗话、讽刺、训斥客户的话均列为服务禁语。

9.2.6 服务起始要求

“服务起始”是为服务对象提供服务前，为确保服务顺利、圆满完成而从事的相关准备工作，包含信息收集、备件、工具、证件、预约等内容的准备。

第十六条 信息收集

（1）明确并保证服务对象信息准确。服务对象信息包括：服务对象姓名、地址、联系电话、故障现象、需要提供服务的需求等。

（2）核对服务对象的需求和反映的现象，深入分析，拟定解决方案。

第十七条 证件准备

（1）出发前需带齐工号牌、工作证件、身份证等有效证件。

（2）特殊的服务对象单位（如军队、银行、政府部门）还需提前准备对方所需证明材料。

第十八条 工具、备件检查

进行服务前，应先准备好“七个一”（一套维护工具；一副鞋套；一块垫布；一块抹布；一个垃圾袋；一份服务记录表；一套冗余备件），出发前实施例行检查，避免中途离场或反复上门打扰服务对象。

第十九条 时间、地点约定

（1）及时联系服务对象，约定服务时间、地点。说明我方上门工作内容，上门服务时间，征询服务对象的意见，应尽量选择不影响对方工作、休息的时间段。

（2）接到投诉或是故障申报后，应在服务规定的时限内与投诉（申报）对象取得联系。通过沟通，了解现场情况及故障表现，并预约上门服务时间。

（3）根据服务对象地址、预约时间及自身工作进度的情况分析，判断能否按时上门服务。如果时间太短，不能保证按时到达，要向服务对象致歉，取得服务对象谅解并另约上门服务时间；若服务对象不同意，须反馈公司。

（4）如果服务对象电话无法接通，一时联系不上，可隔半小时再次拨打，连续拨打三次，每次拨打后应发送短信告知客户“尊敬的客户您好，由于您的电话无法接通，暂时无法与您取得联系，特留下联系电话号码”，并在工单上注明，后续等待客户联系。

9.2.7 服务过程要求

第二十条 要根据约定时间及路程所需时间倒推出发时间，确保到达时间比约定时间提前 5～10 分钟。

第二十一条 在路上遇到塞车或其他意外，要提前电话联系向服务对象道歉，在同意的前提下改约上门时间或提前通知公司改派其他人员；如果在上一个服务对象家耽误时间，应将信息反馈给公司相关人员，以便通知到服务对象。

第二十二条 遇到不可调解冲突事件必须避让，必要时报警解决，严禁打架斗殴；避免在服务对象面前暴露内部矛盾；避免与服务对象争执。

第二十三条 服务过程中不准指使服务对象或叫服务对象留人帮助搬运施工器材。

第二十四条 在服务过程中服务对象出现严重的排斥情绪下，先终止服务过程，再与服务对象进行有礼有节的耐心沟通和解释；若服务对象仍不理解，须立即停止服务，再另行约定时间。

第二十五条 受理投诉服务

（1）遇到服务对象情绪激动，应保持平和语调，稳定服务对象情绪。

（2）对服务对象的投诉，应及时予以回复，如不能回复，应告知回复时间。

（3）服务对象不同意时，应耐心解释原因，避免直接予以拒绝。

（4）超出处理权限时，应及时上报，并告知服务对象已经上报另行处理。

（5）如存在客观问题，公司有能力予以解决的，则应尽快协调解决；如属服务对象情绪原因，则应更多地运用倾听并加以劝慰、说服。

（6）记录主要的投诉内容并保存，如有必要应上报公司。

第二十六条 故障服务

（1）维护人员经过初步鉴定，确定为故障引起的原因，严格按照故障处理的流程对故障进行定位。

（2）在处理带风险性的故障时，应向服务对象解释存在的风险及后果，尽量做好应急防范或数据备份措施，在征得服务对象同意后开始实施操作。

（3）故障处理时间较长、影响较大时，应将预估的处理时限、故障影响范围告知服务对象，并做好服务对象的情绪安抚工作。

（4）在处理盯防相关事项时应与施工方保持良好沟通，做好“三盯”工作，确保资产不受损毁。

9.2.8 服务完结要求

第二十七条 “服务完结”是指为服务对象完成服务工作后所从事的相关工作，包含现场服务意见收集、事后跟踪、为解决遗留问题提出的后续方案等。

第二十八条 服务完毕后，无论是否用过防尘布，必须用抹布清理施工现场留下的施工污迹和因防尘布遮挡不到而留下的尘土；将现场留下的工程垃圾等杂物清理干净。

第二十九条 服务作业结束且施工现场清理后，须对服务对象表示感谢，请服务对象填写现场服务确认单，要包含满意度调查项目，请服务对象提出宝贵意见并签字，不准代服务对象在调查表上签名，不可强逼或诱导服务对象填写不真实的意见。对于客户不满意的情况，应及时反馈整改。

第三十条 服务完结后向服务对象赠送名片，若服务对象再有什么要求，可按服务名片上的电话进行联系。如果服务对象要求现场人员留下电话，现场人员要向服务对象解释，名片上的电话为公司服务电话，若有什么要求都会及时上门服务。

9.3 驻点及人员标准化管理

9.3.1 驻点标准化要求

第一条 驻点要根据县（区）业务分布情况合理设置。

第二条 驻点门口须悬挂统一的牌匾，内容模板为××公司××专业驻点，牌匾尺寸大小建议为 400mm（高）×600mm（宽），文字字体建议为隶书，文字大小随牌匾调整。

第三条 面积和功能要求：驻点要有独立的办公场所和仓库（独立仓库是指有独立空间），办公场所要有独立的办公区域。办公和仓库区域的合计面积需在 80m^2 以上。办公区和生活区在同一楼层的，要作功能上的隔离。

第四条 原则上根据维护范围设立驻点，从驻点至故障点不超过 30 分钟路程。维护市区不少于 1 个驻点，各区县不少于 1 个驻点。

第五条 办公场所要有基本装修，办公环境安全、整洁，各种线缆布放有序，不凌乱。

第六条 驻点须配置数码相机、电脑和打印机等基本办公用品。

第七条 驻点须根据工作需要，配置资料柜和仪表工具柜各 1 个以上，各种柜子须具备防火性能。

第八条 材料仓库区需设置材料架，根据材料类别划分子区域，备品备件全部上架，专区专用。对于机柜、大型涉笔、光缆等大型物件，需划分专门区域堆放，并要注意取用的方便性。

第九条 资料区各种资料按类整理到相应的文件夹内，文件夹须整齐排放于资料柜内，并做好标识。文件夹至少包括以下几项：规章制度（含公司下发的相关规章制度、管理办法，以及维护单位制定的相关规章制度）、公司每月考核报表、人员清单、仪器仪表清单、车辆清单、驻点材料进出库记录、培训记录、员工月度绩效考核台账。

第十条 办公区可在墙面上张贴公司企业文化理　的宣传框、企业制度等挂牌，挂牌需整齐。

第十一条 会议区需设置单独的会议桌椅，会议室墙壁上需张贴以下挂牌：全业务维护规范（驻点设置）、全业务维护主要职责（驻点设置）、全业务维护故障处理流程图（驻点设置）、全业务巡检流程图（驻点设置）。

9.3.2 人员资质标准化要求

第十二条 岗位配置要求

部　门	岗　位	数　量	备　注
驻点	负责人	1 人	A/B 角设置
	调度员	1 人以上	
	资料员	1 人以上	
	安全员	1 人	
小组	根据维护人员配置要求设置		

第十三条 维护人员配置要求

（1）人员数目：管理人员、巡检人员、故障抢修员、资源整改人员按照要求配置，不得缺少。

（2）所有人员均需挂牌上岗。工作时间必须携带工作牌，办公室人员必须挂在胸前，不得将牌子里放在口袋或者放置于其他地方。工作证大小与身份证一样。

（3）人员服装要求：维护单位需给巡检人员、故障抢修员、资源整改员等室外工作人员分发统一的工作服装。服装统一为蓝色，一个公司内服装一致。

第十四条 维护任职资质要求

机　构	职　务	任职要求
驻　点	负责人	**学历**：中专及以上（电子、通信类专业毕业，两年以上相关从业经验）； **能力**：熟悉并掌握通信网络的组成、各类服务规范、公司企业文化及专项活动（例如“春　行动”），了解通信原理、通信工程，精通本专业维护抢修等技能，具备独立判断并实施网络优化工程及排障能力，具备一定的组织协调、管理能力； **证书**：高级上岗证书
	调度员	**学历**：中专及以上（通信或计算机专业毕业，一年以上相关从业经验）； **能力**：熟悉并掌握通信网络的组成、各类服务规范、公司企业文化及专项活动（例如“春　行动”），了解通信原理、通信工程，精通计算机应用，具备一定的组织协调能力； **证书**：中级上岗证书
	资料员	**学历**：中专及以上（通信或计算机专业毕业）； **能力**：熟悉并掌握通信网络的组成、各类服务规范、公司企业文化及专项活动（例如“春　行动”），了解通信原理、通信工程，熟悉计算机应用，具备一定的组织协调能力； **证书**：初级上岗证书
	安全员	**学历**：中专及以上（通信或计算机专业毕业）； **能力**：熟悉并掌握通信网络的组成、各类服务规范、公司企业文化及专项活动（例如“春　行动”），了解通信原理、通信工程，熟悉计算机应用，具备一定的组织协调能力； **证书**：初级上岗证书
小组 （巡检协调组）	组长	**能力**：具备基本的全业务专业巡检排查能力，掌握各类服务规范、公司企业文化及专项活动，具备一定的组织协调、管理能力； **证书**：初级上岗证书
	组员	**能力**：具备基本的全业务专业巡检排查能力，掌握各类服务规范、公司企业文化及专项活动，有一定的协调能力； **证书**：初级上岗证书

续表

机　　构	职　　务	任职要求
小组 （抢修组）	组长	**学历**：中专及以上（电子、通信类专业毕业，一年以上相关从业经验）； **能力**：熟悉并掌握通信网络的组成，具备基本的全业务专业巡检排查能力，掌握各类服务规范、公司企业文化及专项活动，了解通信原理、通信工程，较强的维护专业技能，具备一定的组织协调、管理能力； **证书**：高级上岗证书
	组员	**学历**：中专及以上（电子、通信类专业毕业）； **能力**：熟悉并掌握通信网络的组成，具备基本的全业务专业巡检排查能力，掌握各类服务规范、公司企业文化及专项活动，了解通信原理、通信工程，较强的维护专业技能，具备一定的组织协调能力； **证书**：中级上岗证书
小组 （开通搬迁组、调度组）	组长	**学历**：中专及以上（电子、通信类专业毕业，一年以上相关从业经验）； **能力**：熟悉并掌握通信网络的组成，具备基本的全业务专业巡检排查能力，掌握各类服务规范、公司企业文化及专项活动，了解通信原理、通信工程，具有较强的维护专业技能，具备一定的组织协调、管理能力； **证书**：高级上岗证书
	组员	**能力**：熟悉并掌握通信网络的组成，具备基本的全业务专业巡检排查能力，掌握各类服务规范、公司企业文化及专项活动，了解通信原理、通信工程，具有较强的维护专业技能，具备一定的组织协调能力； **证书**：中级上岗证书

第 10 章 基　站

本章从基站验收、维护和现场检查 3 个方面给出了基站代理维护服务的规范标准和相关的文档格式要求。

10.1 基站验收规范标准

10.1.1 验收原则

1. 验收要求

验收作为基站开通和交维前的最重要环节之一，由建设部门和维护部门双方人员或代表到场按照规范要求进行验收，并进行相关资料、设备资产的清点和交接工作，双方共同完成验收质量报告。相关要求如下。

◆ 站点验收工作参与人员：工程部建设项目负责人或经过授权的监理人员、网络部基站维护人员或经过授权的代维人员。

◆ 根据具体要求进行现场验收，验收完成后现场填写《现场验收表》和《汇总验收报告》，并且必须有双方签字。

◆ 所有验收的问题必须拍摄照片，建立电子验收档案，整理汇总成基站验收表格。

◆ 现场与工程部交接《资产交接单》，工程部提前准备好待交接资产清单以及与录入系统相一致的资产信息，一式两份，现场清点和确认，工程部、网络部各留存一份。

◆ 现场核对和交接物业、机房、设备工程参数等资料，填写《机房资料表》和《基站设备资料表》。

◆ 对验收不合格站点进行整改并携带首次验收表至现场再次进行验收，验收合格后开通基站并纳入维护。

2. 验收标准化工作流程

采用“开通即验收”的工作模式，但开通与验收并不等同，为两个独立的工作环节，基站开通进网管运行不代表验收通过，验收报告需如实地反映工程质量。验收流程以最终验收报告确认无问题以及相关资料、资产交接完成为结束点。

验收通过的工程施工输出结果，即为维护的输入。

3. 验收内容

基站及配套设备工程的验收涉及的专业较多，主要包括：物业资料、天馈线、基站机架的安装工艺、铁件的安装工艺、线缆的安装工艺、交流配电屏、开关电源、蓄电池组、动力监控、基站接地设备、空调、交流市电引入、铁塔、环境和土建，以及设备资产等 15 个项目的验收。要求每个分项项目都必须达到验收规范和设计的要求，才允许通过该基站项目的验收。

下面将对上述验收质量控制点所要求达到的标准进行详细介绍。

10.1.2　物业验收

重点针对物业资料进行验收。

◆ 验收方法：客响查看合同协议；现场交接物业资料表。

◆ 验收标准：如出现以下任何一项为不合格。

➢ 客响平台内或在规定时间内未明确基站合同。

➢ 用电房租协议未明确单价、付款方式、付款周期、付款单位、联系人。

➢ 房租电费首付款信息未交接。

➢ 未明确进出方式和进出联系人。

◆ 验收结论：

➢ 合格/不合格；

➢ 交接物业资料表，填写“附录一：机房资料表”中的物业信息。

10.1.3　天馈系统

1．天线

◆ 验收方法：现场检查和实际测量检查项目（测量工具：罗盘仪和坡度仪）。

◆ 验收标准：应符合以下几项要求。

➢ 天线必须牢固地安装在其支撑杆上，支撑杆应垂直。

➢ 天线应安装在避雷针 45° 保护范围内。

➢ 现场测量天线的方位角和俯仰角，其高度、方向和位置符合设计文件的规定。

➢ 天线的主瓣方向附近应无金属物件或楼房阻挡。

◆ 验收结论：

➢ 合格/不合格；

➢ 交接天线相关资料，填写“附录二：基站设备资料表”中的天线相关信息。

2．馈线

◆ 验收方法：现场检查和实际测量（测量工具：卷尺、驻波比测试仪）。

◆ 验收标准：应符合以下几项要求。

➢ 馈线接头制作规范，无松动，馈管无裸露铜皮。

➢ 馈线拐弯应圆滑均匀，进入馈线窗前应制作滴水弯，线缆弯曲半径大于等于馈线外径的 10 倍以上的。

➢ 馈线路由走向正确，符合设计文件的要求；馈线布放不得交叉，要求行、列整齐、平直，弯曲度一致，无明显的折、拧现象。馈线两端应有明显正确的小区区分标志。

➢ 馈线布放时，馈线卡子间距不大于 0.9m，要求间距均匀，方向应一致，固定夹应牢固安装不松动。

➢ 室外天馈线布放时，要使用室外走线架，天馈线固定在走线架上，室外走线架必须接地。

➢ 馈线走线不要沿着避雷带走线，且走线时应尽量避免架空飞线。

➢ 天馈线系统驻波比要求小于等于 1.2。

➢ 天线安装在铁塔上时，室外部分馈线超过 30m 时，至少应有 3 处接地：离开天线平台后 1m 范围内；离开塔体引至室外走线架前 1m 范围内；馈线离馈线窗外 1m 范围内。3 处接地应规范、牢固。线径不小于 $16mm^2$。

➢ 天线与跳线的接头应作防水处理。

➢ 跳线与天线的连接处，跳线要保持 300mm 平直。

◆ 验收结论：合格/不合格。

3. 铁塔

◆ 验收方法：现场检查和实际测量检查项目（测量工具：地阻仪）。

◆ 验收标准：应符合以下几项要求。

➢ 全塔垂直偏差≤全塔垂高的 1/1500，避雷针垂直偏差≤高度的 5‰，抱杆垂直偏差≤高度的 3‰。

➢ 观察落地塔塔基周围土层情况，尤其是靠近河岸、江边、地势较低或土质松软的铁塔基础，有无土质松软或地面开裂现象；如果是拉线塔，检查拉线塔地基或地锚墙体是否有裂缝、破损、松动现象。

➢ 所有连接螺栓不得松动，用力矩扳手检查其坚固程度。

➢ 检查铁塔的螺栓和构件，是否有锈蚀或损伤现象，当锈蚀面积较小或锈蚀点较少时，应予以修补，当锈蚀面积较大或锈蚀点较多时，应予以更换。

➢ 检查铁塔平台的整洁，不允许有工余料遗留在铁塔上。

➢ 铁塔顶部必须装有避雷针，落地塔需单独布放镀锌扁铁作为雷电流引下线，上端焊接至避雷针，下端焊接至地网；楼顶塔利用建筑物结构钢筋作引下线并建筑物自身地网，塔脚同时与建筑物顶部避雷带相连。

➢ 测量铁塔地阻，要求：落地塔地阻≤1Ω，楼顶塔地阻≤5Ω（含楼顶抱杆、支架、桅杆等）。

➢ 检查过桥的安装是否固定，过桥靠机房一端应稍高于另一端，过桥在使用过程中应不下垂。

➢ 室外走线架与建筑物连接牢固，室外走线架相互连成一体并与避雷带相连。彼此断开的走线架应用镀锌扁铁焊连。

➢ 检查拉线塔各钢绞拉线是否有锈、坏、损等现象，根据锈蚀或损坏情况进行修补或更换，如修补，需做防氧化处理，如涂黄油。

◆ 验收结论：

➢ 合格/不合格；

➢ 交接铁塔相关资料。

10.1.4 主设备

1. 机架安装

◆ 验收方法：现场检查项目。

◆ 验收标准：应符合以下几项要求。

➢ BTS 机架安装位置应符合工程设计平面图要求，如有变更，必须有经设计院和移动公司同意的设计变更手续。

➢ 机架垂直偏差误差必须小于 1‰（2m 架一般小于或等于 2mm）。

➢ 列内机架应相互紧密靠拢，机架间间隙不得大于3mm，同一列机架的设备面板应成一条直线。

➢ 所有机架应按照设计图的抗震要求对地进行加固。

➢ BTS 机架采用背加固（BTS 高架应用 2 根凹钢在机架背后两侧上下加固，矮架应用 1 根凹钢在右侧上下固定）。相邻机架应连接加固。

➢ 机架前后门应安装且开关顺畅，机架各部件油漆不应有脱落或碰伤，不得变形。

➢ 机架上的防静电手环要求正确安装。

➢ BTS 机架内数据线、数据板、风扇控制器、风扇等机架内部配件需齐全。

➢ 机架架顶馈线和跳线弯曲需符合弯曲要求，不准飞线或交叉。

➢ BTS 机架到传输机架的传输线需沿走线架排放整齐，不允许斜拉横拽，并与动力电源线分开。

◆ 验收结论：合格/不合格。

2．机架接地、电源

◆ 验收方法：目测检查项目。

◆ 验收标准：应符合以下几项要求。

➢ 所有设备的工作地、保护地独立、规范连接。

➢ 所有机架的保护地必须接汇流排，且接地线手摇无松动，接地螺丝不起毛。

➢ 所有机架开合门应有接地保护。

➢ 所有机架电源接头处电源线需按照工艺制作铜鼻子接头，安装紧固，手摇无松动，接线柱端子需采用绝缘保护处理，设备能正常上电，接头位置不能有受力现象。

➢ 机架电源线的布放符合机房电缆布放设计的要求（不同类型的线缆分开布放），走线合理，路由清晰，转弯处要有弧度，弯曲半径满足线缆的最小半径要求（不小于线缆外径的 6 倍）。

➢ 所有用于防雷接地电缆线径不小于 $35m^2$，且防雷接地线越短越好；其他所有的机壳接地线大于等于 $16m^2$，防雷接地线采用黄绿色电缆，保护地线可采用黑色；直流电源线正极用红色，负极用蓝色。

➢ RRU 电源线需采用阻燃电缆，两芯 $6mm^2$ 屏蔽电源电缆，室外接头处需采用防水处理。

➢ 室外 RRU 接地线需采用 $25mm^2$ 的阻燃黄绿电源电缆和 $25mm^2$－M8 的压接铜端子完成，并连接可靠。

➢ 电源线离开 RRU 设备 1m 处和进入馈线窗 1m 处，选择平直走线部分做屏蔽层防雷接地，若电缆长度超过 70m，需在电缆中间部分加做一处防雷接地。

◆ 验收结论：合格/不合格。

3．设备标签

◆ 验收方法：现场检查项目。

◆ 验收标准：应符合以下几项要求。

➢ 所有布放的线缆两端都必须有标签，必须有详细的路由标签。

➢ 室内 1/2 跳线（包括双工器跳线）、7/8 馈线两端必须有标签，标签贴好之后，外面还要裹一层宽透明胶带。标签贴法如：TA，RA，TB，RB，TC，RC，TD，RD。

➢ 主设备面板上必须按规定贴对应的小区名、开通日期、方位角、俯仰角等参数。

➢ 信号线需标明所属小区，传输线需标明收发情况。

➢ 对于拉远型设备（2G、TD、LTE、GRRU、光纤直放站等），在近端（远端）设备处必须标签出对应的远端（近端）设备名称、位置信息。

➢ GPS 馈线和 RRU 电源线两侧及 RRU 光纤近端和远端，都必须标签清晰、明确。

➢ 为美观起见，同一设备上的标签高度或水平度应尽量一致，以求维护方便、位置醒目、查找方便。

➢ 所有标签必须机打，室外标签不准使用纸质标签。

◆ 验收结论：合格/不合格。

10.1.5 传输设备

1. 机架安装

◆ 验收方法：现场检查。

➢ 验收标准：应符合以下几项要求。

➢ 传输机架安装位置应符合工程设计平面图要求，如有变更，必须有经设计院和移动公司同意的设计变更手续。

➢ 机架垂直偏差误差必须小于 1‰（2m 架一般小于或等于 2mm）。

➢ 列内机架应相互紧密靠拢，机架间间隙不得大于3mm，同一列机架的设备面板应成一条直线。

➢ 所有机架应按照设计图的抗震要求对地进行加固。

➢ 机架前后门应安装且开关顺畅，机柜门关不接触到机柜内部的布线或设备，机架各部件油漆不应有脱落或碰伤，不得变形和锈蚀。

➢ 机架上的防静电手环要求正确安装。

◆ 验收结论：合格/不合格。

2. 机架接地、电源

◆ 验收方法：现场检查。

◆ 验收标准：应符合以下几项要求。

➢ 所有传输机架保护地、工作独立规范连接，且接地线手摇无松动，接地螺丝不起毛。

➢ 传输机架内的传输单元设备保护地、工作独立规范连接。

➢ 传输机架电源线需安装紧固，对于与主设备共用开关电源，传输设备的主备电源都应安装在开关电源二次下电端子上，手摇无松动、无虚接；对于开关电源上仅供传输设备用，传输设备可接在一次下电上，一次下电需设为“禁止”。

➢ 传输机架必须配有防静电手环。

➢ 传输架内传输单元设备需使用直流电源，严禁用插座给传输设备供电；设备主备电源都要接入。

◆　验收结论：合格/不合格。

3．光缆尾纤

◆　验收方法：现场检查项目。

◆　验收标准：应符合以下几项要求。

➢　基站内线缆的布放符合机房电缆布放设计的要求，走线合理整齐，路由清晰，无交叉、接头且连接可靠。光缆需挂牌，ODF 成端要有明显的机打标签，每个托盘都要标明光缆段与纤芯。

➢　进入机架的光缆以及光缆加强芯需用卡扣固定牢固。

➢　尾纤布放时要使用正确规格长度的尾纤并采取保护措施，尾纤跳纤自出传输机架后至进入另一设备前应套入波纹管或蛇皮管并捆扎在走线架上，捆扎后的尾纤在槽道内（走线架上）应顺直，无明显扭绞。两端在机架内的剩余盘绕长度不应超过 2m。架内部分宜用活扣扎带绑扎并保持垂直和方向一致，严禁斜拉、飞线，扎带不宜扎得过紧。多余部分应整理在缠绕盘上，严禁打捆随意摆放。

➢　基站外部线缆布放时禁止沿墙头进行架设，架空布放线缆时应有钢丝拉绳进行加强处理，严禁直接进行架空，线缆进入馈线窗前应制作滴水弯，如地埋线缆出地后至进入馈线窗前应有阻燃套管进行处理方可进入馈线窗，管口必须进行封堵防水处理。

➢　多余线缆必须梳理整齐，有序捆扎摆放到位，严禁悬挂在铁塔、空调外机、走线架上、室外电力杆、机房顶。

◆　验收结论：合格/不合格。

4．设备标签

◆　验收方法：现场检查。

◆　验收标准：应符合以下几项要求。

➢　每根光缆在进入机房前以及进入机房内都需挂有信息牌，标明路由、施工单位、日期、负责人等信息。

➢　光纤熔接到 ODF 架，光纤托盘必须标明每层的对应端位置。

➢　每条尾纤两侧端口必须标示业务名称、端口位置，标签为机器打印清晰明确。标签内容：正面标注业务名称，反面标注本端和对端的位置。

◆　验收结论：合格/不合格。

10.1.6　动力配套

1．交流引入

（1）电源线检查

◆　验收方法：现场检查。

◆　验收标准：应符合以下几项要求。

➢　电源线径符合负载用电要求，采用阻燃电缆。

➢　铜线安全计算方法是：

（a）2.5mm^2 铜电源线的安全载流量——20～28A。

（b）4mm^2 铜电源线的安全载流量——25～35A。

（c）$6mm^2$ 铜电源线的安全载流量——38～48A。
（d）$10mm^2$ 铜电源线的安全载流量——55～65A。
（e）$16mm^2$ 铜电源线的安全载流量——81～91A。
（f）$25mm^2$ 铜电源线的安全载流量——110～120A。

➢ 有铝线进户时，是否加有铜/铝转换设备。
➢ 要求采用交流三相四线铠装电力电缆埋地进入机房。
➢ 进户线做滴水弯。
➢ 交流油机电源供电标准应符合表 10-1 的要求。

表 10-1　　交流油机电源供电标准

标称电压（V）	受电端子电压变动范围（V）	频率标称值（Hz）	频率变动范围（Hz）	功率因数
220	209～231	50	±1	≥0.8
380	361～399	50	±1	≥0.8

➢ 三相供电电压不平衡度不大于 4%。电压波形正弦畸变率不大于 5%，电流谐波正弦畸变率参见国家标准 GB/T 14549-93《电能质量　公用电网谐波》。
➢ 检查电源引入时，走线存在明显安全隐患。例如：电力杆不稳。
◆ 验收结论：合格/不合格。

（2）配电箱及电能表检查

◆ 验收方法：现场检查。
◆ 验收标准：应符合以下几项要求。
➢ 线缆是否零乱，线缆接头有无绝缘处理。
➢ 配电箱需有可靠接地，无锈蚀，门锁正常。
➢ 电表位置明确，接入负载后，负载电能脉冲正常。

三相四线普通型直接式接线图如图 10-1 所示。

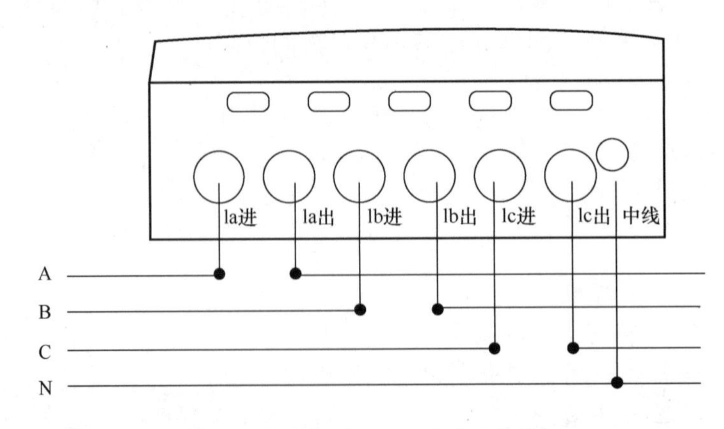

图 10-1　三相四线普通型直接式接线图

◆ 验收结论：合格/不合格。

2．交流屏

（1）接线检查

◆ 验收方法：现场检查及现场测量（测量工具：万用表）。

◆ 验收标准：应符合以下几项要求。

➢ 所有电缆必须使用阻燃电缆。

➢ 插接到位后电缆导体长出铜端子尾孔不大于 1mm，如图 10-2 所示。

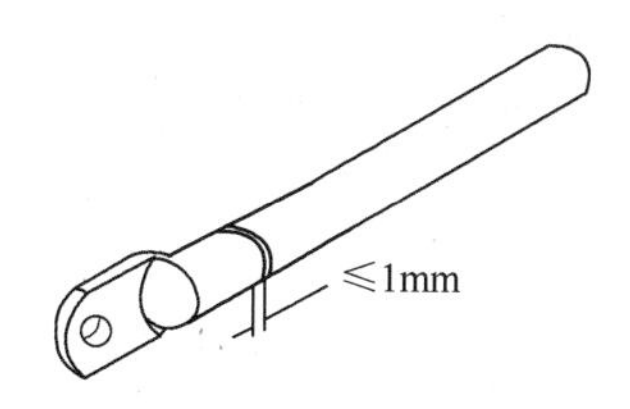

图 10-2　电缆导体插入铜端子位置示意图

➢ 电缆导体为多股细铜丝绞合而成，插入铜端子尾孔过程中，不允许有铜丝漏置于铜端子尾孔外。

➢ 电缆导体与铜端子的接头处使用热缩套管或 PVC 胶带进行保护（如图 10-3 所示），使用热缩套管时要求收缩均匀，无空气泡，加热热缩套管时避免将热缩套管烧糊。使用胶带时要求缠绕均匀，无皱褶，无过度拉伸，胶带层间重叠度一致。

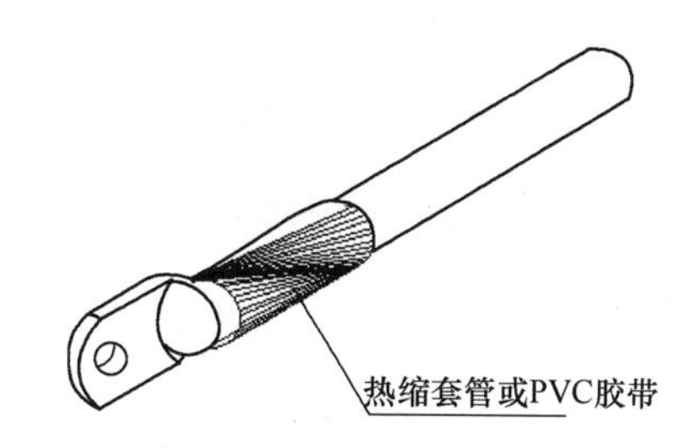

图 10-3　电缆导体与铜端子接头处保护示意图

➢ 各接线端子、熔断器及断路器容量、压降及温升（熔断器表面接触点温度与室温相差<5℃）符合规范。

➢ 所用电缆必须使用铜端子用压力钳进行压接，2.5mm 以下单股电缆暂不做要求。

◆ 验收结论：合格/不合格。

（2）告警性能

◆ 验收方法：现场验证。

◆ 验收标准：应符合以下几项要求。

➢ 断开交流电源任意一相，交流屏应显示缺相（可闻可见）的相应告警。

➢ 断开市电，交流屏应显示停电告警。

➢ 线路出现故障（过压、欠压）应有可闻可见警告信号。

◆ 验收结论：合格/不合格。

（3）仪表显示及标签

◆ 验收方法：现场检查和仪表测量（万用表）。

◆ 验收标准：应符合以下几项要求。

➢ 各仪表显示正常，现场使用万用表测量应与仪表显示读数一致（允许误差测量量程的±2%）。

➢ 标签正确完整：各线缆、负载都必须粘贴标签（列：至开关电源、空调A零线、照明零等）。

◆ 验收结论：合格/不合格。

（4）接地及防雷

◆ 验收方法：现场检查和仪表测量。

◆ 验收标准：应符合以下几项要求。

➢ 铜端子与接地排连接处，必须使用匹配规格螺栓、螺母套件进行固定。紧固件的安装顺序必须符合图 10-4，同时接地电缆铜端子与接地排间的接触面必须保证完全平行接触。

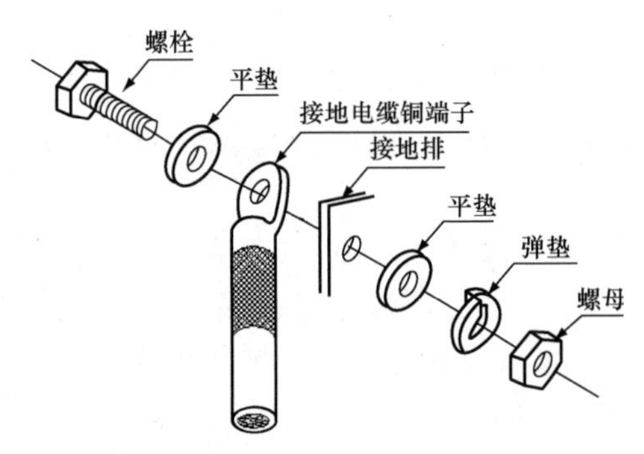

图 10-4 铜端子与接地排连接紧固件安装顺序图

➢ 接地电缆从设备到接地排或接地点应尽量短且直，布线过程中任一部分避免形成“回”形弯（如图 10-5 所示），禁止盘绕。

图 10-5 接地电缆避免“回”形弯

➢ 防雷器工作正常（观察窗口颜色：正常应为绿色，故障为红色）。防雷器容量选用正确：市区地区选用 50～60kA，郊区选用 100kA，特殊地区应加装一级防雷设施。

➢ 测量接地电阻，正常情况下应小于 5Ω。

◆ 验收结论：合格/不合格。

3．直流电源

（1）接线检查

◆ 验收方法：现场检查和仪表测量。

◆ 验收标准：应符合以下几项要求。

➢ 所有电缆必须使用阻燃电缆。

➢ 插接到位后电缆导体长出铜端子尾孔不大于 1mm，如图 10-6 所示。

➢ 电缆导体为多股细铜丝绞合而成，插入铜端子尾孔过程中，不允许有铜丝漏置于铜端子尾孔外。

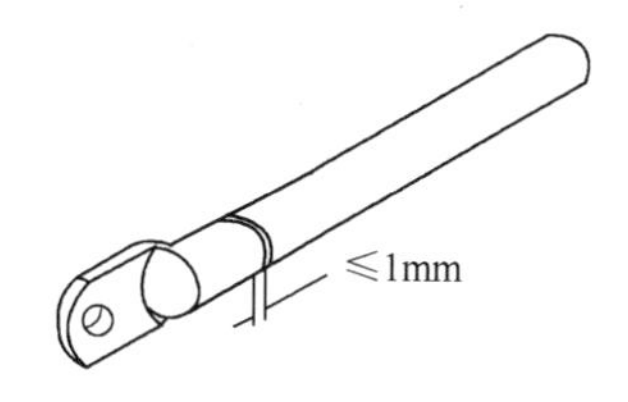

图 10-6　电缆导体插入铜端子位置示意图

➢ 电缆导体与铜端子的接头处使用热缩套管或 PVC 胶带进行保护，如图 10-7 所示，使用热缩套管时要求收缩均匀，无空气泡，加热热缩套管时避免将热缩套管烧糊。使用胶带时要求缠绕均匀，无皱褶，无过度拉伸，胶带层间重叠度一致。

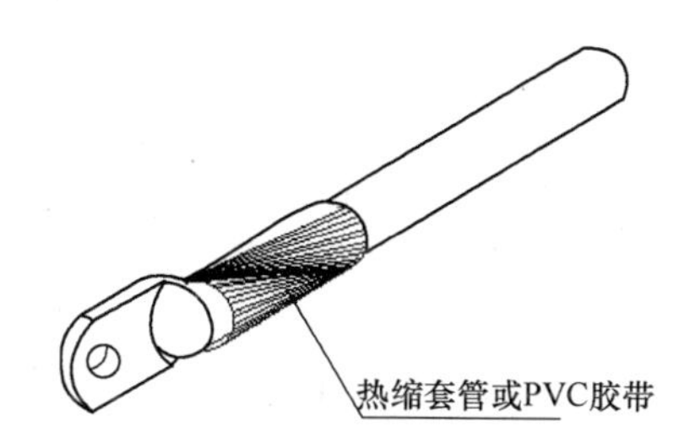

图 10-7　电缆导体与铜端子接头处保护示意图

➢ 各接线端子、熔断器及断路器容量、压降及温升符合规范。

➢ 所用电缆必须使用铜端子用压力钳进行压接，2.5mm 以下单股电缆暂不做要求。

➢ 开关电源正极必须采用重复接地方式（开关电源工作地必须连接至基站室内总保护地）。

➢ 铜端子与正极排连接处，必须使用匹配规格螺栓、螺母套件进行固定。同时正极电缆铜端子与正极排间的接触面必须保证完全平行接触，避免因电缆扭劲造成接触不充分。

➢ 电缆从设备到正极排应尽量短且直，不得形成“回”形弯、交叉线，禁止盘绕。

◆ 验收结论：合格/不合格。

（2）开关电源告警性能

◆ 验收方法：现场测试。

◆ 验收标准：应符合以下几项要求。

➢ 断开交流引入，及模块拔出时，模块故障应有（可闻可见）的相应告警。

➢ 交流输入过、欠压时应有声光警告。

➢ 超过过压限值自动关机并声光警告。

➢ 开关电源应接有监控线，接入动环监控系统，并具备遥调、遥测、遥控功能。

◆ 验收结论：合格/不合格。

（3）仪表显示及标签

◆ 验收方法：现场检查及仪表测量。

◆ 验收标准：应符合以下几项要求。

➢ 面板显示正常，各显示数值应与万用表及钳流表测量数值一致（允许误差测量量程的±2%）。

➢ 标签正确完整：各负载、线缆、空开处都必须粘贴标签（列：BTS1、至监控、

S330 主等）。

➢ 系统均流：电源系统内各个整流器提供的输出电流应该相等，其均流误差 5%。

◆ 验收结论：合格/不合格。

（4）接地及防雷

◆ 验收方法：现场检查。

◆ 验收标准：应符合以下几项要求。

➢ 防雷器工作正常（观察窗口颜色：正常应为绿色，故障为红色）。

➢ 开关电源正极必须采用重复接地方式（开关电源工作地必须连接至基站室内总保护地）。

◆ 验收结论：合格/不合格。

（5）参数设置检查（三类）

◆ 验收方法：面表操作及软件联机检查。

◆ 验收标准：应符合以下几项要求。

➢ 模块配置

基站组合式开关电源架整流模块的数量应根据基站直流负荷值按 N+1 冗余原则配置，以保证当任一模块故障时，仍不会危及整个系统正常运行。

计算公式：N=（IL+IB）/IR。

其中：IL 为负荷电流；IB 为电池充电电流，按 $0.1C_{10}$ 考虑；IR 为单个模块的容量。

例如：负荷电流为 75A，蓄电池为 500Ah 共两组，整流模块容量为–48V/50A，

N=(75+500×0.1×2)/50=3.5，取 4 个。因此需要配置 N+1 共 5 个–48V/50A 整流模块。

传输节点 OLT 及骨干网汇聚层等重要机房模块应满配。

➢ 电池容量应设置为开关电源下挂电池总容量（例如：下挂两组 500Ah 应设置为 1000Ah）。

➢ LVD1（指开关电源一次脱离装置脱离无线设备）设置：普通基站设置为允许脱离电压 46V，纯传输用开关电源设置为禁止。

➢ LVD2（指开关电源二次脱离装置脱离所用负载，以保护电池）设置：脱离电压 44V。

➢ 电池限流（用来限制电池充电电流）设置为 10%。

➢ 浮充电压（开关电源交流正常，工作时的基准电压）设置为 54.0V。

➢ 均充（该功能将提供一个比浮充电压更高的电压，使电池内部电解液重新分布。均充通常每隔一个周期自动运行或手动运行，故又称为周期均充）设置：均充电压 56V，持续时间 600 分钟，周期 183 天。

➢ 快充（该功能将自动地在交流停电恢复时对电池进行再充电，监控器会提升整流器输出电压到设定值，直到电池充满为止）设置为 56V，触发门限 48V 或放电超过 25%，停止条件再冲电 110%最长持续 840 分钟。

➢ 温度补偿（该功能通过电池传感器测量温度，在温度变化时，温度超过参考温度时降低浮充电压，低于参考温度时提升浮充电压，用来补偿每节电池的有效充电电压）设置：斜率–3mV/℃/单体，参考温度 25℃。

➢ 参数设置：对于不同厂家的蓄电池，需要根据各个厂家设备的技术要求，进行合理的参数设置。部分品牌电池的主要设置参数见表 10-2，未在表中列出的参照说明书以便

验收时核对。

表 10-2　　部分品牌电池的主要设置参数

-48V 电池参数表	华达电池	光宇电池	双登电池	南都电池
48V 电池过压告警电压	57V	55.2V	57V	57.6V
48V 电池欠压告警电压	45V	45V	45V	46V
48V 负载脱离电压	44V	44V	44V	44V
脱离延迟时间	0s	0s	0s	0s
48V 浮充电压	54V	53.76V	53.52V	54V
48V 均充电压	56.4V	53.76V	55.2V	56.4V
均充时间	12h	10h	10h	12h
均充周期	12 个月	—	6 个月	3 个月
浮充温度补偿（基准温度 25℃）	−3.5mV/℃/单体	−3mV/℃/单体	−3mV/℃/单体	−3mV/℃/单体
充电限流	$0.25C_{10}$	$0.15C_{10}$	$0.10C_{10}$	$0.15C_{10}$

说明：

（a） 因光宇电池无需均充，所以只要把均充电压设为与浮充电压一致便可。

（b）充电限流值主要根据电源厂家功能来设置，此外，还可以提供按每组电池来设置。

◆ 验收结论：合格/不合格。

4．接地系统

（1）接地安装

◆ 验收方法：审图、现场检查（接地系统设计图如图 10-8 所示）。

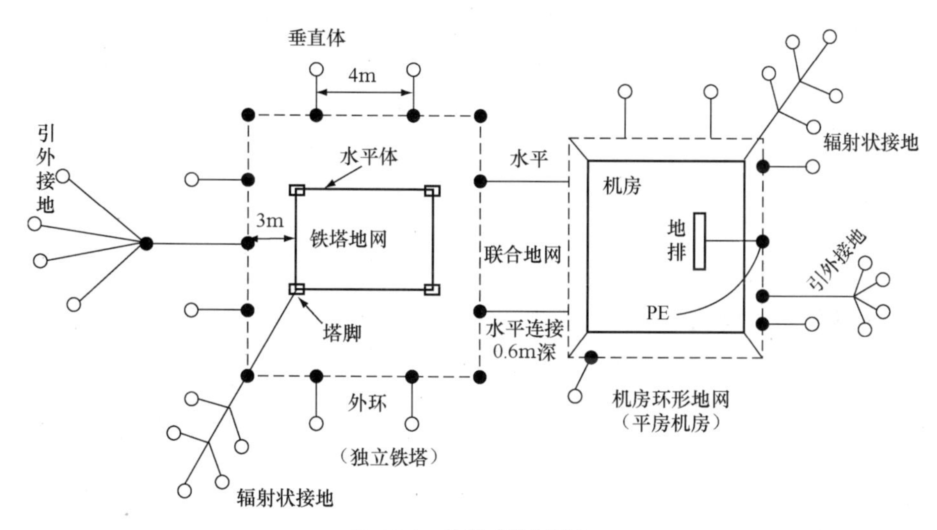

图 10-8　接地系统设计图

◆ 验收标准：应符合以下几项要求。

➢ 机房接地线的布放应符合设计图纸要求。

➢ 电源工作地线和保护地线与交流中性线应分开敷设，不能相碰，更不能合用。

➢ 机房地网沿机房建筑物散水外设环形接地装置，同时应利用机房建筑物基础横竖梁内两根以上主钢筋共同组成机房接地体。

➢ 当通信铁塔位于机房屋顶时，铁塔四脚应与楼顶避雷带就近不少于两处焊接连通，同时宜在机房地网四脚设置辐射状接地体，以利雷电散流。

➢ 接地网至机房底层接地汇集总线宜采用热镀锌扁钢，引入长度不宜超过 30m，并应作防腐绝缘处理，并不得在暖气地沟内布放，埋设时应避开污水管道和水沟。

➢ 接地线接头应作绝缘处理且不能与其他带电体相连。

◆ 验收结论：合格/不合格。

（2）接地电阻

◆ 验收方法：现场检查，测量。

◆ 验收标准：地网采用联合接地，即设备工作地、保护地共用一组接地体，接地电阻＜5Ω，普通站为＜10Ω。

◆ 验收结论：

➢ 合格/不合格。

➢ 交接相关数据资料。

5．电池

（1）设备安装

◆ 验收方法：现场检查。

◆ 验收标准：如出现以下任何一项为不合格。

➢ 外壳变形、损坏、开裂、漏液现象。

➢ 连接条松动。

➢ 单节和电池组有接反现象。

➢ 电池架未固定。

➢ 电池接地连接不正常。

➢ 不同规格、不同年限的电池在同一直流供电系统中使用。

➢ 蓄电池未接入动环系统。

◆ 验收结论：合格/不合格。

（2）核对容量

◆ 验收方法

➢ 判定理论放电时间，判定公式：蓄电池组容量÷负载电流=理论放电时间。实际放电时间，则是利用现场设备（基站完全开通）做负载，做 2h 的放电试验。

➢ 蓄电池组在进行容量试验时，应定时检查各电池的接头温升、接头压降，均不得超出正常的范围（1000A 以下，每百安≤5mV；1000A 以上，每百安≤3mV；接点温升不超过 40℃）。

◆ 验收标准

➢ 理论放电时蓄电池总电压不小于 48V。

➢ 放电试验，铅酸蓄电池放电终止电压为 1.8V。

◆ 验收结论

➢ 合格/不合格。

➢ 放电数据资料汇总。参照基站维护记录本年检电池放电项目。

6．空调

（1）主机、外机电源、安装检查

◆ 验收方法：现场检查。

◆ 判定标准：如出现以下任何一项为不合格。

➢ 主机、外机电源线线径不符合相关标准（一般为专用（阻燃）电缆，可参考说明书）。

➢ 外机电源线未走专门的孔洞，内外机未可靠接地。

➢ 内机未固定牢固，安装位置不合理，出风口有阻挡。

➢ 楼顶基站室外机安装时，有破坏楼面防水层现象，外机安装脚与防水层之间无明显的防护措施。

➢ 室外机通风位置不佳，遮挡阻碍外机排风。位于耳房内的空调外机，空调出风口未正对耳房通风口。

➢ 位于郊区、野外的基站，未有耳房的机房，空调外机置于房顶，挂于外墙小于1.5m 处，未加装防盗网。

◆ 验收结论：合格/不合格。

（2）出水管检查

◆ 验收方法：现场检查。

◆ 验收标准：如出现以下任何一项为不合格。

➢ 水管破损，出水不正常，未走专门孔洞。

➢ 到室外的时候未引出墙面约 20cm，造成冷水浸润墙体。

➢ 出水口引出不合理，影响业主或他人。

◆ 验收结论：合格/不合格。

（3）制冷、除湿、停电补偿等功能

◆ 验收方法：现场试机。

◆ 判定标准：如出现以下任何一项为不合格。

➢ 主要功能不正常，各按键不灵活。

➢ 关电后重新加电空调不能自行启动。

➢ 现场验证空调制冷功能不正常。

➢ 空调未接入监控。

◆ 验收结论：合格/不合格。

10.1.7　动环监控

1．设备安装

◆ 验收方法：现场检查。

◆ 验收标准：如出现以下任何一项为不合格。

➢ 监控设备安装有松动脱落。

➢ 接地系统不佳。

➢ 各接头有松动，标签未做到清晰、准确。

◆ 验收结论：合格/不合格。

2．动环验证

◆ 验收方法：网管后台检查结合现场检查。
◆ 验收标准：如出现以下任何一项为不合格。
➢ 基站监控未上平台，平台状态不正常，有告警现象。
➢ 市电有告警不正常，监控平台有停电告警，出现告警的时长超过 10 分钟。
➢ 检查基站端记录智能电表数据、平台查看数值，对比数值是否增长。
➢ 基站端开关门实验、监控平台查看状态不正常。
➢ 烟感探头指示灯闪烁，烟感告警未正常上报。
➢ 基站端在水浸感应器上用铁丝、硬币、尖嘴钳之类的器械制造告警，在平台查看状态。
➢ 空调不可以远程开关机。
➢ 监控平台监测蓄电池总电压及单体电压不正常。
➢ 开关电源远程监控参数不正常。
➢ 远程不可以遥控开关电子锁。
◆ 验收结论：合格/不合格。

10.1.8 机房环境

1．土建（含室内照明）

◆ 验收方法：现场检查。
◆ 验收标准：如有以下任何一项不符合即为不合格。
➢ 基站未做好地坪，存在下沉、开裂、变形等问题。
➢ 机房有渗漏，墙壁不光滑、有掉粉尘现象。
➢ 机房墙面有霉斑、变形脱落。
➢ 照明不佳，整个机房有漏电现象。插座供电不正常。
➢ 围墙存在开裂、倾斜等工程质量问题。
➢ 地砖存在松动、脱落等现象，地坪存在下沉。
◆ 验收结论：合格/不合格。

2．防盗

◆ 验收方法：现场检查。
◆ 验收标准：如有以下任何一项不符合即为不合格。
➢ 防盗门存在安装质量问题，门框不牢固，门开启不自如，天地锁不能锁到位。
➢ 外大门未刷防锈漆，开关不灵活，铰链质量差，门框安装不牢固。
➢ 空调外机未加装防盗网或防盗护栏，容易被盗站点室内电池未增加防盗装置。
➢ 施工单位未将钥匙移交给网络部，A、B 量子锁钥匙，除施工钥匙外另 6 把未封装完好。
➢ 室外电表箱有锈蚀，钥匙开启不自如。
◆ 验收结论：合格/不合格。

3．防火

◆ 验收方法：现场检查。

◆ 验收标准：如有以下任何一项不符合即为不合格。

➢ 灭火器材不满足要求（压力、重量），摆放位置不合适，未按照标准划黄线。

➢ 机房所有孔洞未正常封堵。

➢ 基站周围有易燃易爆等物品堆放，机房内有遗留的纸盒、泡沫等易燃物。

➢ 停电、温湿度、烟感、电池电压、门磁等重要告警不能传递到监控中心。

◆ 验收结论：合格/不合格。

4．安全隐患（周围环境、倒塔距离、地势低洼等）

◆ 验收方法：现场检查。

◆ 验收标准：如有以下任何一项不符合即为不合格。

➢ 机房周边排水不正常，有明显阻挡。

➢ 机房顶部排水孔不通畅，有积水。

➢ 有防汛安全隐患的未做机房抬高或机房内所有设备未抬高。

➢ 基站离铁路、高速公路不在安全距离外。

◆ 验收结论：合格/不合格。

10.1.9 资产资料交接

1．交接机房资料

◆ 交接内容：工程部提供机房相关资料，包括机房名称、机房类型、地址、状态、地点码、经纬度、业主单位、业主单位类型、物业联系人及联系方式、房租支付周期、第一次房租支付时间、电费支付周期、行政区域、进出要点、供电方式、用途、共享方式、共址信息、开通时间、机房位置、是否在居民小区内、维护类型、面积、塔型、塔型备注、开门方式、租用方式、房屋材质等信息，详见附录一。

◆ 验收结论：验收通过后录入客响平台。

2．交接设备资料

◆ 交接内容：工程部提供设计图纸，并按附录二提供工程参数、设备信息，双方现场核对后交接。

◆ 验收结论：验收通过后录入客响平台。

3．资产交接

◆ 交接内容：工程部按照附录提供设备资产清单，双方现场核对后交接。

◆ 验收标准：如有以下任何一项不符合即为不合格。

➢ 列入财务资产管理目录的设备未张贴资产。

➢ 现场资产清单不全或与系统工单清单不一致。

◆ 验收结论：若资产与资产管理系统（EAM）工单交接内容完全一致，则接收资产，否则退回不予接收。

4．机房钥匙

◆ 验收方法：现场核对。

◆ 判定标准：如出现以下几项则为不合格。

➢ 机房防盗锁钥匙全套已开封。

➢ 机房防盗锁正规钥匙缺失。

◆ 验收结论：合格/不合格。

10.1.10 验收报告

1．现场验收表

◆ 方法：根据以上验收方法和规范，验收并填写“现场验收表”。分项填写不规范或需要整改的，经监理和代维双方签字确认。详见附录四：现场验收表。

2．验收汇总报告

◆ 方法：根据“现场验收表”，汇总填写“验收汇总报告”，并把整改时限备注在汇总表中，需经监理和代维双方签字确认。详见附录五。如有遗留问题，需再次复验通过归档。

10.2 基站维护规范标准

10.2.1 标志牌

标志牌指在基站内外粘贴的各种指示、警示牌，在实施过程中区分每站必备项以及根据不同场景基站的个性化需求项，具体要求如下。

1．机房门

机房门粘贴“您已进入图像采集区域”“请刷卡通行”和公司红色电话标示牌，如图10-9所示。

图 10-9 基站机房门粘贴标识要求

要求：纳入工程建设标准以及日常维护标准。

备注：物业投诉敏感区域（如居民区、业主明确要求等）基站可不粘贴。

2．灭火器

灭火器摆放位置喷涂隔离线以及粘贴“灭火器”标示牌，如图 10-10 所示。

图 10-10 基站机房灭火器摆放及标示牌要求

要求：纳入工程建设标准以及日常维护标准。

3. 制度牌

粘贴“机房管理制度牌”“灭火器流程图牌”和机房设计图纸牌，如图 10-11 所示。

图 10-11 基站机房制度牌粘贴要求

要求：纳入工程建设标准以及日常维护标准，相关图纸需实时更新。

4. 维护记录本摆放

记录本固定位置，粘贴“维护记录本摆放处”标示，如图 10-12 所示。

图 10-12 基站机房维护记录本摆放要求

要求：纳入工程建设标准以及日常维护标准，维护记录本干净整洁并按要求摆放到位。

5．中国移动通信 LOGO

机房内喷涂中国移动通信 LOGO 标示，如图 10-13 所示。

图 10-13　基站机房 LOGO 喷涂要求

要求：纳入工程建设标准以及日常维护标准。

6．个性化标示牌

（1）偏僻地区站点存在防盗需求，应在醒目位置粘贴“破坏国家通信判七年以上徒刑”警示牌，如图 10-14 和图 10-15 所示。

图 10-14　偏僻地区警示牌粘贴要求（1）

图 10-15　偏僻地区警示牌粘贴要求（2）

要求：日常维护中评估需求后粘贴。

（2）铁路沿线基站在醒目位置粘贴“高铁安全 人人有责”“京沪高铁 信号专网”标示牌，如图 10-16 和图 10-17 所示。

图 10-16　铁路沿线标示牌粘贴要求（1）

图 10-17　铁路沿线标示牌粘贴要求（2）

要求：纳入工程建设标准以及日常维护标准。

备注：如出现其他个性化需求的基站，无线维护专业专题设计后粘贴。

10.2.2　机房环境

机房环境包含机房内外的清洁、整齐状况，具体要求如下，如图 10-18 至图 10-20 所示。

1．机房外

机房外，无影响网络安全的因素存在，包括：

◆ 无施工垃圾；

◆ 机房和院墙墙角无杂草、杂树；

◆ 机房门、院门不得被堵住；

◆ 馈线窗到铁塔的走线架下不得有杂物。

要求：纳入日常维护标准。

备注：部分场景（如景区内）的基站可现场综合评估考虑。

2．机房院内

机房院内：

◆ 无杂草、杂树；

◆ 院内清洁、无落叶(不超过巡检周期)、无施工垃圾(同时纳入施工单位的考核)；

◆ 地坪平整。

要求：纳入日常维护标准。

3．机房内

机房内（包括耳房、未安装设备的房间）：

图 10-18　基站机房环境要求（1）

图 10-19　基站机房环境要求（2）

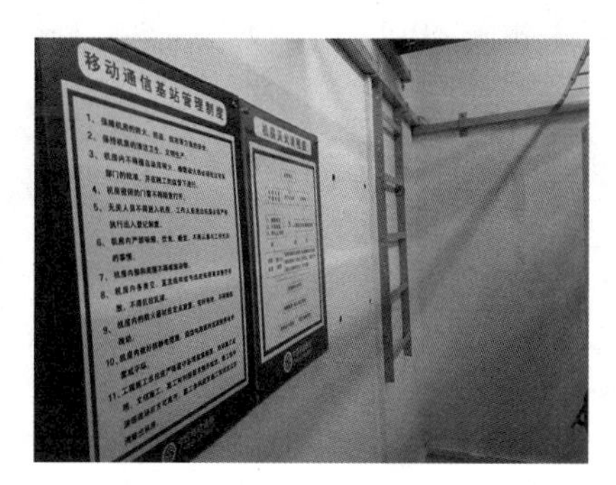

图 10-20　基站机房环境要求（3）

- 地面、墙体干净整洁，无明显的灰尘、污垢、垃圾；
- 机房无漏水、渗水现象，无遗留水渍；
- 天花板、地砖等无缺失。

要求：纳入工程建设标准以及日常维护标准。

备注：对因施工队伍引起的机房环境破坏，纳入施工队伍的考核。

10.2.3 机房维护

1. 机房维护到位

机房维护到位，包括：

- 机房包括院墙墙体完好，无裂缝或破损；
- 机房门锁完好；
- 机房封堵完好，无直接与外界相连的孔洞；
- 机房内走线架稳固。

要求：纳入工程建设标准以及日常维护标准。

2. 走线整齐

要求包括基站内所有的馈线、2m 传输线、尾纤、机房内外的光缆、电源线等布线整齐，无飞线、零乱、到处堆放悬挂等现象，如图 10-21 和图 10-22 所示。

图 10-21 基站机房走线要求（1）

图 10-22 基站机房走线要求（2）

要求：纳入工程建设标准以及日常维护标准。

备注：对因施工队伍引起的走线不合规范，纳入施工队伍的考核。

3. 标签完备

要求机房内所有的设备、线缆标签粘贴清晰、准确，且尽可能地使用机打标准，相关图例要求如下。

（1）机架标签（如图 10-23 和图 10-24 所示）

图 10-23 机房机架标签要求（1）

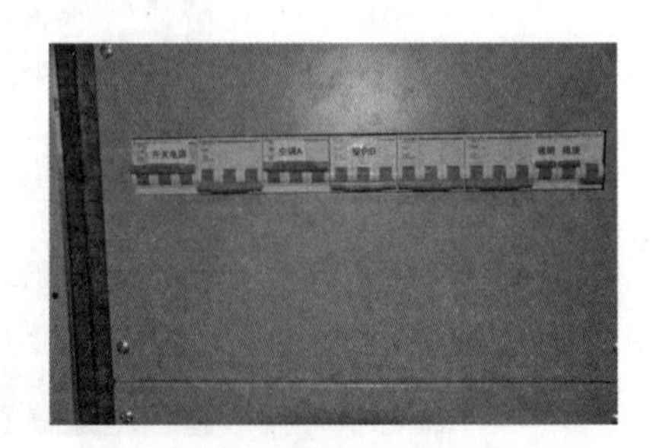

图 10-24 机房机架标签要求（2）

（2）2m 线（如图 10-25 和图 10-26 所示）

图 10-25　机房 2m 线标签要求（1）

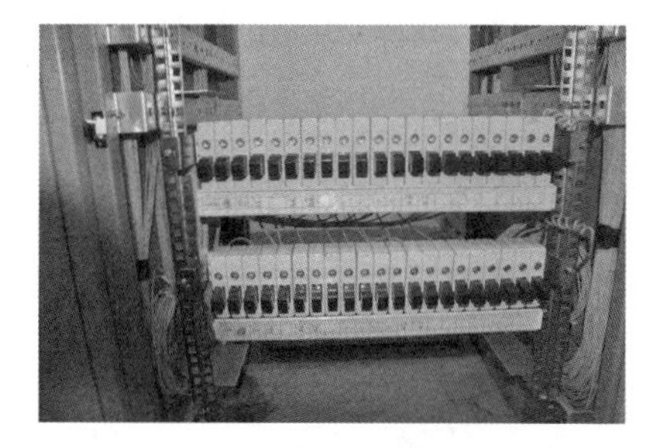

图 10-26　机房 2m 线标签要求（2）

（3）电源线标签（如图 10-27 和图 10-28 所示）

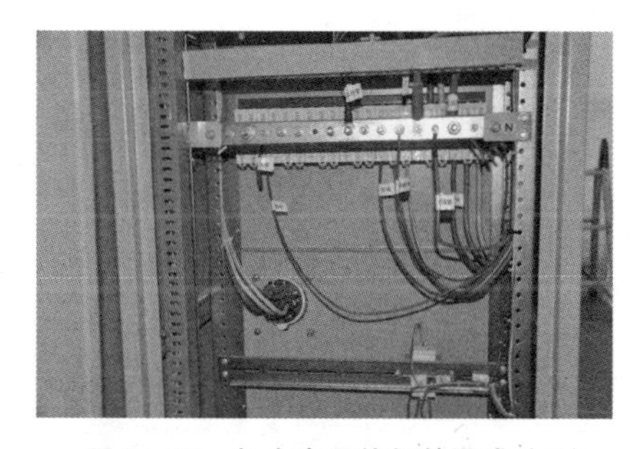

图 10-27　机房电源线标签要求（1）

图 10-28　机房电源线标签要求（2）

（4）尾纤标签（如图 10-29 和图 10-30 所示）

图 10-29　机房尾纤标签要求（1）

图 10-30　机房尾纤标签要求（2）

（5）馈线标签（如图 10-31 所示）

图 10-31　机房馈线标签要求

要求：纳入工程建设标准以及日常维护标准。

备注：对因施工队伍和传输跳纤队伍引起的走线不合规范，纳入施工队伍的考核。

10.2.4 设备维护

1. 机房标准配置

机房相关配置符合标准，目前机房的标准配置包括：

- ◆ 动环监控设备（功能齐全）；
- ◆ 空调；
- ◆ 电池设备；
- ◆ 交流配电屏/箱；
- ◆ 开关电源柜；
- ◆ 接地系统（接地排）；
- ◆ 灭火器；
- ◆ 照明设备；
- ◆ 各类业务设备；
- ◆ 配电柜（电表）。

要求：配置标准为设计和工程建设按要求完成，需严格纳入验收规范。代维队伍若发现缺失需及时上报。

2. 基站代维进站维护工作流程

基站代维进站维护工作流程如图 10-32 所示。

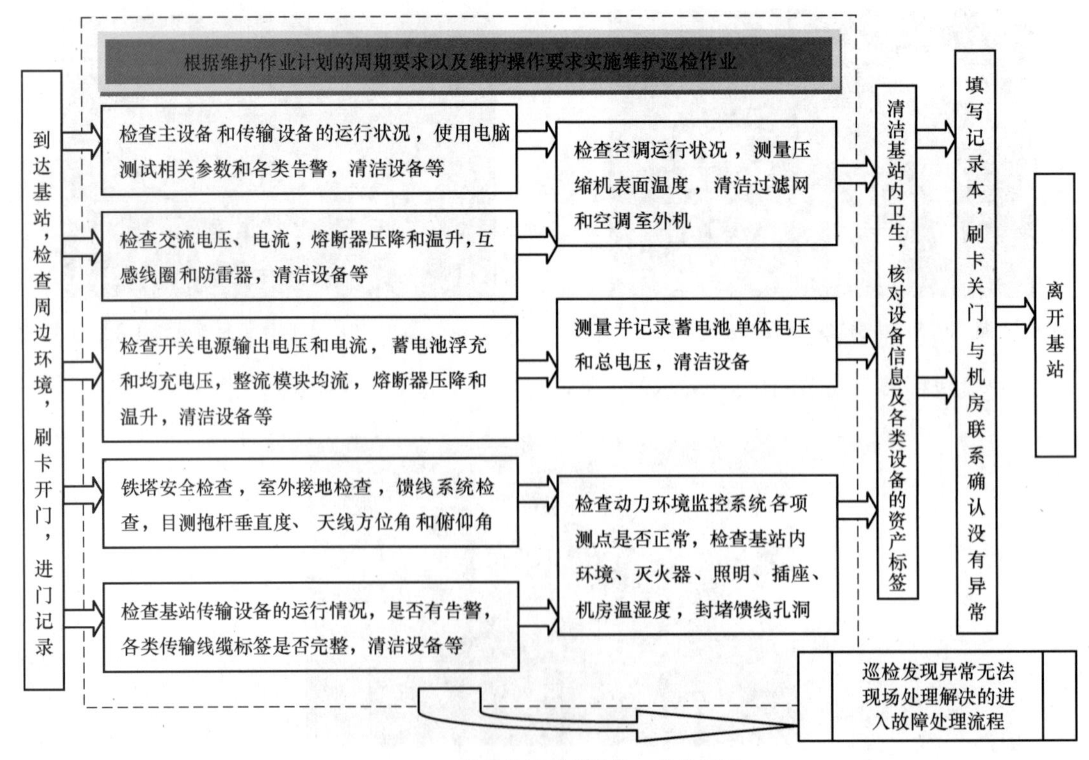

图 10-32 基站代维进站维护工作流程图

各类设备的维护需按照具体要求和标准执行，确保完成检查后无遗留告警、调测不符合要求和功能不可用的情况。

10.2.5 资产维护

（1）设备资产维护到位，要求现场的资产码粘贴情况与 EAM（或相关的资产管理系统）完全一致。

（2）资产发生变动后需及时更新资产表，并上报移动资产管理人员。最新的站内资产表需粘贴在图纸内。

10.2.6 安全措施

除以上涉及的机房、设备维护外，安全措施主要指有针对性的安全加固措施。

1. 防汛

防汛：针对不同场景采取不同的防汛措施，如图 10-33 所示。

图 10-33 基站防汛措施

要求：纳入工程建设标准，日常维护予以补充。

备注：建议工程设计和建设阶段即全面考虑防汛需求，并纳入设计院的考核。

2. 防盗

防盗：对不同站点采取不同的防盗措施，如图 10-34 和图 10-35 所示（门加固、电池加固、门框保护、空调室外机防盗等）。

图 10-34 基站防盗措施（1）

图 10-35 基站防盗措施（2）

要求：纳入工程建设标准，日常维护予以补充。代维队伍建立明确的防盗巡检措施。

备注：建议工程设计和建设阶段即全面考虑防汛需求，并纳入设计院的考核。

10.2.7 维护记录

（1）维护记录本齐全、摆放到位，内部记录翔实、准确，灭火器上粘贴维护记录。如图 10-36 和图 10-37 所示。

（2）维护记录的红色联需回收并建立档案永久保存，随时可查。

图 10-36 基站维护记录本

图 10-37 基站灭火器维护记录

10.2.8　照片资料

（1）建立完备的资料管理库，巡检结束后的每项资料准确和及时更新。

（2）每个基站的照片库需包含十几项，照片维护包含基本项（每次巡检必拍）和更新项（有变化时拍）。

（3）基站进行改造或隐患整改，必须拍摄整改前后的情况对比。

表 10-3　照片资料

项　目	拍摄要求	性　质	图　例
整体布局照片（高于走线架拍照）	选择角度，高于走线架拍摄，能清楚反映走线情况，照片名：站名—拍摄时间—整体布局—编号（如一张不能反映问题），拍摄时间例：20120207（下同）	更新项	
设备平面照（按每列设备，自走线架下端至设备落地）	按列拍摄，能包含走线架向下和设备情况，照片名：站名—拍摄时间—设备列—编号（列号）	更新项	
铁塔全景照（如为抱杆的须拍抱杆）	能反映铁塔全景，如为抱杆，一张照片不能包含，则按抱杆拍摄。照片名：站名—拍摄时间—铁塔—编号	更新项	 
面向机房门拍摄机房全景（如有院子，则加拍一张院墙）	面向基站门（院门），独立机房需包含机房整改并最大限度地反映周边环境，照片名：站名—拍摄时间—机房—编号	必拍项	

续表

项　　目	拍摄要求	性　　质	图　　例
动环设备照	能反映动环设备的型号，照片名：站名—拍摄时间—动环设备	更新项	
电池组照	能反映电池组的型号，照片名：站名—拍摄时间—电池组—编号	更新项	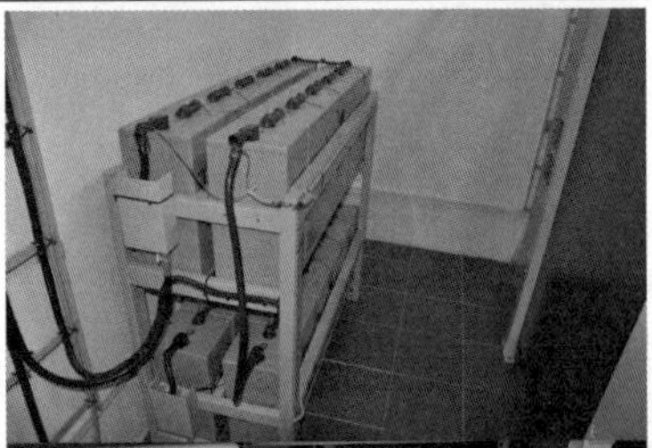 
制度牌（含“机房管理制度牌”“灭火流程图牌”、图纸牌）照	能反映制度牌的情况，照片名：站名—拍摄时间—制度牌	更新项	
灭火器照	能反映灭火器的情况，照片名：站名—拍摄时间—灭火器	更新项	
动力表箱照（包含电表照）	能反映配电箱和电表的情况，照片名：站名—拍摄时间—配电箱（电表）	必拍项	

续表

项　　目	拍摄要求	性　　质	图　　例
馈线窗封堵照	能反映馈线窗的封堵情况，不能被线缆阻挡，照片名：站名—拍摄时间—馈线窗	必拍项	
C 点接地排照	能反映 C 点接地排的情况，照片名：站名—拍摄时间—C 点接地	必拍项	
空调内外机照	能反映空调的情况，照片名：站名—拍摄时间—空调—编号—内（外）	更新项	
耳房照（如有）	能反映耳房内部的情况，照片时间：站名—拍摄时间—耳房	更新项	
交流电压值	能反映实测的交流电压值	更新项	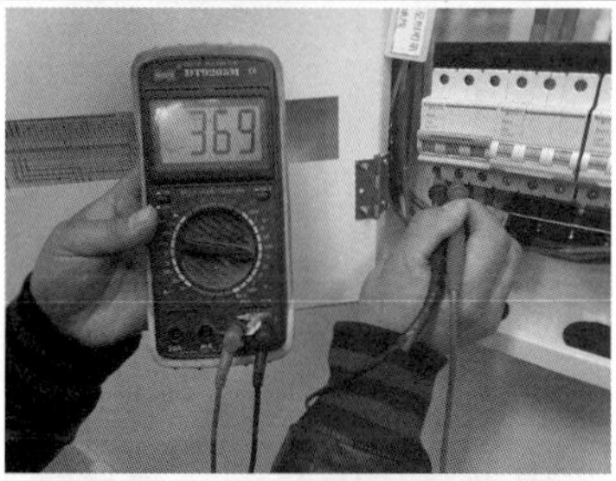
电流值	能反映实测的电流值	更新项	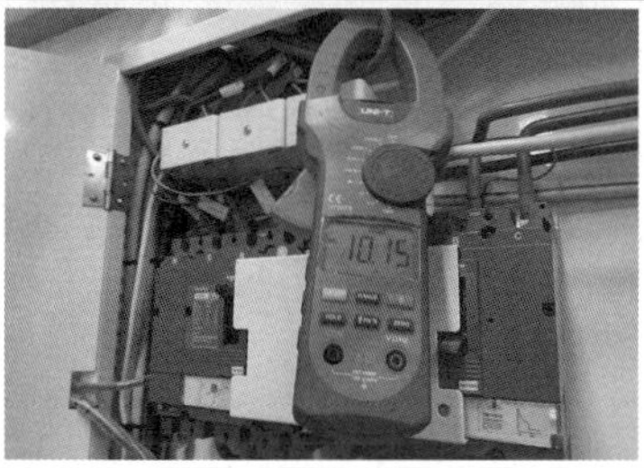

续表

项目	拍摄要求	性质	图例
天线工参	能反映实测的天线工参	更新项	

10.3 基站现场检查

10.3.1 基站现场检查工具

代维管理员现场检查，将结果记录在《基站现场检查记录》本上。记录本如图 10-38 所示，基站现场检查评分标准见附录七。

图 10-38 基站现场检查记录本

10.3.2 代维公司正负向激励

根据《代维奖惩评定标准》对代维公司的维护工作进行正负向激励。

10.3.3 基站施工质量问题溯源

对代维上报和基站现场检查发现的工程部、集成商等施工单位的施工质量问题进行溯源，并反馈给移动公司对应管理部门班组进行考核处罚。

附录一：机房资料表

机房名称	机房 ID	业主单位	机房类型	地　址
			基站/分布系统/街道站	
状态	地点码	行政区域	经度	纬度
开通/未开通				
业主单位类型	物业联系人	物业联系电话	房租支付周期	第一次房租支付时间
电费支付周期	验收时电表读数	进出要点	供电方式	租用方式
			直供电/转供电	租用/自建/自购
用途	共享方式	共址信息	代维时间	开通日期
是否在居民小区内	维护类型	面积	开门方式	房屋材质
	普通基站/传输节点/光纤拉远/地铁站/综合业务接入点			彩钢/MBO 代开/砖瓦/一体化基站

◆ 机房名称是全网唯一的。代维组长指验收通过后维护代维小组的组长，由代维人员填写。

◆ 机房 ID，确切有的站点要写，没有的不要乱写。地址，详细到门牌号码和具体楼层。

◆ 进出要点指进出基站时间和要求。如：是否要介绍信，是否要业主开门，哪天能正常进入。

◆ 基站的用途上指：（2G、WLAN、3G、卡特 LTE、华为 LTE、CMMB、综合接入节点、其他），该项为不定项选择，有多少写多少。

◆ 共享方式指：（共享铁塔、共享三方），该项为不定项选择，有多少写多少。

◆ 共址信息填写：（电信 联通），该项为不定项选择，有多少写多少。

◆ 开门方式指：（可多选 无门锁 门禁卡 普通钥匙 电子锁 天地锁 院门 其他方式）。

附录二：基站设备资料表

1．铁塔资料表

区域	站名	组长	塔型	塔型描述（美化天线说明）	平台数	天线数	塔高	建筑物高	投产日期	使用年限	铁塔产权	产权单位

2．平台资料

区域	站名	组长	天线第几层平台	抱杆数（总数）	空抱杆数

3．天线资料

区域	站名	组长	天线名称	方位角	电子下倾	机械下倾	总下倾角	型号	厂家	投产日期	位于第几层平台	天线分类	是否电调

4．2G 信息

区域	站名	组长	网络类型	G 网小区数	D 网小区数	机架数	空机架数

5．机架信息

区域	站名	组长	机架名（站名+编号）	型号	投产日期	厂家	对应开关电源（开关电源表“名称+编号”）	具体位置

6．2G 小区信息

区域	站名	组长	小区名	对应天线（天线信息“天线名称”）	对应机架（机架信息“机架名称”）	是否室分小区	室分覆盖范围

7．Node B 信息

区域	站名	组长	型号	Node B 名字	厂家	对应开关电源（开关电源表“名称+编号”）	具体位置	投产日期

8．3G/4G 信息

区域	站名	组长	Node B 数	RRU 数

9．3G/4G 小区

区域	站名	组长	小区名	对应天线（天线表“天线名称+编号”）	对应 Node B	是否室分小区	室分覆盖范围

10．RRU

区域	站名	组长	RRU 名字+编号	型号	具体位置	投产日期	厂家	对应开关电源（开关电源表“名称+编号”）	对应 Node B（Node B 表“Node B 名字”）

11．直放站

区域	站名	组长	直放站名字	有无直放站	型号	类型	对应小区	厂家	投产日期	具体位置

12．CMMB

区域	站名	组长	有无 CMMB 设备	类型	型号	厂家	投产日期	对应天线（天线表“天线名称+编号”）

13．开关电源

区域	站名	组长	名称+编号	型号	厂家	模块型号	模块数量	监控模块型号	投产日期	负载电流	电池容量	下挂业务	是否具备 2 次下电功能

14．电池组

区域	站名	组长	电池组+编号	型号	容量	投产日期	厂家	对应开关电源编号	排列方式

15．交流屏

区域	站名	组长	名称+编号	型号	厂家	投产日期	防雷模块型号	防雷模块容量

16．电表

区域	站名	组长	名称+编号	电表号	对应户号	参考电量（每月电表度数）	电表更换记录（何时更换）

17．空调

区域	站名	组长	名称+编号	型号	厂家	投产日期	功率（3P/5P）	三相/单相	类型

18．动环

区域	站名	组长	名称+编号	型号（IDA/IDU）	厂家	有无智能电表

附录三：基站验收开通表

<table>
<tr><th colspan="3">基站验收开通表</th></tr>
<tr><td colspan="3">基站名称： 建设单位： 监理单位： 验收单位： 验收日期： 站点建设类型：</td></tr>
<tr><td>编号</td><td>验收项目</td><td>验收标准</td></tr>
<tr><td rowspan="20">一、天馈系统的安装工艺</td><td>现场与设计方案的一致性</td><td>基站现场的所有设备的相关配置应与设计方案确认一致；并已经上传客响平台</td></tr>
<tr><td rowspan="5">天线的安装工艺</td><td>天馈线的外观检查，天线的安装位置、方向、高度符合设计要求，加固方式检查。全向天线离塔体距离应不小于 1.5m，定向天线离塔体距离应不小于 1m</td></tr>
<tr><td>天线方向角允许误差≤5°</td></tr>
<tr><td>天线俯仰角允许误差≤1°</td></tr>
<tr><td>天线的防雷接地系统良好，接地电阻符合设计要求，天线顶端、避雷针顶点的连线和垂直线的夹角应小于 30°</td></tr>
<tr><td>隔离度要求，不同扇区的两根双极化天线之间的间距应该在 300mm 以上</td></tr>
<tr><td rowspan="3">馈线（窗）的安装工艺</td><td>馈线拐弯处均匀圆滑，弯曲半径>馈线外径的 15 倍</td></tr>
<tr><td>馈线标识、标签（两端），标识天线扇区、收发、网络类型等信息</td></tr>
<tr><td>B、C 两点接地铜排防锈检查：B、C 两点接地铜排上的所有螺栓均应紧固并涂抹防锈黄油</td></tr>
<tr><td rowspan="2">馈线的加固和接地</td><td>馈线在铁塔上每隔 1.5m 左右加固一次，且和避雷针线一起贴铁塔</td></tr>
<tr><td>馈线室外三点接地（天线下方、上过桥前、进机房时），室内一点接地</td></tr>
<tr><td rowspan="4">直流电源防雷箱安装（室外单元用）</td><td>安装位置、空间检查：挂墙安装时安装在馈线窗左右方离馈线窗近处；不能在馈线窗正下方、空调的下方、电池组的上方</td></tr>
<tr><td>固定检查：紧固螺栓露出应一致（10mm 左右）</td></tr>
<tr><td>内部部件检查：防雷器状态正常有效</td></tr>
<tr><td>箱体接地：设备接地线应接至“室内地排”，只有光纤加强芯和馈线接地需接至“室外地排”，就是所谓的“外面进来的接到外面，室内的接到室内”</td></tr>
<tr><td rowspan="2">室外射频单元安装</td><td>安装位置空间：支持抱杆直径 50～95mm，垂直安装</td></tr>
<tr><td>外体接地：可靠、稳定、牢固，黄绿线 $25mm^2$ 以上，就近连接到工程现场提供的接地汇流排或接地点（塔体或地网）</td></tr>
<tr><td rowspan="3">GPS 天馈线安装</td><td>天线安装位置：符合设计图；要在避雷针的 45°防雷保护范围内；正上方环绕 45°范围内无阻挡物；不是区域内的最高点；不面对其他发信天线。GPS 蘑菇头安装应高于固定抱杆 200mm 以上；GPS 天线的安装位置应高于其附近金属物，与附近金属物的水平距离不小于 1.5m。两个或多个 GPS 天线安装时要保持 2m 以上的间距。铁塔基站建议将 GPS 接收天线安装在机房建筑物屋顶上</td></tr>
<tr><td>固定、长度：安装牢固，馈线长度按照主设备厂家标准。例如，卡特 27dB 的 GPS，馈线为 1/2″，其长度小于 57m</td></tr>
<tr><td>馈线头制作连接：用六角压接钳，确保可靠电气连接，不短路、断路，做好防水</td></tr>
</table>

续表

一、天馈系统的安装工艺	GPS 天馈线安装	馈线接地：GPS 馈线需要接地，采用接地套件中的卡箍和电缆压接铜鼻子就近接地。馈线长度不超过 45m 时，上、下两端（离开安装管下端和入室前各 1m 处的平直部位）接地。超过 60m 时，中间增加一次接地，接地电缆应与馈线的入室走线方向一致，与馈线夹角以不大于 15°为宜。进入馈线窗前需要做回水弯
		避雷器两端接线正确、可靠，避雷器需可靠接地（接至室外地排）
		馈线插损：应小于 20dB
	天馈整体性能情况	驻波比在规定值（1.3）以内，扇区配置正确
二、无机房基站的验收标准	一体化机柜	安装要求规范：无机房基站使用一体化机柜，配置和安装接地等需要符合厂家的规范。必须安装监控设备，监控电源、电池、电压、防盗。监控设备测试正常
		柜内走线线缆：线缆走线和固定要求横平竖直；各类线缆应平行走线，不可交叉缠绕。不同类型的电气线分类敷设，中间最好是光纤或屏蔽线，非屏蔽线尽量远离到两侧；所有设备前向出线的线缆靠机柜右侧布放，电源线与信号线分别绑扎固定，扎带最大间距 200mm
		柜内电源线安装：电源线一端安装到主设备供电单元的电源端口，要求锁紧插头上的螺钉，保证接插牢固
		柜外进线光缆：光缆进机柜内应可靠固定，光缆安装固定后的弯曲半径不得小于光缆外径的 10 倍；光纤应根据相应的规范进行熔接，光纤的弯曲半径应不小于 30mm；尾纤应进行固定，固定时不得绑扎过紧以免对尾纤造成损伤；光缆的加强芯及金属屏蔽层应单独可靠接地
三、基站机架及线缆的安装工艺	主设备电源线端口处理	
	线缆头制作	GPS 馈线两端接头制作规范，无缺件，不松动
		传输线头制作规范
		地线头制作规范
四、传输设备、线路验收	尾纤验收（一体化内缆工程）	1. 无走纤槽道尾纤或槽道外超过 3m 时有缠绕管或波纹管保护，槽道内的不做此要求； 2. 线缆中间无断线和接头，长度应按要求留有余量，所有线缆绑扎成束，线缆外皮无损伤； 3. 所有尾纤不应有受力、拉扯等情况； 4. 尾纤两端均需张贴机打标签，标注光路名称、本端/对端； 5. BBU 与 RRU 之间使用铠装尾纤
	末端光缆成端验收（一体化内缆工程）	1. 光缆挂牌齐全，名称准确； 2. 光缆走线整齐规范，原则上应与电缆隔离； 3. 光缆金属加强芯接地； 4. 光缆成端托盘张贴机打标签，标明光缆段与纤芯； 5. 光缆成端的终端盒需固定，接口部分尽量朝上安装； 6. 光缆需有余缆，余缆不应放置在设备附近，余缆需固定绑扎好

续表

<table>
<tr><td rowspan="2">四、传输设备、线路验收</td><td>竣工资料验收（一体化内缆工程）</td><td>1. 提供设计方案、竣工图纸、跳纤资料（包括传输设备及 BBU-RRU 拉远）；
2. 设计方案与竣工图纸一致；
3. 设备名称、光缆名称、芯数、成端、跳纤，核对现场与竣工资料一致；
4. 核对管线系统导出光路资料，占用纤芯与现场及竣工资料一致</td></tr>
<tr><td>网管光功率核实</td><td></td></tr>
<tr><td rowspan="4">五、EAM库的基站资产验收及综合资源管理系统数据核对</td><td>资管资料核对</td><td>按照省公司资管模板要求填写完整、正确并上传资管平台</td></tr>
<tr><td>基站固定资产核对</td><td>现场固定资产标签与 EAM 系统进行核对，准确一致。固定资产单元是否粘贴资产标签</td></tr>
<tr><td>无线维护运行</td><td>主设备无任何退服、告警；板卡各指示灯正常</td></tr>
<tr><td>传输设备运行</td><td>传输设备无告警，板卡各指示灯正常；设备光功率正常范围内，段落内无误码</td></tr>
<tr><td colspan="3"></td></tr>
<tr><td rowspan="2">预验收情况</td><td></td><td>预验收通过□　　　　预验收未通过□</td></tr>
<tr><td></td><td>施工单位签字：　　　　监理单位签字：</td></tr>
<tr><td rowspan="2">验收情况</td><td></td><td>验收通过□</td></tr>
<tr><td></td><td>建设单位签字：　　　　监理单位签字：
代维单位签字：</td></tr>
<tr><td>存在问题需整改描述</td><td colspan="2"></td></tr>
<tr><td rowspan="2">整改后续跟踪</td><td>整改期限：
□一周内
□两周内</td><td></td></tr>
<tr><td colspan="2">整改完成情况描述：
确认人：
整改完成日期：</td></tr>
</table>

附录四：新建基站开通验收记录表

新建基站开通验收记录表				
基站名：		检查日期：	检查人：	
编号	验收项目	是否需要参与验收	验收结论	问题
一、物业				
1	物业	是□　否□	是□　否□ 未验收□	
二、天馈线系统				
1	天线	是□　否□	是□　否□ 未验收□	
2	馈线	是□　否□	是□　否□ 未验收□	
3	铁塔	是□　否□	是□　否□ 未验收□	
三、主设备				
1	机架安装	是□　否□	是□　否□ 未验收□	
2	机架接地、电源	是□　否□	是□　否□ 未验收□	
3	设备标签	是□　否□	是□　否□ 未验收□	
四、传输设备				
1	机架安装	是□　否□	是□　否□ 未验收□	
2	机架接地、电源	是□　否□	是□　否□ 未验收□	
3	光缆、尾纤	是□　否□	是□　否□ 未验收□	
4	标签	是□　否□	是□　否□ 未验收□	
五、动力配套				
1	交流引入	是□　否□	是□　否□ 未验收□	
2	交流屏	是□　否□	是□　否□ 未验收□	
3	直流电源	是□　否□	是□　否□ 未验收□	
4	接地系统	是□　否□	是□　否□ 未验收□	
5	电池	是□　否□	是□　否□ 未验收□	
6	空调	是□　否□	是□　否□ 未验收□	
六、动环监控				
1	设备安装	是□　否□	是□　否□ 未验收□	
2	动环验证	是□　否□	是□　否□ 未验收□	
七、机房环境				
1	土建	是□　否□	是□　否□ 未验收□	
2	防盗	是□　否□	是□　否□ 未验收□	
3	防火	是□　否□	是□　否□ 未验收□	
4	安全隐患	是□　否□	是□　否□ 未验收□	
八、资料资产验收				
1	钥匙	是□　否□	是□　否□ 未验收□	
2	资产交接	是□　否□	是□　否□ 未验收□	

附录五：验收汇总报告

<table>
<tr><td>站点名称：</td><td>验收日期：</td></tr>
<tr><td colspan="2">工程部资产交接：是□　　否□</td></tr>
<tr><td colspan="2">机房钥匙：</td></tr>
<tr><td colspan="2">基站是否已开通：是□　　否□</td></tr>
<tr><td colspan="2">是否一次验收通过：是□　　否□</td></tr>
<tr><td colspan="2">一次验收未通过，存在的问题汇总：</td></tr>
<tr><td colspan="2">问题整改情况：</td></tr>
<tr><td>代维签字：</td><td>监理签字：</td></tr>
</table>

附录六：基站资产交接单

江苏移动×××分公司固定资产交付使用明细表									
基站名称：			基站地址：			经度：		纬度：	
存放地点（地点码）	资产名称	规格型号	生产厂家	机架码	机框码	实物设备码	设备来源（新发/利旧）	施工单位	盘点情况

要求：1．条形码标签应分别粘贴机架码－机框码－实物设备码；

2．基站条形码包含室外铁塔、天馈线部分；

3．传输管道、线路条形码标签不粘贴在实物上，应将标签号码直接填写在资产交接表上，同时将此实物标签销毁。

接收单位：　　　　　　　　　　交付单位：

接收人：　　　　　　　　　　　交付人：

附录七：基站现场检查评分标准

<table>
<tr><th colspan="7">基站现场检查评分标准</th></tr>
<tr><td colspan="7">基站名：　　代维公司：　　市（县）：　　代维小组：
检查日期：　　检查人员：</td></tr>
<tr><td colspan="2">项　目</td><td>要　求</td><td>基分</td><td>评分标准</td><td>扣分说明</td><td>扣分</td></tr>
<tr><td colspan="2" rowspan="4">主设备</td><td>隐性告警</td><td rowspan="4">15</td><td>一例隐性告警未处理，扣 2 分</td><td></td><td></td></tr>
<tr><td>显性故障</td><td>一例显性故障未处理，扣 3 分</td><td></td><td></td></tr>
<tr><td>设备、板卡、连线等是否规范</td><td>每例扣 2 分</td><td></td><td></td></tr>
<tr><td>有无断电载频</td><td>每有一块，扣 2 分</td><td></td><td></td></tr>
<tr><td rowspan="4">室内部分</td><td rowspan="4">主设备 BBU</td><td>检查风扇</td><td rowspan="4">5</td><td>无相关风扇告警，有一处扣 2 分</td><td></td><td></td></tr>
<tr><td>检查设备外表</td><td>检查设备外表是否有凹痕、裂缝、孔洞、腐蚀等损坏痕迹，检查设备标识是否清晰，有任一种情况扣 2 分</td><td></td><td></td></tr>
<tr><td>检查设备清洁</td><td>设备表面清洁、机框内部灰尘不得过多，否则扣 2 分</td><td></td><td></td></tr>
<tr><td>检查指示灯</td><td>检查设备的指示灯是否正常，一处异常扣 2 分</td><td></td><td></td></tr>
<tr><td rowspan="3">室外部分</td><td rowspan="3">主设备 RRU</td><td>检查设备外表</td><td rowspan="3">5</td><td>检查设备外表是否有凹痕、裂缝、孔洞、腐蚀等损坏痕迹，检查设备标识是否清晰，有任一种情况扣 2 分</td><td></td><td></td></tr>
<tr><td>检查设备清洁</td><td>设备表面清洁、机框内部灰尘不得过多，否则扣 2 分</td><td></td><td></td></tr>
<tr><td>检查指示灯</td><td>检查设备的指示灯是否正常，一处异常扣 2 分</td><td></td><td></td></tr>
</table>

续表

项　　目		要　　求	基分	评分标准	扣分说明	扣分
室外部分	设备防雷	天线（包括 GPS 天线）防雷	5	检查避雷针是否完好，有任一种情况扣 2 分		
		RRU 实体防雷		检查机壳接地是否正常，有任一种情况扣 2 分		
		GPS 馈线防雷		检查多点接地点是否正常，有任一种情况扣 2 分		
		电源线防雷		检查室内、室外防雷箱是否正常，多点接地点是否正常，有任一种情况扣 2 分		
	GPS 及 GPS 接线等情况检查	GPS 天线可安装	5	检查 GPS 天线安装在走线架、铁塔或女儿墙上，GPS 天线必须安装在较空旷位置，周围没有高大建筑物阻挡，距离屋顶小型附属建筑物应尽量远，有任一种情况扣 2 分		
		GPS 位置		检查 GPS 位置，尽量不要位于微波天线的微波信号下方、高压电缆下方以及电视发射塔的强辐射下，有任一种情况扣 2 分		
		GPS 接头检查		GPS 馈线接口处情况检查，检查是否有破损、坏裂等情况，检查是否有漏水现象，有任一种情况扣 2 分		

续表

项目		要求	基分	评分标准	扣分说明	扣分
基站安全与环境	交流电引入	合理、安全、外护套接地良好	30	不符合要求又无情况说明，每项酌情扣 1～1.5 分		
	室外变压器	安装、固定可靠，标志醒目，各接线端子电气接触良好（温升符合要求）				
	机房标志、禁烟牌	格式统一，齐备，位置明显		不符合又无情况说明，每项扣 1.5 分		
	制度上墙	格式统一，齐备，位置明显		不符合又无情况说明，缺 1 个扣 1.5 分		
	门窗	门窗封闭性		不符合又无情况说明，每项酌情扣 1～2 分		
		独立院子有完整的围墙和院门		无院门又无情况说明，扣 2 分		
	照明系统	照明灯完好		一盏灯不亮且无原因说明，扣 1 分		
	灭火器	灭火器齐全		未配备且无原因说明，扣 1 分		
		在有效期内		不符合扣 2 分		
		容量足够（总容量 5 升以上）		容量不够扣 1 分		
	设备与环境清洁	室外环境清洁，无易燃易爆物品堆放		不符合又无情况说明，扣 2 分		
		室外通水良好				
		机房地板、地面、门窗清洁，环境整齐		不符合，每处酌情扣 1 分		

续表

项　　目		要　　求	基分	评分标准	扣分说明	扣分
基站安全与环境	设备与环境清洁	主设备清洁	30	不符合，每处酌情扣 1 分		
		附属设备清洁				
	工程遗留物	无工程遗留物		散乱、用木箱或纸箱，视情况严重程度酌情扣 1～3 分		
		如有遗留物，应使用铁皮箱装放，摆放整齐，如急用遗留物，应做好记录说明				
	洞孔封堵	封洞板安装固定良好		未安装扣 2 分，安装固定不好每个扣 1 分		
		各洞孔封堵良好		未封堵，每个扣 1 分		
	机房漏水情况	墙体无裂缝、霉斑、漏水痕迹		未整改又无情况说明，每处根据实际程度酌情扣 1～2 分		
	空调	整机和各部件工作正常，具有良好的制冷效果		不能工作，不能自启动且无合理原因说明，每台扣 3 分，部件有损坏或效果不好且无原因说明，酌情每台扣 1～2 分		
		内、外机件和过滤网清洁		不清洁，每处酌情扣 1 分		
		室外机固定安全、可靠，接线（有独立空开、无发热）、接地规范（用铜鼻子）		不符合要求，安全问题每处酌情扣 1～3 分，其他每处扣 1～2 分		
		管路布放合理，固定良好		超长（2m）无固定扣 2 分，管路包扎不均匀、外表有破损，每处酌情扣 1～2 分		
		排水管安装位置合理、排水通畅		不符合，每处酌情扣 1～2 分		
	线缆	交直流、传输线隔离布放，整齐美观，不交叉，不凌乱，有编扎，有固定，线径符合要求		不规范，每处酌情扣 0.5～1 分，电源线缆发热，每处酌情扣 1～3 分		

续表

<table>
<tr><th colspan="2">项　　目</th><th>要　　求</th><th>基分</th><th>评分标准</th><th>扣分说明</th><th>扣分</th></tr>
<tr><td rowspan="4">基站安全与环境</td><td rowspan="2">接地规范</td><td>汇接排固定良好，引入线和接地线线径符合要求，走线有序，套PVC管固定</td><td rowspan="4">30</td><td>不符合要求，每处酌情扣1～2分</td><td></td><td></td></tr>
<tr><td>各设备和光缆加强芯均已接地（用铜鼻子），接地电阻小于5Ω</td><td>设备未接地每处扣2分，电阻值不符合要求，未说明或提出改进建议的扣2分</td><td></td><td></td></tr>
<tr><td rowspan="2">固定资产</td><td>资产标签完整</td><td>缺1个资产标签扣0.5分</td><td></td><td></td></tr>
<tr><td>和EAM中的数据一致</td><td>每有一个记录数据不一致扣0.5分</td><td></td><td></td></tr>
<tr><td rowspan="9">检测记录</td><td rowspan="2">进出站记录</td><td>统一的记录本</td><td rowspan="9">5</td><td rowspan="9">无记录本扣完基分；缺一次记录，周期检测、巡检和进出站记录分别扣5、3、2分；缺1处记录或记录不符合ISO要求，每处扣1分；记录弄虚作假或数据未分析，每处酌情扣2～5分；处理未形成闭环，视情节酌情扣1～3分</td><td></td><td></td></tr>
<tr><td>记录内容齐全、真实、规范</td><td></td><td></td></tr>
<tr><td rowspan="3">巡检记录</td><td>统一的记录本</td><td></td><td></td></tr>
<tr><td>巡检周期符合要求</td><td></td><td></td></tr>
<tr><td>记录内容齐全、真实、规范，对于无法处理的问题有上报和跟踪处理记录</td><td></td><td></td></tr>
<tr><td rowspan="4">周期检测记录</td><td>统一的记录本</td><td></td><td></td></tr>
<tr><td>每月、季、半年、年检测项目严格按检测周期要求完成</td><td></td><td></td></tr>
<tr><td>记录内容齐全、真实、规范</td><td></td><td></td></tr>
<tr><td>测试数据有对比、有分析，提出改进措施；对于无法处理的问题有上报和跟踪处理记录</td><td></td><td></td></tr>
</table>

续表

项　目		要　求	基分	评分标准	扣分说明	扣分
附属电源设备	低压配电设备	试验信号继电器、开关的动作和指示灯	5	不符合要求一处，扣 0.5 分		
		检查熔断器		不符合要求一处，扣 0.5 分		
		检查螺丝及加固		不符合要求一处，扣 0.5 分		
		防雷器检查及更换		不符合要求一处，扣 0.5 分		
		电表指示情况		不符合要求一处，扣 0.5 分		
	整流器	检查模块均流	5	不符合要求一处，扣 0.5 分		
		告警信号		不符合要求一处，扣 0.5 分		
		校正系统时钟及液晶表示数		不符合要求一处，扣 0.5 分		
		检查开关模块和监控模块菜单设置内容是否正确		不符合要求一处，扣 0.5 分		
		根据温度变化情况修改系统浮充电压以利于蓄电池正常运行		不符合要求一处，扣 0.5 分		
		测试电源系统的接地电阻		不符合要求一处，扣 0.5 分		
	蓄电池	测量总电压、各电池端电压	5	不符合要求一处，扣 0.5 分		
		蓄电池外观检查		不符合要求一处，扣 0.5 分		
		极柱、安全阀检查		不符合要求一处，扣 0.5 分		

续表

项目		要求	基分	评分标准	扣分说明	扣分
附属电源设备	蓄电池	均衡充电	5	不符合要求一处，扣0.5分		
		检查引线及端子		不符合要求一处，扣0.5分		
		测量馈电母线、电缆及软连接头压降		不符合要求一处，扣0.5分		
铁塔及天馈线		塔桅、室外馈线接地符合要求	5	未接地，每处扣2分，不规范扣1分		
		室外走线安装合理美观、规范				
		塔基的包封、塔脚螺丝是否齐全		发现一处且无情况说明扣2分		
		无系统安全隐患		有安全隐患每处扣3分		
环境监控设备		传感器固定良好	5	不符合每处扣1分		
		硬件检测良好		不符合要求，硬件性能每项扣2分；功能不好每项扣3分		
		功能测试良好				
传输设备（仅指只供基站用的接入传输设备）		设备告警情况	5	有告警，扣1分		
		传输线缆检查		不符合要求扣1分		
		尾纤标签检查		不符合要求扣1分		
		光缆挂牌、接地情况检查		不符合要求扣1分		
合计得分			100	说明：其中部分检查内容超出代维能力范围的，以代维公司是否知晓并记录、上报为检查标准。		

附录八：固定资产交付使用明细表

中国移动通信集团江苏有限公司南京分公司								
固定资产交付使用明细表（工程类）								
基站名称								
交付日期								
固定资产类别	资产名称	具体描述	规格型号	厂商	资产状态	数量	地点编码	资产标签号
无线及接入设备	天馈线	天馈线						
无线及接入设备	组合开关电源柜	组合开关电源柜						
无线及接入设备	蓄电池	蓄电池（蓄电池组、48V 蓄电池组）						
无线及接入设备	综合柜	传输综合柜						
无线及接入设备	一体化机柜	室外一体化机柜						
无线及接入设备	宏蜂窝	含 BTS 机架，指 2G						
无线及接入设备	宏基站室内单元 BBU	GSM 的 BBU，指 2G						
无线及接入设备	远端射频单元 RRU	GSM 的 RRU，指 2G						
无线及接入设备	其他基站延伸设备	MBO，指 2G						
无线及接入设备	其他基站延伸设备	SUMX，指 2G						
无线及接入设备	其他基站延伸设备	RRH，指 2G						
无线及接入设备	TD-LTE 宏基站室内单元 BBU	LTE						
无线及接入设备	TD-LTE 远端射频单元 RRU	LTE						

续表

<table>
<tr><td colspan="3">中国移动通信集团江苏有限公司南京分公司</td></tr>
<tr><td colspan="3">固定资产交付使用明细表（工程类）</td></tr>
<tr><td colspan="3">现场签字部分（三方必须填写）</td></tr>
<tr><td>代维单位：</td><td>施工单位：</td><td>监理单位：</td></tr>
<tr><td>代维人员：</td><td>施工单位人员：</td><td>监理人员：</td></tr>
<tr><td>联系方式：</td><td>联系方式：</td><td>联系方式：</td></tr>
<tr><td>日　　期：</td><td>日　期：</td><td>日　期：</td></tr>
<tr><td>接收单位：</td><td>移交单位：</td><td></td></tr>
<tr><td>接收人：</td><td>移交人：</td><td></td></tr>
</table>

第 11 章 分布系统

本章给出了分布系统在代理维护服务方面的开通验收规范标准和代理维护日常规范。

11.1 分布系统开通验收规范标准

11.1.1 主设备开通验收标准

1. 设备的安装开通验收

◆ 微改宏机房参照基站样板点标准执行。

◆ 若为 MBO/CBO 设备安装，必须有底座高度不低于 25cm，并固定在地面；若为 CBOE 设备安装，在地面必须有底座不低于 30cm，可以挂墙安装。设备底座正下方开 2 个直径 10cm 以上的孔洞，所有线路从孔洞穿过。如图 11-1 至图 11-6 所示。

图 11-1 高度不足 25cm

图 11-2 高度达到 25cm

◆ 微蜂窝、TD 设备、LTE 设备及直放站等小型设备安装固定上墙，不得放置在地面，安装高度以 1 人维护高度为佳，设备下沿不得低于 50cm，不得高于 1.8m。如图 11-7 和图 11-8 所示。

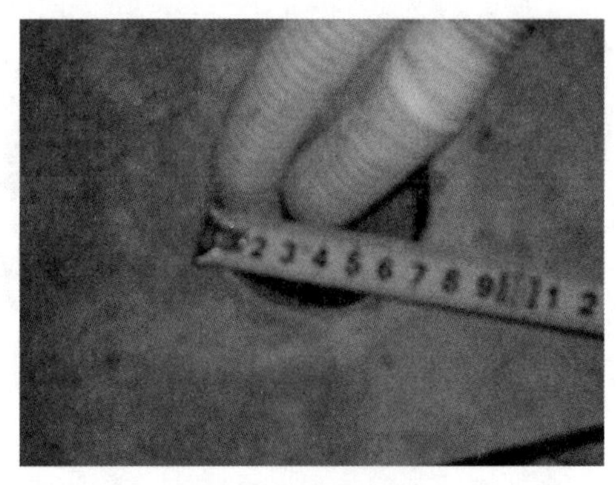

图 11-3　孔洞不足 10cm

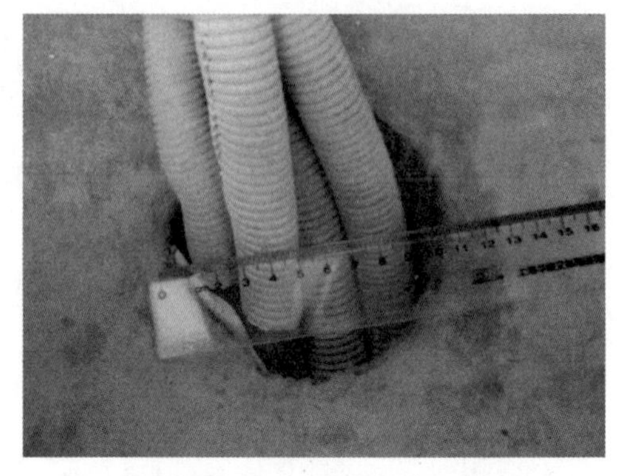

图 11-4　孔洞达到 10cm

图 11-5　未从孔洞穿线

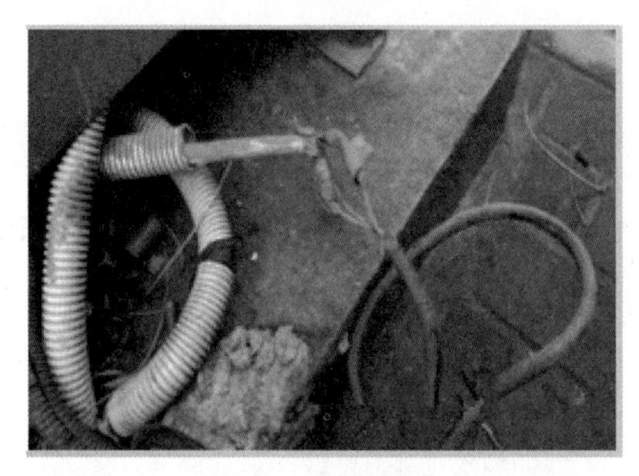

图 11-6　从孔洞穿线

图 11-7　挂高太高

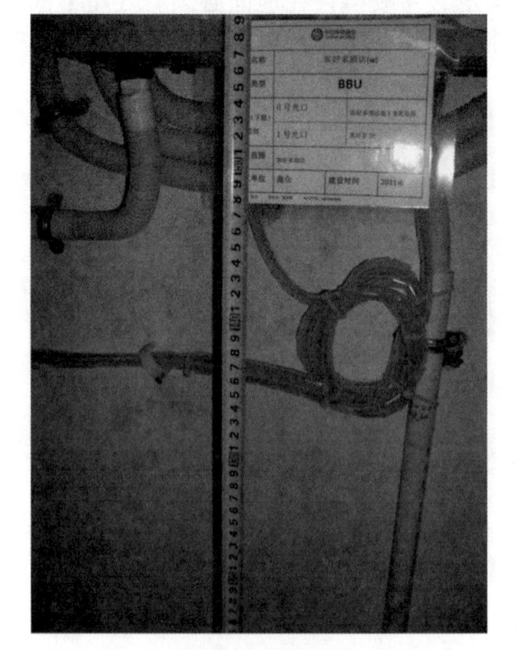

图 11-8　挂高合理

◆　设备不得放置在低洼处。

2．设备安装环境开通验收

◆　微改宏机房参照基站样板点标准执行。

◆　有源设备安放在通风、干燥、无杂物的房间内，避开人流量大随意进出的地方，以防设备丢失。远离火源、水源及强电等安全隐患点（距离强电槽道必须 30cm 以上）。如图 11-9 和图 11-10 所示。

图 11-9　设备距离水源和火源太近

图 11-10　设备安装位置通风、干燥

◆　设备不得放置在高压电线杆上下。设备与设备之间需留有散热空间至少 30cm 距离，设备门及 BBU 板块维护不受影响。

◆　若 MBO/CBO 放置位置空间便于散热，设备与墙壁必须保持 30cm 以上距离确保散热不受影响。MBO/CBO 不得安装在面积不足 $8m^2$ 的无空调封闭空间内。如图 11-11 和图 11-12 所示。

图 11-11　空间不足

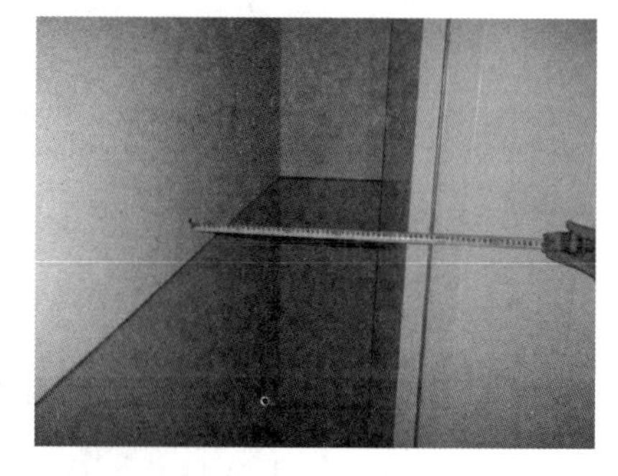

图 11-12　空间合理距离墙壁 30cm 以上

◆　楼顶彩钢房内必须安装空调散热。

◆　室外设备不得张贴任何移动标签。

3．设备配套开通验收

◆　若为 CBOE 设备，无论室外、室内必须配置传输机柜，如图 11-13 和图 11-14 所示。

图 11-13　CBOE 未配置传输机柜

图 11-14　CBOE 配置传输机柜

◆　室外野外或路边街道站等必须安装防盗网，且喷绿色涂料，如图 11-15 和图 11-16 所示。

图 11-15　设备外表未喷漆

图 11-16　设备及防盗网全部喷漆

◆　室外安装防盗网的站点 RRU 等拉远设备必须放置在防盗网内。防盗网外无其他任何有源设备。如图 11-17 所示。

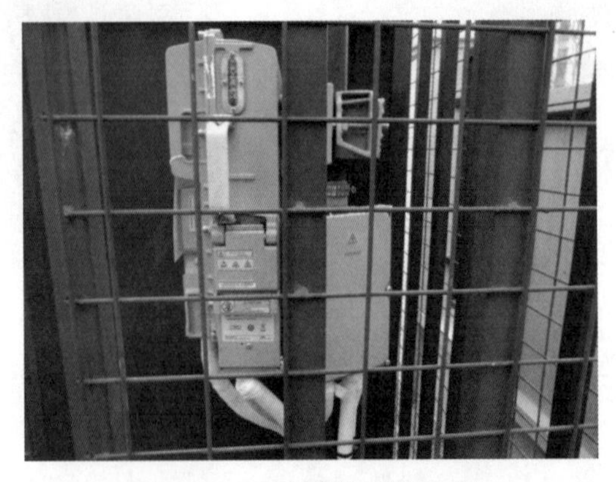

图 11-17　RRU 设备在防盗网内

◆　设备及防盗网门锁钥匙已经移交。

◆　特殊地点必须配置一体化后备电源。

◆　室外楼顶 MBO/CBO 设备搭建遮阳棚避免阳光直射。遮阳棚必须全部遮住设备。如图 11-18 和图 11-19 所示。

图 11-18　未搭建遮阳棚

图 11-19　搭建遮阳棚

◆　室外站点全部涂刷高温隔热漆（推广后执行）。

4．设备卫生开通验收

◆　设备及周边干净整洁，无堆积杂物。设备无灰尘。如图 11-20 和图 11-21 所示。

图 11-20　周边杂物多、灰尘多

图 11-21 干净整洁

◆　风扇清洁、干净，声音运行正常。

11.1.2　天馈及无源器件开通验收

1．天线的安装工艺开通验收

◆　若为挂墙式天线，必须牢固地安装在墙上，保证天线垂直美观，并且不破坏室内、室外整体环境。

◆　若为室外外打天线，需加装抱杆或大型支撑件。天线的各类支撑件应结实牢固，铁杆要垂直，横杆要水平，所有铁件材料都应作防氧化处理，如图 11-22 所示。

图 11-22　安装铁件做防氧化处理

◆　若为挂路灯杆等室外天线，必须喷射与天线杆颜色一致的涂料，如图 11-23 所示。尽量少使用射灯天线。

图 11-23　喷成与电线杆一样的颜色

◆　若为吸顶式天线，可以固定安装在天花或天花吊顶下，保证天线水平美观，并且不破坏室内整体环境。如果天花吊顶为石膏板或木质，还可以将天线安装在天花吊顶内，但必须用天线支架对天线做牢固固定，不能任意摆放在天花吊顶内。在天线附近须留有出口位（根据现场实际情况而定）。如图 11-24 和图 11-25 所示。

图 11-24　未使用天线，直接无移动 LOGO

图 11-25　有支架，有移动 LOGO

◆　室内天线安装的过程中不能弄脏天花板或其他设施，摘/装天花板时使用干净的白手套。

◆　地下室天线安装必须使用天线支架，如图 11-26 所示。

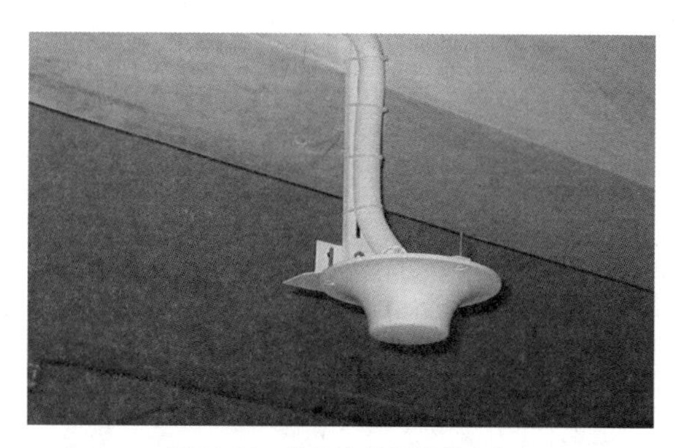

图 11-26　地下室使用天线支架

◆　室内天线上必须使用透明胶带粘贴移动通信标签，且张贴位置肉眼能看见（居民小区等敏感区域酌情考虑），如图 11-27 和图 11-28 所示。

图 11-27　未张贴胶带

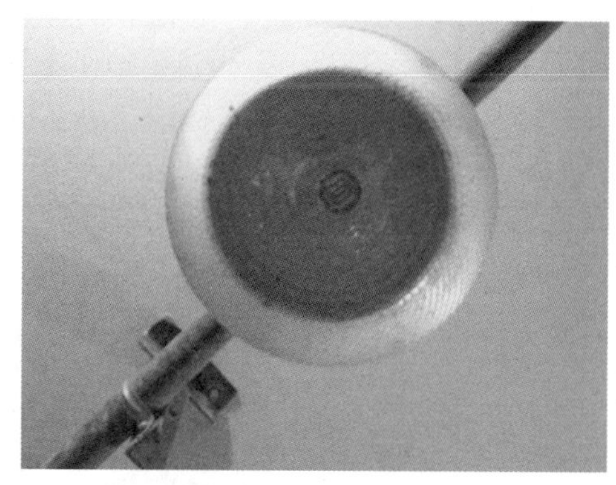

图 11-28　张贴透明胶带

◆　电梯井道内天线要求全部固定安装，杜绝使用扎带，使用铜丝固定，业主认可不影响电梯安全（如无法进入电梯井，可由建设方提供施工固定照片）。

◆　室外地面天线固定装置必须使用混凝土固定。

◆　施主天线抱杆的避雷针要求直径 12～14mm，长度 60～80cm，电气性能良好，接地良好。室外天线都应在避雷针的 45°保护角之内，如图 11-29 所示。

图 11-29　室外天线防雷 45°保护

◆ 天线与跳线的接头应接触良好并作防水处理，连接天线的跳线要求有 10～15cm 直出，如图 11-30 所示。

图 11-30 天线与跳线有 10～15cm 直出

◆ 八木天线等室外天线须接地，接头处及器件须用防水胶泥按照“315 法”包裹，避免渗水，如图 11-31 所示。

图 11-31 室外天线接头防水“315”包裹

2. 馈线安装工艺开通验收

◆ 馈线所经过的线井应为电气管井，不得使用风管或水管管井，应避免与强电高压管道和消防管道一起布放走线，距离强电、强磁必须超过 30cm，确保无干扰，如图 11-32 所示。

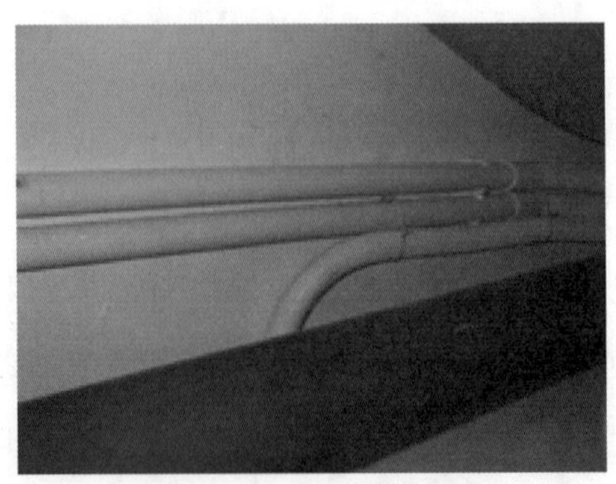

图 11-32 不绑扎在消防管道上

◆　馈线的连接头必须安装牢固，正确使用专用的做头工具，严格按照说明书上的步骤进行，接头不可有松动，馈线芯及外皮不可有毛刺，拧紧时要固定住下部拧上部，确保接触良好，保持驻波比在 1.2 以下，并做防水密封处理。馈线的连接头手拧不得有松动现象，接触良好，并做防水密封处理。室外及地下室要求从里到外 3 层胶带 1 层胶泥 5 层胶带。

◆　埋入地下的馈线必须套 PVC 管，PVC 管接头做防水处理，并埋入地下不得低于 30cm，不得暴露在外，如图 11-33 所示。

图 11-33　埋入地下馈线未套管且暴露在外

◆　馈线的布放应牢固、美观，不得有交叉、扭曲、裂损等情况。井道或走线槽内的馈线必须使用绑扎带固定，无源器件不得受力。馈线弯曲角度大于 90°，曲率半径大于 130mm。弯曲度超过要求的需用直角弯头。如图 11-34 至图 11-37 所示。

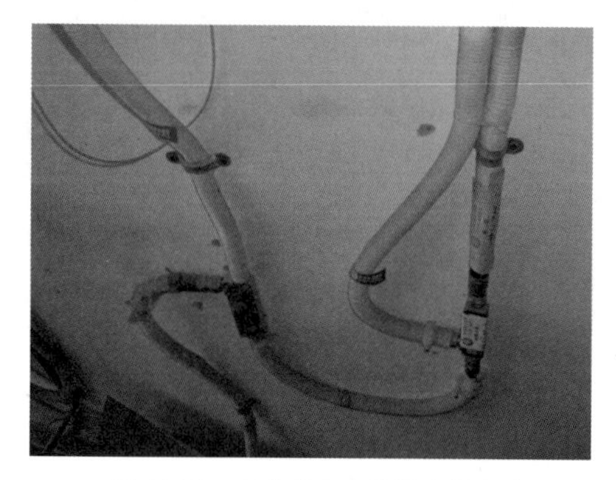

图 11-34　弯曲度大未使用直接弯头

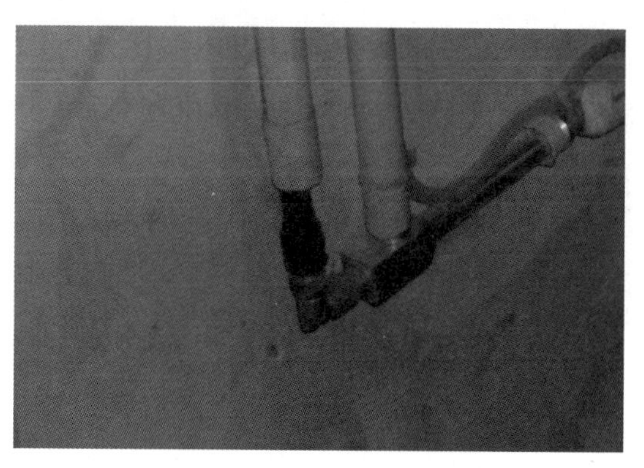

图 11-35　使用直接弯头

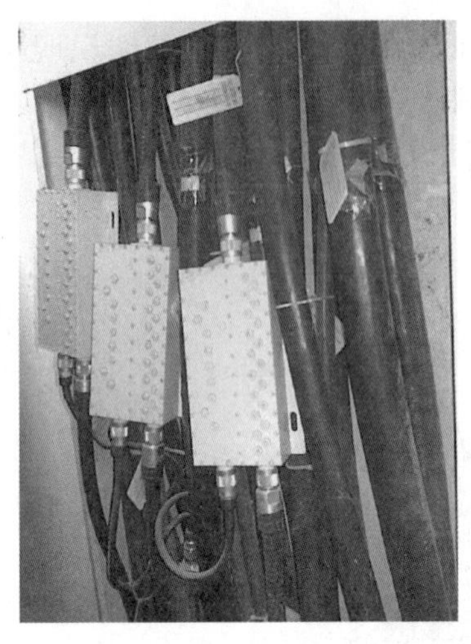

图 11-36　无源器件受力

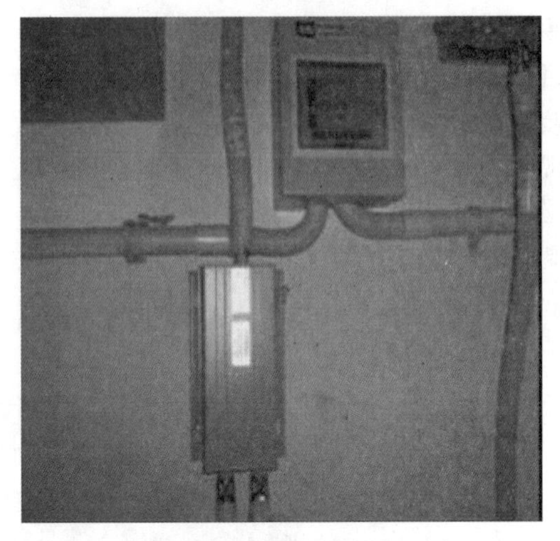

图 11-37　无源器件固定不受力

◆　馈线需要弯曲时，要求弯曲角保持圆滑，其弯曲曲率不能小于表 11-1 中的规定。

表 11-1　　　　　　　　　　　　　　馈线弯曲曲率

线径	多次弯曲的半径	一次性弯曲的半径
7/8″	340mm	120mm
1/2″ 普通	125mm	70mm
1/2″ 软	30mm	25mm

◆　室外拐弯处馈线须做滴水弯（如不发生雨水倒流现象，可不做滴水弯）。

◆　室内馈线必须有明显的移动标签，馈线每隔 3～5m 粘贴一张移动 LOGO 标志。对于此类标签，可用批量印刷或打印。所有标签方向一致，标签用透明胶包封。每个设备和每根馈线的两端都要贴上标签，并标明馈线走向路由标签（标注起始点和终止点）。室外挂高馈线需挂牌表示。如图 11-38 和图 11-39 所示。

图 11-38　馈线没有标注路由

图 11-39　馈线标注机打路由

3. 走线管的工艺开通验收

◆　对于不在机房、线井和天花吊顶中布放的馈线，应套用 PVC 走线管（防火特殊地方套用铁管)，不得套波纹软管，转弯处可以套波纹软管或转弯接头连接，馈线走向必须横平竖直，不得出现斜交叉，至少每隔 0.5m 固定，混凝土墙使用骑马配，其他墙体使用卡钉。如图 11-40 和图 11-41 所示。

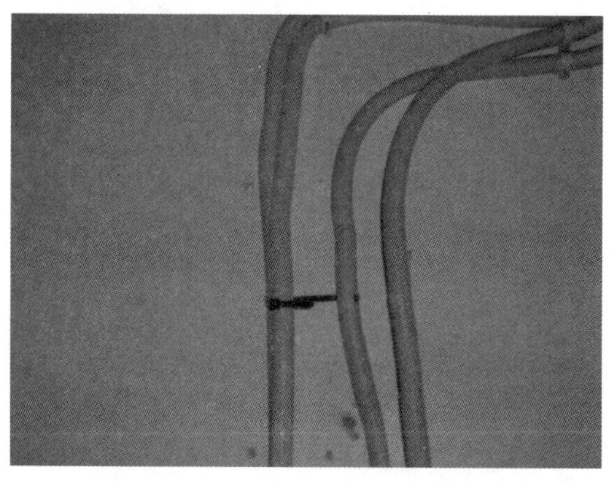

图 11-40　交叉弯曲未套 PVC 管

图 11-41　横平竖直套 PVC 管

◆　走线管应尽量靠墙布放，楼顶平台使用线码或馈线夹进行牢固固定，至少每隔 0.5m 固定，走线不出现交叉和空中飞线的现象。如图 11-42 和图 11-43 所示。

图 11-42　走飞线

图 11-43　室外应沿墙固定

◆　若走线管无法靠墙布放（如地下停车场），馈线走线管可与其他线管一起走线，并用扎带与其他线管固定，不得使用消防管道。地下室不得自行打孔，必须从人防预留孔洞中穿线。

◆　走线管进出口的墙孔应用防水、阻燃的材料进行密封。

4．无源器件开通验收

◆　在室内主设备旁无源器件不得放置在设备底部，必须放置在线井内或在墙上固定，挂墙不低于 50cm。如图 11-44 和图 11-45 所示。

◆　线井内的无源器件必须绑扎固定，不得受力，室内每个器件必须张贴移动标签。内容包括每个器件的名称和楼层，标签明细必须与设计文件的系统原理图完全对应。

◆　室外设备旁无源器件不得裸露在外，需放置在设备底部空间或井道内。如图 11-46 和图 11-47 所示。

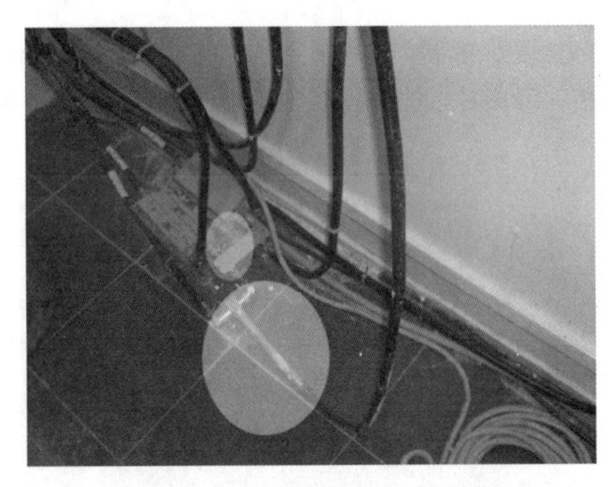

图 11-44　无源器件未固定、放置在地上

图 11-45　固定上墙且高于 50cm

图 11-46　裸露在外

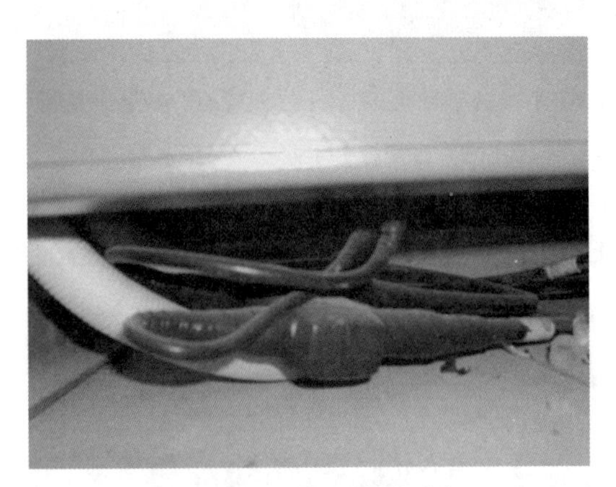

图 11-47　应放置在设备底部

◆　室外管道内的无源器件必须放置在管道上方，不得放置在管道底部，不得浸泡在水中。如图 11-48 所示。

图 11-48　应放置在管道上方

◆　无源器件空口必须封堵，微改宏等大功率第一级接入必须添加负载，吸收功率。

◆　安装时要保证元器件连接头处馈线无余量。量好馈线长度后再锯掉馈线，做到一次成功。

◆　室外无源器件必须做好防水处理，须用防水胶泥按照“315 法”包裹。如图 11-49 和图 11-50 所示。

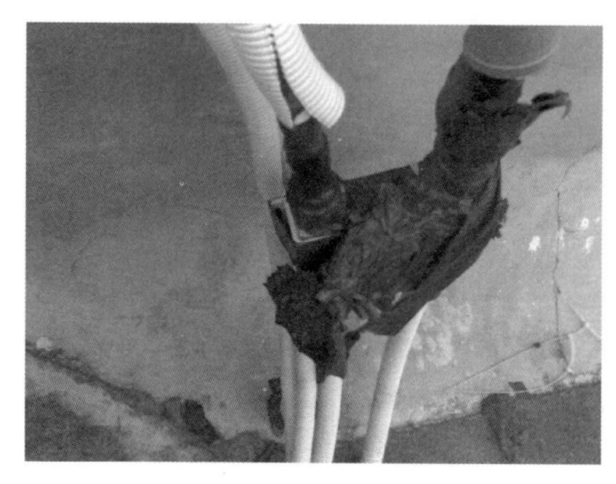

图 11-49　防水未做好

图 11-50　应符合 315 防水包裹

5．天馈部分整体性能开通验收

◆　开通时电脑连接主设备检查无驻波告警，验收时使用驻波比仪表测量天线及馈线驻波比值，在规定值（1.3）以内。

6．GPS 开通验收

◆　GPS 天线接地，张贴对应站点名的标签，安装浪涌保护器，如图 11-51 所示。

◆　安装在抱杆上，位置需在避雷针 45°保护角内，如图 11-52 所示。

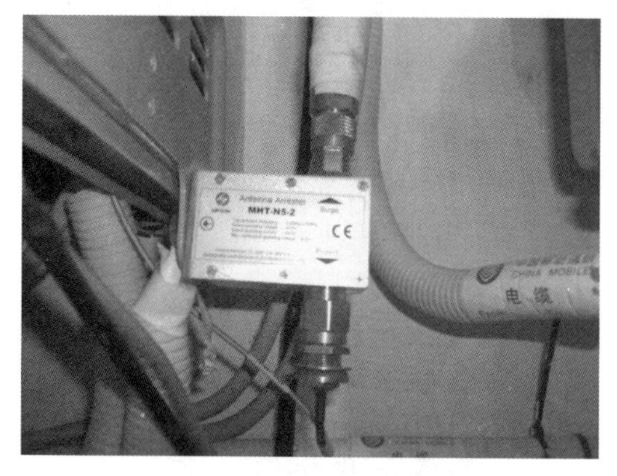

图 11-51　必须有浪涌保护器

图 11-52　需有抱杆，防雷

◆　GPS 馈线必须整根，不得有接头。

◆　GPS 必须锁定 5 颗星以上。

11.1.3　设备电源开通验收

1．空气开关开通验收

所有有源设备处必须安装独立空开（支付电费的需安装电表），带有 2 芯和 3 芯插座（插座为可选项），如图 11-53 所示。

图 11-53　每台设备必须独立空开

2．电源引入开通验收

◆　市电引入须从业主可靠电源处接电，避免频繁断电，提供 24 小时电源。如图 11-54 和图 11-55 所示。

图 11-54　电源不可靠

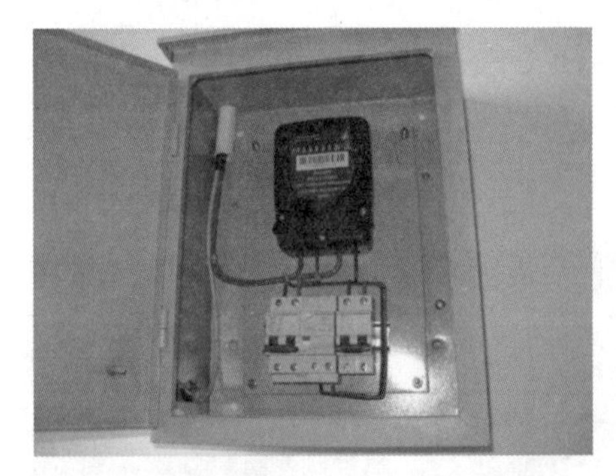

图 11-55　电源可靠

◆　有源设备不得使用插座。如图 11-56 和图 11-57 所示。

图 11-56　不得接插座

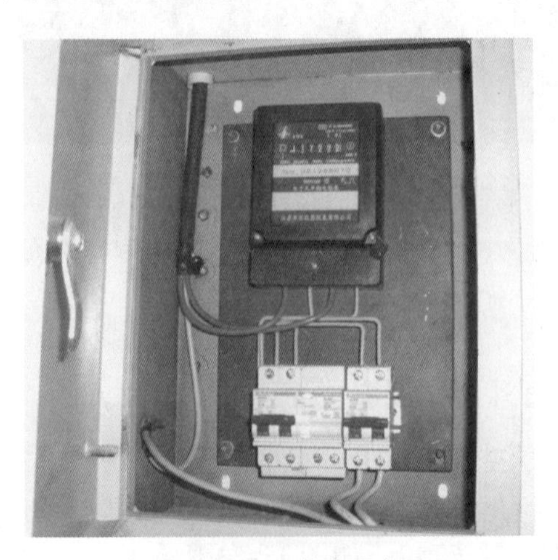

图 11-57　必须使用空开

◆　同 MBO 和宏蜂窝机房等直流后备电源设备在一起的 BBU 设备必须为直流接入。如图 11-58 所示。

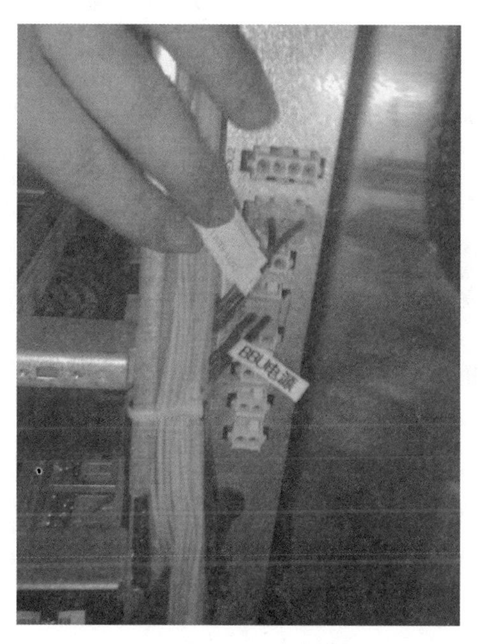

图 11-58　BBU 直流接入

◆　设备使用电源为单独电源，业主或其他人不能私自从空开上接电，禁止电源复接。如图 11-59 所示。

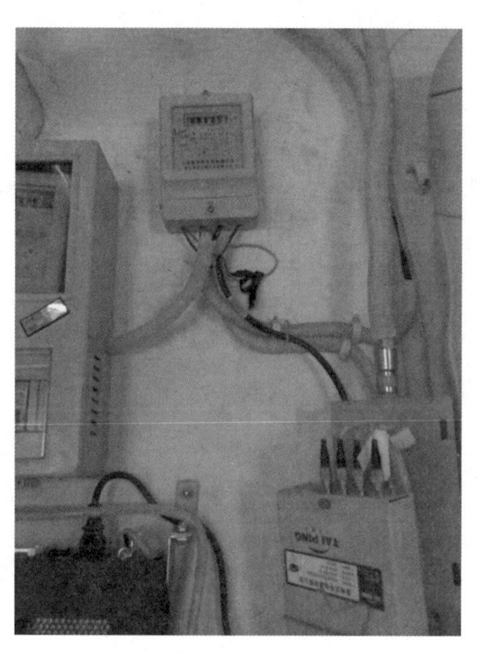

图 11-59　电源不得复接

3．电源线工艺开通验收

◆　电源线正、负电源引入线有标签，并加装 PVC 管，电源线必须外皮完整，严禁中间接头。如图 11-60 和图 11-61 所示。

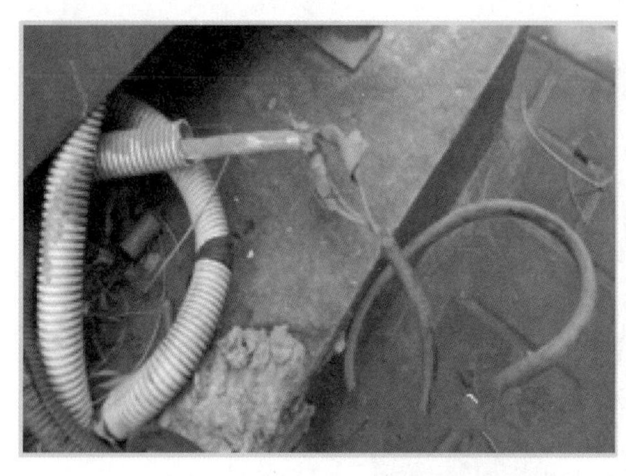

图 11-60　电源线外皮裸露

图 11-61　电源线套管

◆　直流（48V）供电采用不小于 $2\times6mm^2$ 的供电电缆，交流供电采用 $3\times6mm^2$ 的供电电缆，同时满足最大电流不超过线径 3 倍，采用阻燃电缆。

◆　电源走线较长套用 PVC 管，转弯处使用软管（不得剥开套），固定间距为 0.3m，走线外观要平直、美观。

4．电表开通验收

◆　设备需单独挂表，不得与非移动分布系统设备共用电表。

◆　电表使用移动公司提供的电表，电表上张贴移动标签，如果不是移动公司提供的电表，必须是梅兰日兰等名牌电表，不得使用老式机械表。如图 11-26 所示。

图 11-62　使用移动公司的电表或名牌电表

◆　无特殊情况，电表开通前电表读数不得高于 100 度。

5．电表箱开通验收

◆　电表箱建议使用不锈钢电表箱（不做强制要求）。如图 11-63 和图 11-64 所示。

图 11-63　铁皮电表生锈、箱门掉落有隐患

图 11-64　使用不锈钢

◆　电表箱必须将电表和空开合并在一起，表箱有锁，不易随便打开。

◆　空开上标明设备电源标签，电表箱安装固定在墙上或挂在大型机柜旁。

◆　安装在地面的电表必须高于地表 40cm 以上，避免水淹。如图 11-65 所示。

图 11-65　挂高合理

11.1.4　接地系统开通验收

1．主设备接地开通验收

◆　主设备必须接地，应用截面积不小于 16mm^2 的接地线接地。

◆　机房接地母线建议采用紫铜带或铜编织带，每隔 1m 左右和电缆走道固定一处，保证接地牢固、接触良好。如图 11-66 和图 11-67 所示。

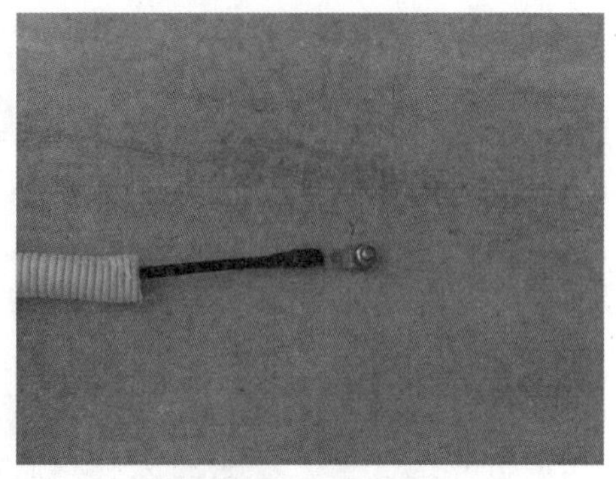

图 11-66 接地不牢靠

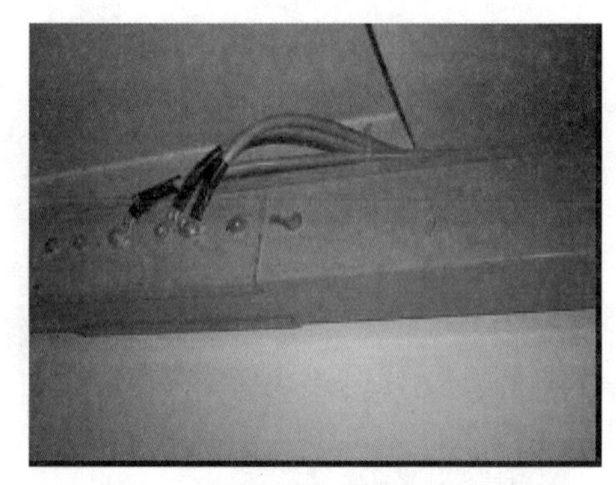

图 11-67 接地牢靠

2．接地线安装工艺开通验收

◆ 为了减少馈线的接地线的电感，要求接地线的弯曲角度大于 90°，曲率半径大于 130mm。

◆ 所有接地线应用扎带固定，套 PVC 管，转弯处使用软管，固定间距为 0.3m，外观应平直、美观。如图 11-68 和图 11-69 所示。

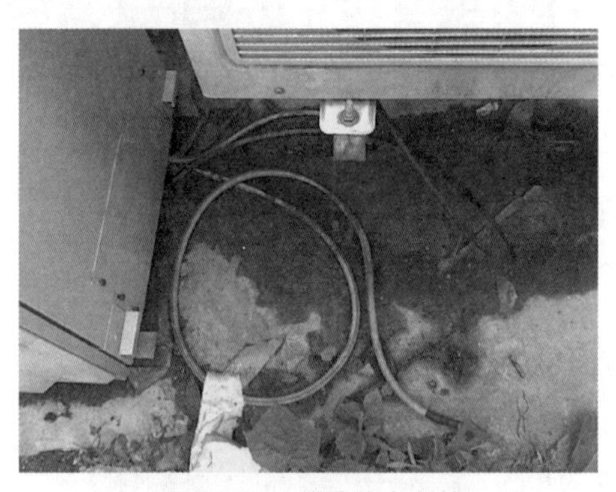

图 11-68 接地线未套管

图 11-69 接地线套管

◆ 馈线的接地线要顺着馈线下行的方向进行接地，不允许向上走线，接地线必须套管（必须一次性套管，不得从中剥开）。

3．室外接地排开通验收

◆ 验收时必须满足接地电阻小于 5Ω，接地扁铁打入地下 2m 以上。如图 11-70 和图 11-71 所示。

图 11-70 未打入地下 2m 以上

图 11-71 打入地下 2m 以上

4．保护地线开通验收

◆　接地母线和设备机壳之间的保护地线宜采用不小于 16mm^2 的多股铜芯线（或紫铜带）连接。

11.1.5　设备环境开通验收

1．工余料及废线开通验收

◆　现场无任何工余料。

◆　无废光缆、电源线或馈线。

2．设备钥匙确认核实

◆　确认独立机房、各种配套机柜箱、防盗网钥匙已经移交。

3．站点进出确认核实

◆　不存在任何业主纠纷。

◆　已经与业主联系人见面，并交接进出维护事宜，互留联系方式。

11.1.6　天线口功率开通验收

开通时抽取单个有源设备不低于 10 个天线进行手机测试（手机距离天线分别 0、50cm、1m、2m 处），验收时用频谱仪或功率计，抽取单个有源设备不低于 5 个天线检测其天线口功率。

11.1.7　传输系统开通验收

1．传输设备开通验收

◆　检查传输设备是否接地，设备放置在 MBO/CBO 内需在机柜内置顶安装放置，传输设备挂墙的必须固定牢靠。如图 11-72 至图 11-74 所示。

图 11-72　MBO/CBO 内传输设备应该置顶放置

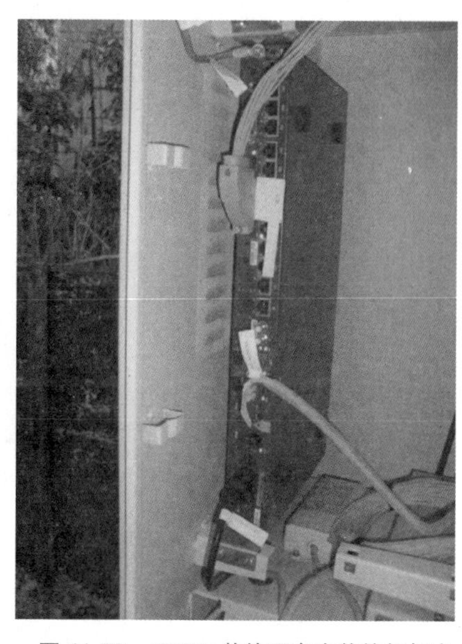

图 11-73　CBOE 传输固定在传输机柜内

图 11-74　传输设备应固定挂墙

◆ 电源采用独立空开，不允许出现插头现象。
◆ MBO/CBO 宏蜂窝的传输设备必须直流接入。如图 11-75 所示。

图 11-75　传输设备应直流接入

◆ 设备散热区域不能堵死，要留有一定空间，如 30cm 距离，如图 11-76 所示。

图 11-76　距离不足 30cm 散热困难

◆　设备需固定，不能随意摆放；需配置静电环，如图 11-77 所示。

图 11-77　必须配置静电手环

◆　设备光口要有成端。

◆　电源线上走线架和下走线架要横平竖直，且在机柜内电源线与光纤要相互隔离。

◆　电源线必须套 PVC 管。

2．光缆开通验收

◆　光纤尾纤在走线架需套管，标签挂牌明确，光缆余缆不得放置在设备附近，室内站点放置在室外或平层楼道内，室外设备光缆余缆必须放置在管道井内或楼道内，不得放置在设备底部，挂牌不得在室外，放置在机柜或管道井内。如图 11-78 至图 11-84 所示。

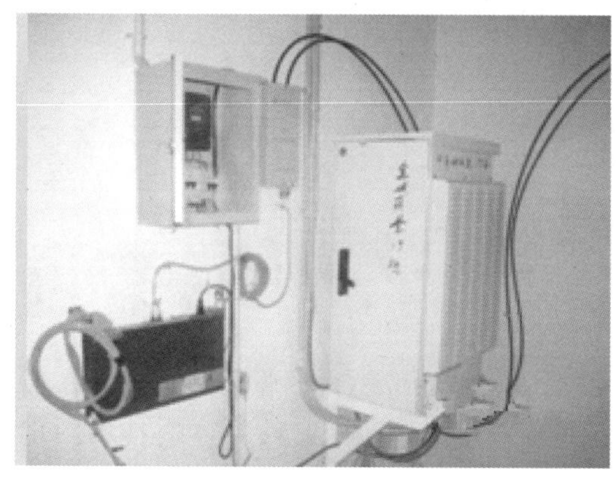

图 11-78　光缆未挂牌

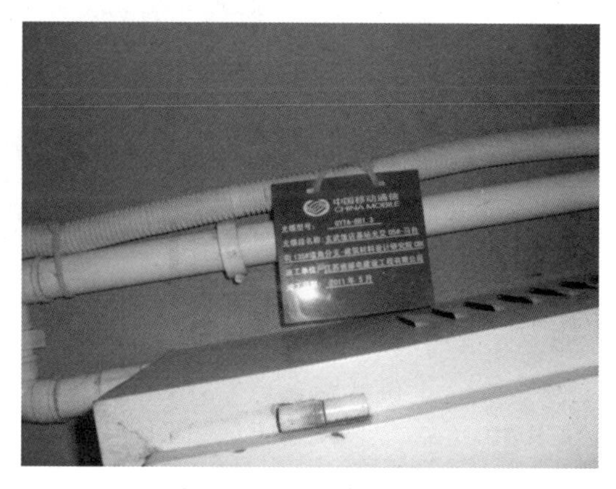

图 11-79　光缆挂牌

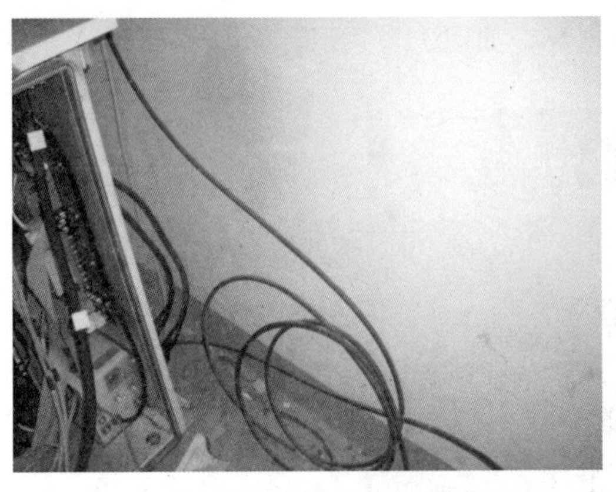

图 11-80　设备附近留有余缆杂乱

图 11-81　余缆放置在楼道上方

图 11-82　室外余缆不得放置在设备旁

图 11-83　余缆应放置在管道内

图 11-84　挂牌不得放置在室外看得到的地方

3．光缆终端盒开通验收

◆　设备不得暴露在室外，标签明确，必须固定，MBO/CBO 终端盒必须放置在最底部，CBOE 终端盒必须固定放置在配置的传输机柜内，其他信源配套终端盒需挂墙固定。如图 11-85 至图 11-87 所示。

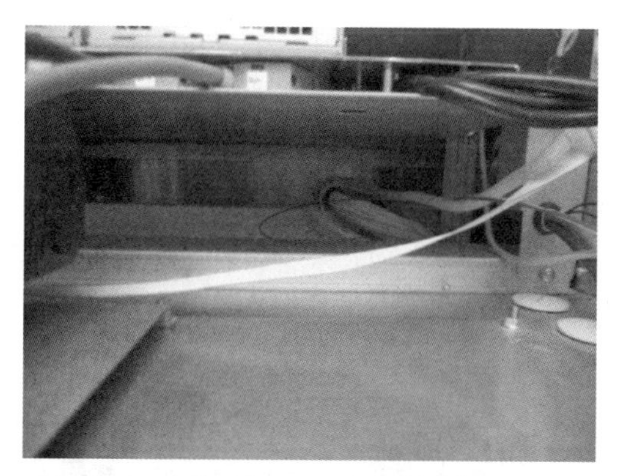

图 11-85　应放置在 MBO/CBO 最底部

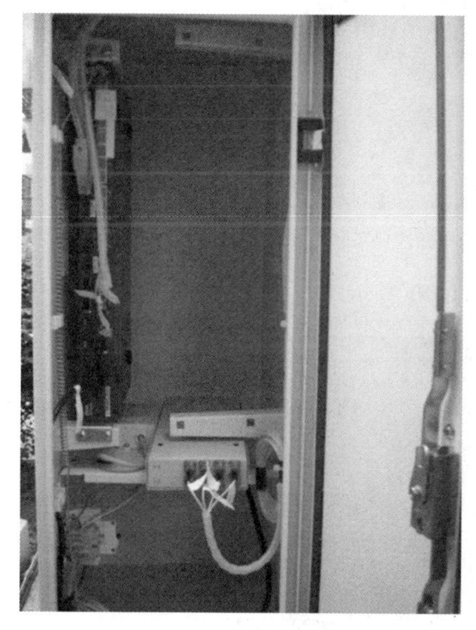

图 11-86　CBOE 终端盒应放置在传输机柜中

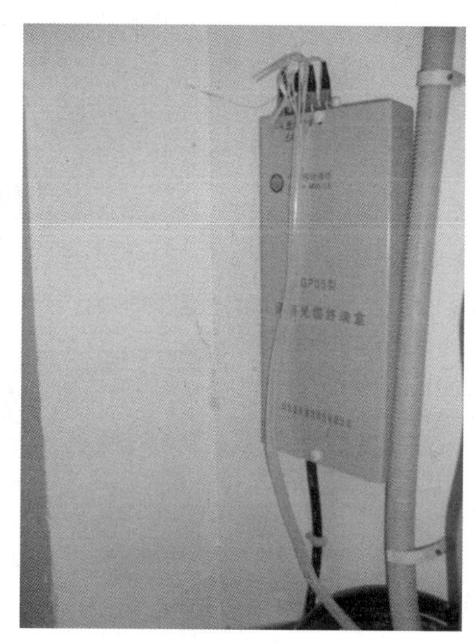

图 11-87　终端盒应固定上墙

4．尾纤开通验收

◆　室内尾纤要有缠绕管保护，室外尾纤使用铠装尾纤，长度适中。如图 11-88 所示。

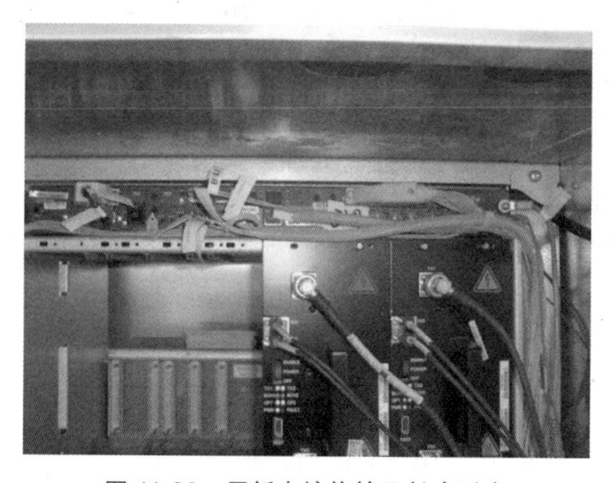

图 11-88　尾纤套缠绕管且长度适中

◆　与设备连接尾纤要捆扎，不能用扎带捆绑，尾纤不能存在受力。

◆　线缆中间无断线和接头，长度应按要求留有适中余量。槽道及走线梯上的线缆应排列整齐，所有线缆绑扎成束，线缆外皮无损伤。

5．成端和标签开通验收

◆　标签需机打；标签内容：正面标注业务名称，反面标注本端和对端的位置。如图11-89所示。

图11-89　尾纤标签机打标注业务

◆　光口成端的ODF要有明确标注，如图11-90所示。

图11-90　ODF架光纤有明确标注

◆　MBO/CBO/CBOE内使用小型DDF架，2m线成端好。如图11-91和图11-92所示。

图11-91　MBO/CBO内使用小型DDF架

6．设备资产开通验收

◆　设备资产准确、完整。

7．竣工资料开通验收

◆　需要提供竣工资料，检查与现场情况的一致性。

图 11-92　CBOE 内使用小型 DDF 架

11.1.8　标签标识开通验收

1．固定资产标签开通验收

◆　检查固定资产是否已贴标签并做登记。

2．标签的粘贴开通验收

◆　覆盖延伸系统中的每一个设备（如主设备、无源器件、天线、干线放大器、接地等）以及电源开关箱都要贴上明显的标签（室外不得张贴）。

◆　合路做过 TD/LTE/WLAN 覆盖的需在合路器贴上 TD/LTE/WLAN 机打标签注明。

◆　所有标签要求见附件标签汇总。

3．电梯标牌的粘贴开通验收

◆　电梯标牌粘贴牢固，无脱落现象（居民小区不做强行要求）。

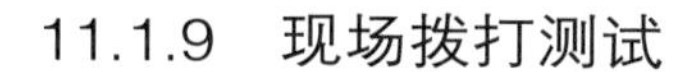

11.1.9　现场拨打测试

1．2G 拨打测试

◆　在通话状态下场强须在–80dBm 以上，通话质量为 0～3 级，无杂音、单通、掉话现象。要求在室内覆盖的设计范围内任何地点所测得的空闲状态下不低于–80dBm。

2．TD 拨打测试

◆　TD 手机接入信号强度不得低于–80dBm。下载速率不低于 125kbit/s（1Mbit/s）。

3．CMMB 拨打测试

◆　使用 CMMB 终端测试电视等，测试无马赛克、图像清晰、电平强度达到 2G 标准。具体测试记录见表 11-2。

表 11-2　CMMB 拨打测试记录表

测试点位置	测试情况			CMMB 信号情况
	无法建立	有马赛克	图像清晰	
合计				

4．LTE FTB 下载测试

◆　对于 E 频段，上/下行子帧配置 1:3、特殊时隙配置 10:2:2 的典型配置下，终端的平均速率为：双路下行 40Mbit/s，单路下行 25Mbit/s。

5. LTE FTB 上传测试

◆ 对于 E 频段，上/下行子帧配置 1:3、特殊时隙配置 10:2:2 的典型配置下，终端的平均速率为 2.5Mbit/s。

6. LTE 遍历性测试覆盖率

◆ 一般场景下：TD-LTE RS 覆盖率 = RS 条件采样点数（RSRP≥–105dBm & RS-SINR≥6dB）/总采样点×100%。

营业厅（旗舰店）、会议室、重要办公区等业务需求高的区域：TD-LTE RS 覆盖率 = RS 条件采样点数（RSRP≥–95dBm & RS-SINR≥9dB）/总采样点×100%。

（双路）在单路的基础上，增加如下条件：TD-LTE RS 覆盖率 =RS 条件采样点数（RSRP≥–85dBm）/总采样点×100%。

11.1.10 监控的验收

1. 监控接入检查

◆ 有源设备监控接入正常。

2. 监控参数值检查

◆ 检查监控平台采集的各项参数值，如图 11-93 所示。

图 11-93 动环监控正常

3．监控告警检查

◆　若为 2G 独立信源，查看 OMCR 监控平台采集的站点有无遗留告警。告警包括小区退服、载频告警、载频连线告警、传输告警、机架告警、腔体告警、高温告警、硬件降级告警等。如图 11-94 所示。

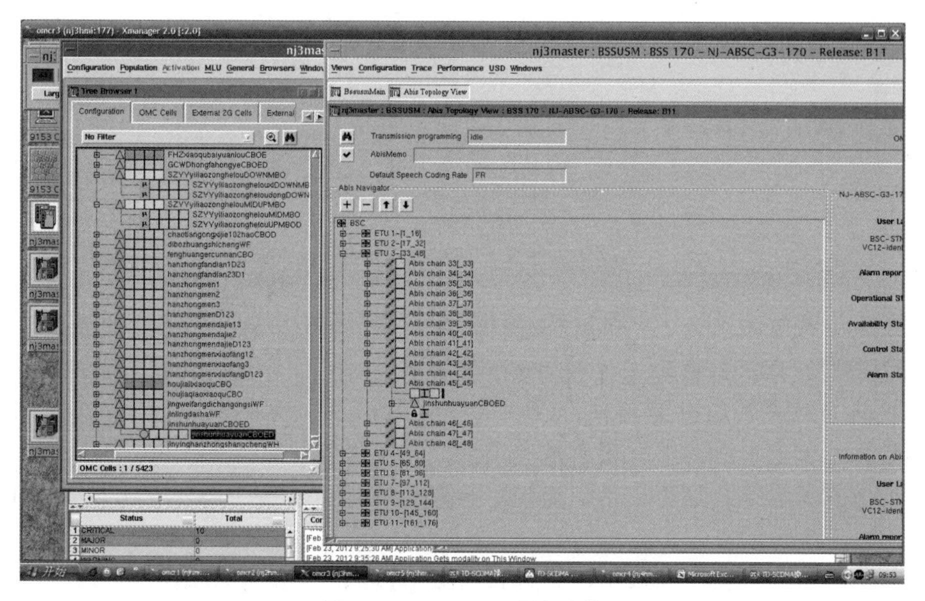

图 11-94　OMCR 无任何告警

◆　若为 TD 设备，查看华为 OMC 监控平台采集的站点有无遗留告警。告警包括小区退服告警、RRU 不在线、板卡告警、传输及光模块告警等。如图 11-95 所示。

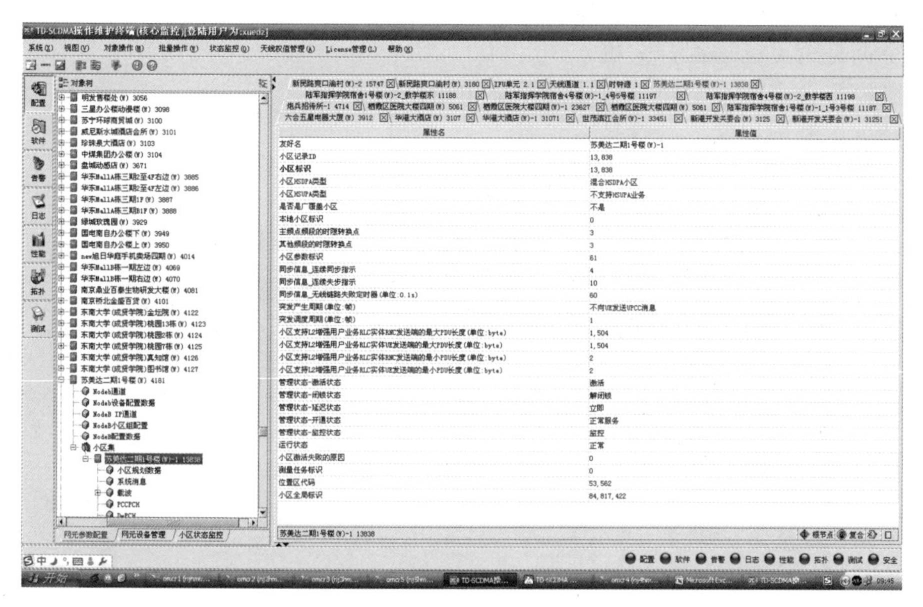

图 11-95　TD 监控平台无告警

◆　若为 GRRU、CMMB、直放站等设备，查看直放站网管告警平台。告警包括轮询失败、上下行输出功率不足告警、光传输告警、信源变化等告警。如图 11-96 所示。

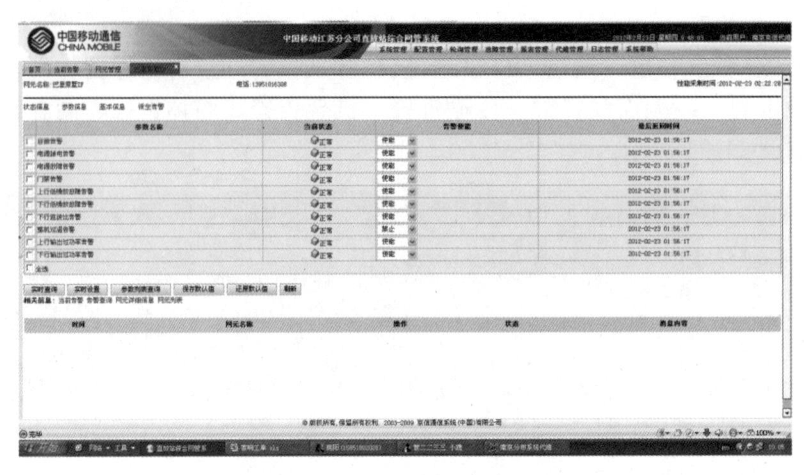

图 11-96　直放站网管无任何告警

◆　宏蜂窝机房动环监控无任何告警，各种监控都有（具体可参照基站部分）。宏蜂窝机房动环监控具体参数和要求如下。

➢　监控是否上平台，平台状态是否正常，有无告警现象。

➢　市电有无告警、是否正常，监控平台是否有停电告警，并注意出现告警的时长，超过 10 分钟视为不合格。

➢　基站端记录智能电表数据、平台查看数值，然后对比数值是否增长。

➢　基站端开关门实验、监控平台查看状态。

➢　烟感探头指示灯是否闪烁，验证烟感告警是否正常上报。

➢　基站端在水浸感应器上用铁丝、硬币、尖嘴钳之类的器械制造告警，在平台查看状态。

➢　空调是否可以远程开关机。

➢　监控平台监测蓄电池总电压及单体电压是否正常。

➢　开关电源远程监控参数是否正常。

➢　远程是否可以遥控开关电子锁。

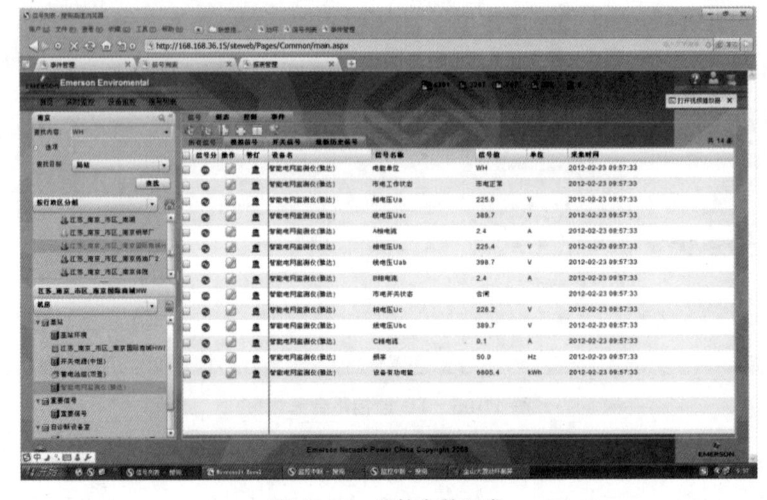

图 11-97　监控参数正常

11.1.11　协议交接

1．协议的签订

◆　客响平台上已经上传合同审批单和合同扫描件。验收站点协议必须签订完整，一式二份，已经给业主 1 份。如图 11-98 所示。

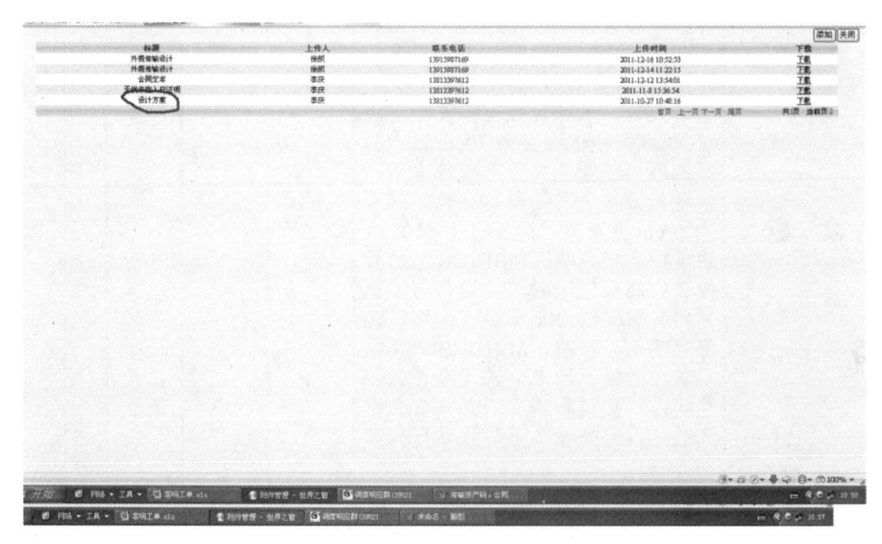

图 11-98　客响平台上传合同

2．站点及业主资料

◆　站点及业主资料必须完整正确，必须提供开通资料交接单（具体表 11-3）。开通及验收时需要对开通资料交接单、开通验收交接表进行详细、准确比对。开通验收交接表必须全部符合才能开通或验收通过。建设方和代维必须双方签字确认。

表 11-3　　　　开通资料交接单

分布系统编号： 检查日期：			分布系统名： 检查人：				
编号	验收项目	验收标准	建设负责单位	分值	验收打分	备注	检查要领
一、主设备验收							
1	设备的安装工艺	微改宏机房参照基站样板点标准执行。若为 MBO/CBO 设备安装，必须有底座高度不低于 25cm，并固定在地面；若为 CBOE 设备安装，在地面必须有底座不低于 30cm，也可以挂墙安装。设备底座正下方开 2 个直径 10cm 以上的孔洞，所有线路从孔洞穿过。微蜂窝、TD 设备及直放站等小型设备安装固定上墙，不得放置在地面，安装高度以 1 人维护高度为佳，设备下沿不得低于 50cm、不得高于 1.8m。设备不得放置在低洼处	集成商或工程监理	3			检查设备底座、安装固定、安装高度

续表

编号	验收项目	验收标准	建设负责单位	分值	验收打分	备注	检查要领
一、主设备验收							
2	设备安装环境	微改宏机房参照基站样板点标准执行。有源设备安放在通风、干燥、无杂物的房间内，避开人流量多、随意进出的地方，以防设备丢失。远离火源、水源及强电等安全隐患点(距离强电槽道必须30cm以上)。设备不得放置在高压电线杆上下。设备与设备之间需留有散热空间至少30cm的距离，设备门及BBU板块维护不受影响。MBO/CBO放置位置空间应便于散热，设备与墙壁之间必须保持30cm以上距离，确保散热不受影响。MBO/CBO不得安装在面积不足8m^{2}的无空调封闭空间内。楼顶彩钢房内必须安装空调散热，室外设备不得张贴任何移动标签	集成商或工程监理	3			检查设备散热情况
3	设备配套	若为CBOE设备，无论室外、室内，必须配置传输机柜。室外、野外或路边街道站等必须安装防盗网，且喷绿色涂料。RRU设备也必须放置在防盗网内。设备及防盗网门锁钥匙已经移交。特殊地点必须配置一体化后备电源。室外楼顶MBO/CBO设备搭建遮阳棚避免阳光直射。室外站点全部涂刷高温隔热漆（推广后执行）	集成商或工程监理	2			检查CBOE传输机柜,检查遮阳棚,检查防盗网,街道站等喷漆
4	设备卫生	设备及周边干净整洁。设备无灰尘，风扇清洁干净，声音运行正常	集成商或工程监理	1			检查卫生、风扇洁净程度
二、天馈及无源器件验收							
1	天线的安装工艺	若为挂墙式天线，必须牢固地安装在墙上，保证天线垂直美观，并且不破坏室内、室外整体环境。挂路灯杆等室外天线必须喷射与天线杆颜色一致的涂料	集成商或工程监理	1			检查是否有弯曲，是否固定，位置、俯仰角和方位角是否与方案一致
		若为吸顶式天线，可以固定安装在天花或天花吊顶下，保证天线水平美观，并且不破坏室内整体环境。如果天花吊顶为石膏板或木质，还可以将天线安装在天花吊顶内，但必须用天线支架对天线做牢固固定，不能任意摆放在天花吊顶内。在天线附近须留有出口位（根据现场实际情况而定）。地下室天线安装必须使用天线支架		2			检查天线的摆放位置是否歪曲、脱落，天花板内是否固定，有无检修口

续表

编号	验收项目	验收标准	建设负责单位	分值	验收打分	备注	检查要领
二、天馈及无源器件验收							
1	天线的安装工艺	室内天线上必须使用透明胶带粘贴移动通信标签，且张贴位置肉眼能看见（居民小区等敏感区域酌情考虑）		1			检查是否有标签，是否整洁美观
		电梯井道内的天线要求全部固定安装，杜绝使用扎带，使用铜丝固定，经业主认可不影响电梯安全（如无法进入电梯井，可由建设方提供施工固定照片）		1			检查电梯井道内的天线固定（施工照片），业主认可
		室外地面天线必须使用混凝土固定		1			检查天线底座
		八木天线等室外天线须接地，接头处及器件须用防水胶泥按照 315 法包裹，避免渗水					检查是否有防水处理
2	馈线安装工艺	馈线所经过的线井应为电气管井，不得使用风管或水管管井，应避免与强电高压管道和消防管道一起布放走线，距离必须超过 30cm 以上，确保无强电、强磁的干扰	集成商或工程监理	2			检查馈线是否走弱电井道，是否单独走线
		馈线的连接头手拧不得有松动现象，接触良好，并做防水密封处理。室外及地下室要求从里到外 3 层胶带、1 层胶泥、5 层胶带。埋入地下馈线必须套 PVC 管，PVC 管接头做防水处理，并埋入地下不得低于 30cm，不得暴露在外		2			检查接头是否做好防水处理
		射频同轴电缆的布放应牢固、美观，不得有交叉、扭曲、裂损等情况。井道或走线槽内的馈线必须使用绑扎带固定，无源器件不得受力。馈线弯曲角度大于 90°，曲率半径大于 130mm。弯曲度超过要求的需用直角弯头		2			检查馈线是否有交叉现象。无源器件不能受力
		室外拐弯处的馈线须做滴水弯（如不发生雨水倒流现象，可不做滴水弯）		1			检查是否有滴水弯
		室内馈线必须有明显的移动标签，有机打馈线走向路由标签（标注从什么位置到什么位置）		1			检查移动标签、走向标签
3	走线管的工艺	对于不在机房、线井和天花吊顶中布放的射频同轴电缆，应套用 PVC 走线管（防火特殊地方套用铁管），不得套波纹软管，转弯处可以套波纹软管或转弯接头连接，馈线走向必须横平竖直，不得出现斜交叉，至少每隔 0.5m 固定，混凝土墙使用骑马配，其他墙体使用卡钉	集成商或工程监理	2			检查是否有 PVC 管套放。走向横平竖直
		走线管应尽量靠墙布放，楼顶平台使用线码或馈线夹进行牢固固定，至少每隔 0.5m 固定，走线不出现交叉和空中飞线的现象		1			检查是否有交叉与飞线现象，并固定良好
		若走线管无法靠墙布放（如地下停车场），则馈线走线管可与其他线管一起走线，并用扎带与其他线管固定。不得使用消防管道。地下室不得自行打孔，必须从人防预留孔洞中穿线		1			检查是否固定良好

续表

编号	验收项目	验收标准	建设负责单位	分值	验收打分	备注	检查要领
二、天馈及无源器件验收							
3	走线管的工艺	走线管进出口的墙孔应用防水、阻燃的材料进行密封		1			检查进出口是否有防水、阻燃效果
4	无源器件	在室内主设备旁无源器件不得放置在设备底部，必须放置在线井内或在墙上固定，挂墙不低于 50cm。线井内无源器件必须绑扎固定，不得受力，室内每个器件必须张贴移动标签。室外设备旁无源器件不得裸露在外，需放置在设备底部空间。室外管道内的无源器件必须放置在管道上方，不得放置在管道底部，不得浸泡在水中	集成商或工程监理	2			检查无源器件位置的合理性
		无源器件空口必须封堵，微改宏等大功率第一级接入必须添加负载，吸收功率		1			检查器件是否有空口，微改宏空口有无负载接入
		室外无源器件必须做好防水处理，须用防水胶泥按照“315 法”包裹		1			检查防水 315 包裹
5	天馈部分整体性能	开通时电脑连接主设备检查无驻波告警，验收时使用驻波比仪表测量天线及馈线驻波比值，应在规定值（1.3）以内	集成商或工程监理	2			检查驻波比告警或驻波比值
6	GPS	GPS 天线接地，张贴对应站点名的标签，安装浪涌保护器，安装位置需在避雷针 45°保护角内。GPS 馈线必须整根，不得有接头。GPS 必须锁定 5 颗星以上		2			检查防雷接地和锁星情况
三、设备电源验收							
1	空气开关安装	所有有源设备处必须安装独立空开（支付电费的需安装电表），带有 2 芯和 3 芯插座（插座为可选项）	集成商、工程监理或电源施工单位	2			检查是否有独立空开
2	电源引入检查	市电引入须从业主可靠电源处接电，避免频繁断电，提供 24 小时电源，有源设备不得使用插座。同 MBO 和宏蜂窝机房等直流后备电源设备在一起的 TD 设备必须为直流接入	集成商、工程监理或电源施工单位	2			检查接电是否可靠，接电线路标签是否到位
		设备使用电源是否为单独电源，业主或其他人不能私自从空开上接电，禁止电源复接		1			是否为单独电源，空开是否被私自接电

续表

编号	验收项目	验收标准	建设负责单位	分值	验收打分	备注	检查要领
三、设备电源验收							
3	电源线工艺材质检查	电源线正、负电源引入线有标签，并加装 PVC 管，电源线必须外皮完整，严禁中间接头	集成商、工程监理或电源施工单位	2			检查电源线有无 PVC 管套牢、有无标签，不得复接
		直流（48V）供电采用 6mm^2 的供电电缆，交流供电采用 6mm^2 的供电电缆，同时满足最大电流不超过线径 3 倍，采用阻燃电缆	集成商、工程监理或电源施工单位	1			线径、电流符合要求，采用阻燃电缆
		若电源走线较长，套用 PVC 管，转弯处使用软管（不得剥开套），固定间距为 0.3m，走线外观要平直美观	集成商、工程监理或电源施工单位	1			电源走线符合要求
4	电表	设备需单独挂表，不得与非移动分布系统设备共用电表，电表使用移动公司提供的电表，电表上张贴移动标签，如果不是移动公司提供的电表，必须是梅兰、日兰等名牌电表，不得使用老式机械表。无特殊情况，电表开通前电表读数不得高于 100 度	集成商、工程监理或电源施工单位	2			检查电表单独挂表，检查品牌，检查电表读数
5	电表箱	建议使用不锈钢电表箱（不做强制要求），电表箱必须将电表和空开合并在一起，表箱有锁，不易随便打开。空开上标明设备电源标签，电表箱安装固定在墙上或挂在大型机柜旁。安装在地面的电表必须高于地表 40cm 以上，避免水淹	集成商、工程监理或电源施工单位	1.5			检查表箱门锁、固定情况，电表和空开安装在一起
四、接地验收							
1	主设备接地	主设备必须接地，应用截面积为 16mm^2 的接地线接地	集成商或工程监理	1			检查接地线粗细程度
		机房接地母线建议采用紫铜带或铜编织带，每隔 1m 左右和电缆走道固定一处，保证接地牢固、接触良好		1			是否与固定合理
2	接地线安装工艺要求	为了减少馈线的接地线的电感，要求接地线的弯曲角度大于 90°，曲率半径大于 130mm	集成商或工程监理	1			检查弯曲度
		所有接地线应用扎带固定，套 PVC 管，转弯处使用软管，固定间距为 0.3m，外观应平直美观	集成商或工程监理	1			检查接地线固定情况

续表

编号	验收项目	验收标准	建设负责单位	分值	验收打分	备注	检查要领
四、接地验收							
2	接地线安装工艺要求	馈线的接地线要顺着馈线下行的方向进行接地，不允许向上走线，接地线必须套管（必须一次性套管，不得从中剥开）	集成商或工程监理	1			检查接地线走向
3	室外接地排	验收时必须满足接地电阻小于5Ω，接地扁铁打入地下2m以上	集成商或工程监理	1			检查接地连接是否牢靠
4	保护地线检查	接地母线和设备机壳之间的保护地线宜采用16mm^{2}左右的多股铜芯线（或紫铜带）连接	集成商或工程监理	0.5			检查接地材质
五、设备环境验收							
1	工余料及废线	现场无任何工余料，无废光缆、电源线或馈线	集成商或工程监理	1			无工余料
2	设备钥匙	独立机房的设备钥匙、各种配套机柜箱、防盗网钥匙已经移交	集成商或工程监理	1			是否现场移交钥匙
3	站点进出	不存在任何业主纠纷。与业主联系人已经见面，并交接进出维护事宜，互留联系方式	集成商或工程监理	2			是否有业主纠纷
六、标签标识验收							
1	固定资产标签	检查固定资产是否已粘贴标签并做登记	集成商或工程监理	1			所有有源设备均需粘贴固定资产标签，并进行记录核对
2	标签的粘贴	覆盖延伸系统中的每一个设备（如主设备、无源器件、天线、干线放大器、接地等）以及电源开关箱都要贴上明显的标签（室外不得张贴）。合路做过TD/WLAN覆盖的需在合路器贴上TD/WLAN机打标签注明	集成商或工程监理	3			检查标签是否粘贴在设备、器材正面可视的地方，标明路由，线缆的标签在首尾两端采用吊挂式，以方便阅读。标签的标注应工整、清晰，并且标注方法要与竣工图纸上的标注一致
3	电梯标牌的粘贴	电梯标牌粘贴牢固，无脱落现象（居民小区不做强行要求）	集成商或工程监理	1			手摇标牌，有无脱落迹象

续表

编号	验收项目	验收标准	建设负责单位	分值	验收打分	备注	检查要领
七、天线口功率验收							
1	天线口功率验收	开通时抽取单个有源设备不低于 10 个天线进行手机测试（手机距离天线分别 0、50cm、1m、2m 处），验收时用频谱仪或功率计，抽取单个有源设备不低于 5 个天线检测天线口功率	集成商或工程监理	1			开通手机测试分别不低于 -25dB、-30dB、-35dB、-40dB（因与天线功率大小及是否明装、暗装有关，此为参考值），检测天线口功率是否符合设计方案
八、传输验收							
1	传输设备检查	检查传输设备是否接地，设备放置在 MBO/CBO 内，需在机柜内置顶安装放置，传输设备挂墙的必须固定牢靠。电源采用独立空开，不允许出现插头现象。MBO/CBO 宏蜂窝必须直流接入	传输工程施工单位	2			检查是否接地，是否有独立空开，CBOE 设备是否有独立的传输机柜，MBO、CBO 机架内的传输设备必须置顶放置且固定，电源采用独立空开
		设备散热区域不能堵死，要留有一定空间（如 30cm 距离）；设备需固定，不能随意摆放；需配置静电环		1			检查设备安放位置是否合理
		设备光口要有成端		1			检查成端情况
		电源线上走线架和下走线架要横平竖直，且在机柜内电源线与光纤要相互隔离。电源线必须套 PVC 管		1			检查电源线走向和套管情况
2	光缆	光纤尾纤在走线架需套管，标签挂牌明确，光缆余缆不得放置在设备附近，室内站点放置在室外或平层楼道，室外设备光缆余缆必须放置在管道井内或楼道内，不得放置在设备底部处，挂牌不得在室外，应放置在机柜或管道井内	传输工程施工单位	3			检查光缆是否套管，线缆标识应完整、明确，说明具体用途便于以后维护
3	光缆终端盒	设备不得暴露在室外，标签明确，必须固定，光缆整理捆扎，终端盒固定上墙或固定在机柜内	传输工程施工单位	2			检查终端盒是否固定，应放置在机柜内或室内
4	尾纤	室内尾纤要有缠绕管保护，室外尾纤使用铠装尾纤，长度适中	传输工程施工单位	2			检查套管
		与设备连接尾纤要捆扎，不能用扎带捆绑，尾纤不能存在受力		2			检查尾纤受力情况
		线缆中间无断线和接头，长度应按要求留有适中余量。槽道及走线梯上的线缆应排列整齐，所有线缆绑扎成束，线缆外皮无损伤		1			检查走线

续表

编号	验收项目	验收标准	建设负责单位	分值	验收打分	备注	检查要领
八、传输验收							
5	成端和标签	标签需机打；标签内容：正面标注业务名称，反面标注本端和对端的位置	传输工程施工单位	2			检查标签正确性
		光口成端的 ODF 要有明确标识；MBO/CBO/CBOE 内的使用小型 DDF 架，并且 2m 线成端好		1			检查标签正确性
6	设备资产	设备资产准确、完整	传输工程施工单位	2			设备均粘贴固定资产标签，并进行记录核对
7	竣工资料	需要提供竣工资料，检查与现场情况的一致性	传输工程施工单位	1			检查竣工文件是否与实际一致
九、现场拨打测试验收							
1	覆盖区域测试	在通话状态下场强须在−80dBm 以上，通话质量为 0～3 级，无杂音、单通、掉话现象	集成商或工程监理	1			现场拨打电话是否正常通话，测试信号强度在 −80dBm 以上。TD 测试电平同样
2	信号强度测试	要求在室内覆盖的设计范围内任何地点所测得的 2G/TD 手机接入信号强度不得低于−80dBm	集成商或工程监理	2			边缘场强值不低于−80dBm
十、监控的验收							
1	监控接入检查	有源设备监控接入正常	集成商或工程监理	1			检查监控数据是否正常，轮询是否成功
2	监控参数值检查	监控平台采集的各项参数值符合标准	集成商或工程监理	1			检查站点参数值是否在标准范围内
3	监控告警检查	监控平台采集的站点无遗留告警	集成商或工程监理	2			检查站点是否有遗留问题
十一、协议与资料验收							
1	协议的签订	客响平台上已经上传合同审批单和合同扫描件。验收站点协议必须签订完整，一式两份，已经给业主 1 份	集成商或工程监理	3			检查协议是否到位
2	站点及业主资料	站点及业主资料必须完整、正确，资料模板按照客响平台机房信息提供	集成商或工程监理	2			检查业主资料是否到位，是否与实际一致。双方签字确认

续表

编号	验收项目	验收标准	建设负责单位	分值	验收打分	备注	检查要领
十一、协议与资料验收							
3	设计文件	开通时提供站点设计文件、设计图（电子档）并上传至客响平台，验收时提供竣工验收表等相关资料	集成商或工程监理	2			相关资料必须在开通验收前提交到客响平台上，验收时现场核对资料是否和实际相符
开通或验收情况说明		此说明包括每次到站开通验收情况，写出每次未开通或未通过验收详细情况，建设和代维双方签字。					
注：以上全部满足才能开通，如不满足，不管交接方是否在现场，都可以拒绝通过。验收时需再次确认。2011 年 3 月 1 日网络部和工程部商定小型传输设备开通即验收并纳入维护。若传输设备不合规范，可拒绝开通业务，提交工程部整改，整改合格后开通业务。							
开通通过□ 验收未通过□		验收通过□					开通未通过□
建设单位签字： 代维签字：		设备厂家人员签字:					

具体如下：

分布系统开通资料交接单					
基础资料					
分布系统价格	分布系统名称	详细地址	建设厂家	经度	纬度
行政区	分布系统点类型	覆盖面积	覆盖区域	楼高	覆盖电梯数量
信源采用方式	有无 WLAN	外打天线数量	外打天线覆盖区域	天线数量	供电方式
业主单位	业主单位类型	联系人	联系人职务	联系电话	其他系统覆盖
地点码	开通日期	进出要点	室内/室外	备注	
设备资料（包括传输设备、GPS、空调等所有有源设备）					
序号	设备名称及类型	设备位置	覆盖区域	设备资产码	设备型号
序号	电表号	电表位置	电表读数	备注	
建设单位签名：			代维公司签名：		
日期：			日期：		

11.2 代维日常维护规范

11.2.1 日常巡检维护项目

1．代维日常巡检维护对象

包括覆盖延伸系统信源设备；覆盖延伸系统天馈线设备；覆盖延伸系统监控设备；覆盖延伸系统机房安全设施及环境卫生、照明和电表；覆盖延伸系统机房空调；覆盖延伸系统电源、接地及防雷设备；覆盖延伸系统传输设备。其中，覆盖延伸系统信源设备包括宏蜂窝（含室外站）和微蜂窝设备、TD 设备、LTE 设备、边际网络优化设备、无线直放站、光纤直放站近远端、移频直放站近远端、干线放大器设备、GRRU 近远端设备、RRH 近远端以及 CMMB 直放站等。

2．代维日常巡检维护流程

如图 11-99 所示。

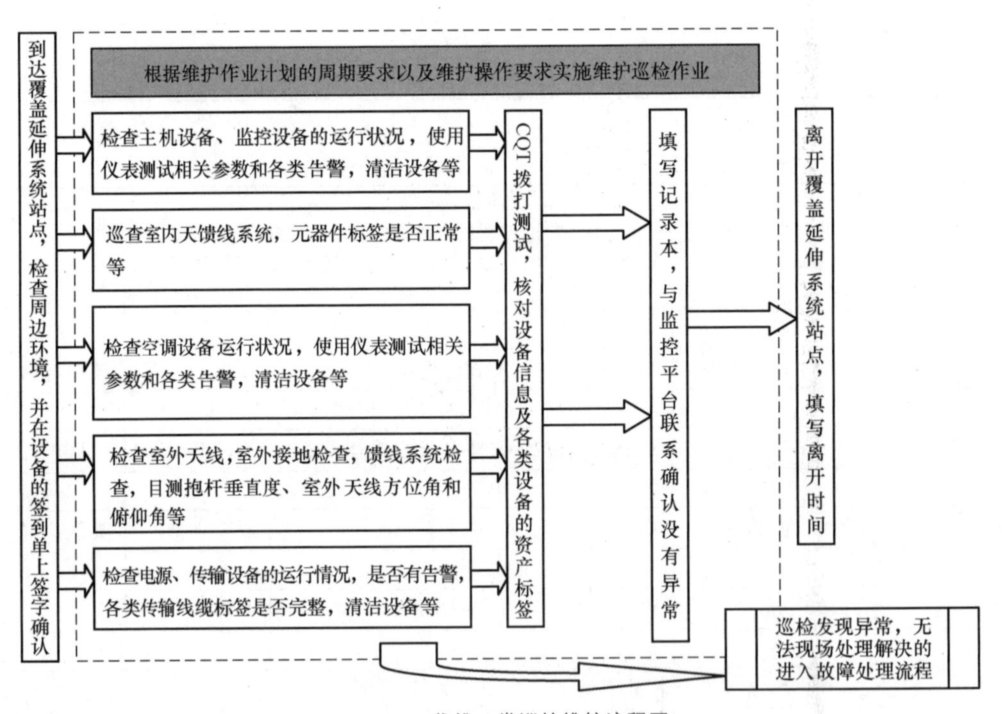

图 11-99 代维日常巡检维护流程图

3．代维日常巡检维护准备

代维巡检组长于每月 25 日前通过 EMOS 工单将下月代维维护作业计划表发给移动代维管理人员；移动代维管理人员经审核计划后，下发巡检任务。代维巡检人员巡查站点前需准备常用工具及站点相关资料，包括：测试手机、站点资料、方案图、电笔、手电筒、抹布、刷子、螺丝刀、万用表等，提前 24 小时与业主预约（容易进出点除外）。代维巡检人员按照巡检计划和预约时间准时达到现场巡检，进入站点时，主动出示工作牌、介绍信等相关证件，以为业主服务检查设备为由进出有效地完成巡检工作。

表 11-4　　　　　　　　　　下月代维维护作业计划表

序号	地区	区域	首次编制月份	站点编号	站名	代维公司	组别	年维护项目计划			季维护项目计划			__月维护项目计划					备注
								计划月份	维护月份	按期完成	计划月份	维护月份	按期完成	计划日期	星期	维护项目	维护日期	按期完成	
1	××	××	2006年1月	GNSQ094	金陵饭店	海讯	1	8			4	4		4月1日	星期六		4月1日		

4. 代维日常巡检维护内容

主要涉及站点资料、物业维系、机房环境及卫生、有源设备、配套设备、设备标签、天馈线系统及无源器件、方案比对、覆盖测试。具体见附件。

序号	维护主体	维护检测项目	周期	质量标准
1	站点资料	核对并更新站点基础信息、设备信息、固定资产信息	月	所有信息在资产管理系统中全部更新，准确、及时上报站点情况（包括业主停业、装修、倒闭、搬迁、业主更换等）
2	物业维系	更新物业信息、物业关系维系	月	业主信息准确、站点正常进出
3	机房环境及卫生	周边环境、温湿度设备及线路清洁、除尘、环境整治	月	周边环境对设备无影响、温湿度正常；干净、整洁
4	有源设备（含宏蜂窝设备、微蜂窝设备、TD 设备、传输设备、电源设备、配套设备、直放站主机和干放等）	填写记录本；检查所有设备运行是否正常	月	按照记录本要求填写检测项目，要求完整、准确；无遗留告警
5	配套设备	外部供电、接地防雷	月	正常可靠
6	设备标签	设备标签、线路标签、固定资产条形码	月	标签正确齐全
7	天馈线系统及无源器件	检查八木天线、施主天馈线和覆盖区域的分布系统（天馈系统）	月	八木天线及分布系统无被盗或破损、生锈或移位（被人为或风等破坏），天馈线及其他无源器件牢固无松动或脱落，支撑杆或横杆牢固、无生锈、防水正常
8	设计方案	检查并更新室内分布覆盖工程图纸（方案）	月	图纸是否与现场一致，工程图纸（方案）电子档信息准确
9	覆盖测试	覆盖区域 2G、TD、LTE 信号测试	月	信号电平符合方案设计，正常切换，拨打测试正常；系统的目标覆盖环境是否发生变化

根据日常巡检检查表进行维护，并对每个站点进行打分评比（与开通验收表一致），高于90分以上为A级维护站点，80～90分为B级维护站点，低于80分的为C级维护站点。

分布系统编号：　　　　　　　　　　　　　　　　分布系统名：
检查日期：　　　　　　　　　　　　　　　　　　检查人：

编号	巡检维护检查项目	验收标准	分值	日常维护打分	备注	检查要领
一、主设备						
1	设备的安装工艺	微改宏机房参照基站样板点标准执行。若为MBO/CBO设备安装，必须有底座高度不低于25cm，并固定在地面；若为CBOE设备安装，在地面必须有底座不低于30cm，也可以挂墙安装。设备底座正下方开2个直径10cm以上的孔洞，所有线路从孔洞穿过。微蜂窝、TD设备及直放站等小型设备安装固定上墙，不得放置在地面，安装高度以1人维护高度为佳，设备下沿不得低于50cm、不得高于1.8m。设备不得放置在低洼处	3			检查设备底座、安装固定、安装高度
2	设备安装环境	微改宏机房参照基站样板点标准执行。有源设备安放在通风、干燥、无杂物的房间内，避开人流量多、随意进出的地方，以防设备丢失。远离火源、水源及强电等安全隐患点(距离强电槽道必须30cm以上)。设备不得放置在高压电线杆上下。设备与设备之间需留有散热空间至少30cm的距离，设备门及BBU板块维护不受影响。MBO/CBO放置位置空间应便于散热，设备与墙壁之间必须保持30cm以上距离，确保散热不受影响。MBO/CBO不得安装在面积不足$8m^2$的无空调封闭空间内。楼顶彩钢房内必须安装空调散热，室外设备不得张贴任何移动标签	3			检查设备散热情况
3	设备配套	若为CBOE设备，无论室外、室内，必须配置传输机柜。室外、野外或路边街道站等必须安装防盗网，且喷绿色涂料。RRU设备也必须放置在防盗网内。设备及防盗网门锁钥匙已经移交。特殊地点必须配置一体化后备电源。室外楼顶MBO/CBO设备搭建遮阳棚避免阳光直射。室外站点全部涂刷高温隔热漆（推广后执行）	2			检查CBOE传输机柜、检查遮阳棚，检查防盗网，街道站等喷漆
4	设备卫生	设备及周边干净整洁。设备无灰尘，风扇清洁干净，声音运行正常	1			检查卫生、风扇洁净程度

续表

编号	巡检维护检查项目	验收标准	分值	日常维护打分	备注	检查要领
二、天馈及无源器件验收						
1	天线的安装工艺	若为挂墙式天线，必须牢固地安装在墙上，保证天线垂直美观，并且不破坏室内、室外整体环境。挂路灯杆等室外天线必须喷射与天线杆颜色一致的涂料	1			检查是否有弯曲，是否固定，位置、俯仰角和方位角是否与方案一致
		若为吸顶式天线，可以固定安装在天花或天花吊顶下，保证天线水平美观，并且不破坏室内整体环境。如果天花吊顶为石膏板或木质，还可以将天线安装在天花吊顶内，但必须用天线支架对天线做牢固固定，不能任意摆放在天花吊顶内。在天线附近须留有出口位（根据现场实际情况而定）。地下室天线安装必须使用天线支架	2			检查天线的摆放位置是否歪曲、脱落，天花板内是否固定，有无检修口
		室内天线上必须使用透明胶带粘贴移动通信标签，且张贴位置肉眼能看见（居民小区等敏感区域酌情考虑）	1			检查是否有标签，是否整洁美观
		电梯井道内的天线要求全部固定安装，杜绝使用扎带，使用铜丝固定，经业主认可不影响电梯安全（如无法进入电梯井，可由建设方提供施工固定照片）	1			检查电梯井道内的天线固定（施工照片），业主认可
		室外地面天线必须使用混凝土固定	1			检查天线底座
		八木天线等室外天线须接地，接头处及器件须用防水胶泥按照“315法”包裹，避免渗水				检查是否有防水处理
2	馈线安装工艺	馈线所经过的线井应为电气管井，不得使用风管或水管管井，应避免与强电高压管道和消防管道一起布放走线，距离必须超过 30cm 以上，确保无强电、强磁的干扰	2			检查馈线是否走弱电井道，是否单独走线
		馈线的连接头手拧不得有松动现象，接触良好，并做防水密封处理。室外及地下室要求从里到外 3 层胶带、1 层胶泥、5 层胶带。埋入地下馈线必须套 PVC 管，PVC 管接头做防水处理，并埋入地下不得低于 30cm，不得暴露在外	2			检查接头是否做好防水处理

续表

编号	巡检维护检查项目	验收标准	分值	日常维护打分	备注	检查要领
二、天馈及无源器件验收						
2	馈线安装工艺	射频同轴电缆的布放应牢固、美观，不得有交叉、扭曲、裂损等情况。井道或走线槽内的馈线必须使用绑扎带固定，无源器件不得受力。馈线弯曲角度大于 90°，曲率半径大于 130mm。弯曲度超过要求的需用直角弯头	2			检查馈线是否有交叉现象。无源器件不能受力
		室外拐弯处的馈线须做滴水弯（如不发生雨水倒流现象，可不做滴水弯）	1			检查是否有滴水弯
		室内馈线必须有明显的移动标签，有机打馈线走向路由标签（标注从什么位置到什么位置）	1			检查移动标签、走向标签
3	走线管的工艺	对于不在机房、线井和天花吊顶中布放的射频同轴电缆，应套用 PVC 走线管（防火特殊地方套用铁管），不得套波纹软管，转弯处可以套波纹软管或转弯接头连接，馈线走向必须横平竖直，不得出现斜交叉，至少每隔 0.5m 固定，混凝土墙使用骑马配，其他墙体使用卡钉	2			检查是否有 PVC 管套放。走向横平竖直
		走线管应尽量靠墙布放，楼顶平台使用线码或馈线夹进行牢固固定，至少每隔 0.5m 固定，走线不出现交叉和空中飞线的现象	1			检查是否有交叉与飞线现象，并固定良好
		若走线管无法靠墙布放（如地下停车场），则馈线走线管可与其他线管一起走线，并用扎带与其他线管固定。不得使用消防管道。地下室不得自行打孔，必须从人防预留孔洞中穿线	1			检查是否固定良好
		走线管进出口的墙孔应用防水、阻燃的材料进行密封	1			检查进出口是否有防水、阻燃效果
4	无源器件	在室内主设备旁无源器件不得放置在设备底部，必须放置在线井内，或在墙上固定，挂墙不低于 50cm。线井内无源器件必须绑扎固定，不得受力，室内每个器件必须张贴移动标签。室外设备旁无源器件不得裸露在外，需放置在设备底部空间。室外管道内的无源器件必须放置在管道上方，不得放置在管道底部，不得浸泡在水中	2			检查无源器件位置的合理性

续表

编号	巡检维护检查项目	验收标准	分值	日常维护打分	备注	检查要领
二、天馈及无源器件验收						
4	无源器件	无源器件空口必须封堵，微改宏等大功率第一级接入必须添加负载，吸收功率	1			检查器件是否有空口，微改宏空口有无负载接入
		室外无源器件必须做好防水处理，须用防水胶泥按照 315 法包裹	1			检查防水 315 包裹
5	天馈部分整体性能	开通时电脑连接主设备检查无驻波告警，验收时使用驻波比仪表测量天线及馈线驻波比值，应在规定值（1.3）以内	2			检查驻波比告警或驻波比值
6	GPS	GPS 天线接地，张贴对应站点名的标签，安装浪涌保护器，安装位置需在避雷针 45°保护角内。GPS 馈线必须整根，不得有接头。GPS 必须锁定 5 颗星以上。	2			检查防雷接地和锁星情况
三、设备电源						
1	空气开关安装	所有有源设备处必须安装独立空开（支付电费的需安装电表），带有 2 芯和 3 芯插座（插座为可选项）	2			检查是否有独立空开
2	电源引入检查	市电引入需从业主可靠电源处接电，避免频繁断电，提供 24 小时电源，有源设备不得使用插座。同 MBO 和宏蜂窝机房等直流后备电源设备在一起的 TD 设备必须为直流接入	2			检查接电是否可靠，接电线路标签是否到位
		设备使用电源是否为单独电源，业主或其他人不能私自从空开上接电，禁止电源复接	1			是否为单独电源，空开是否被私自接电
3	电源线工艺材质检查	电源线正、负电源引入线有标签，并加装 PVC 管，电源线必须外皮完整，严禁中间接头	2			检查电源线有无 PVC 管套牢、有无标签，不得复接
		直流（48V）供电采用 6mm^2 的供电电缆，交流供电采用 6mm^2 的供电电缆，同时满足最大电流不超过线径 3 倍，采用阻燃电缆	1			线径、电流符合要求，采用阻燃电缆
		若电源走线较长，套用 PVC 管，转弯处使用软管（不得剥开套），固定间距为 0.3m，走线外观要平直美观	1			电源走线符合要求

续表

编号	巡检维护检查项目	验收标准	分值	日常维护打分	备注	检查要领
		三、设备电源				
4	电表	设备需单独挂表，不得与非移动分布系统设备共用的电表，电表使用移动公司提供的电表，电表上张贴移动标签，如果不是移动公司提供的电表，必须是梅兰日兰等名牌电表，不得使用老式机械表。无特殊情况，电表开通前电表读数不得高于100度	2			检查电表单独挂表，检查品牌，检查电表读数
5	电表箱	建议使用不锈钢电表箱（不做强制要求），电表箱必须将电表和空开合并在一起，表箱有锁，不易随便打开。空开上标明设备电源标签，电表箱安装固定在墙上或挂在大型机柜旁。安装在地面的电表必须高于地表40cm以上，避免水淹	1.5			检查表箱门锁、固定情况，电表和空开安装在一起
		四、接地				
1	主设备接地	主设备必须接地，应用截面积为16mm^{2}的接地线接地	1			检查接地线粗细程度
		机房接地母线建议采用紫铜带或铜编织带，每隔1m左右和电缆走道固定一处，保证接地牢固、接触良好	1			是否与固定合理
2	接地线安装工艺要求	为了减少馈线的接地线的电感，要求接地线的弯曲角度大于90°，曲率半径大于130mm	1			检查弯曲度
		所有接地线应用扎带固定，套PVC管，转弯处使用软管，固定间距为0.3m，外观应平直美观	1			检查接地线固定情况
		馈线的接地线要顺着馈线下行的方向进行接地，不允许向上走线，接地线必须套管（必须一次性套管，不得从中剥开）	1			检查接地线走向
3	室外接地排	验收时必须满足接地电阻小于5Ω，接地扁铁打入地下2m以上	1			检查接地连接是否牢靠
4	保护地线检查	接地母线和设备机壳之间的保护地线宜采用16mm^{2}左右的多股铜芯线（或紫铜带）连接	0.5			检查接地材质
		五、设备环境				
1	工余料及废线	现场无任何工余料，无废光缆、电源线或馈线	1			无工余料
2	设备钥匙	独立机房的设备钥匙、各种配套机柜箱、防盗网钥匙已经移交	1			是否现场移交钥匙
3	站点进出	不存在任何业主纠纷。与业主联系人已经见面，并交接进出维护事宜，互留联系方式	2			是否有业主纠纷

续表

编号	巡检维护检查项目	验收标准	分值	日常维护打分	备注	检查要领
六、标签标识						
1	固定资产标签	检查固定资产是否已粘贴标签并做登记	1			所有有源设备均粘贴固定资产标签，并进行记录核对
2	标签的粘贴	覆盖延伸系统中的每一个设备（如主设备、无源器件、天线、干线放大器、接地等）以及电源开关箱都要贴上明显的标签（室外不得张贴）。合路做过 TD/WLAN 覆盖的需在合路器贴上 TD/WLAN 机打标签注明	3			检查标签是否粘贴在设备、器材正面可视的地方，标明路由，线缆的标签在首尾两端采用吊挂式，以方便阅读。标签的标注应工整、清晰，并且标注方法要与竣工图纸上的标注一致
3	电梯标牌的粘贴	电梯标牌粘贴牢固，无脱落现象（居民小区不做强行要求）	1			手摇标牌，有无脱落迹象
七、天线口功率						
1	天线口功率验收	开通时抽取单个有源设备不低于 10 个天线进行手机测试(手机距离天线分别 0、50cm、1m、2m 处），验收时用频谱仪或功率计，抽取单个有源设备不低于 5 个天线检测天线口功率	1			开通手机测试分别不低于 −25dB、−30dB、−35dB、−40dB（因与天线功率大小及是否明装、暗装有关，此为参考值），检测天线口功率是否符合设计方案
八、传输验收						
1	传输设备检查	检查传输设备是否接地，设备放置在 MBO/CBO 内，需在机柜内置顶安装放置，传输设备挂墙的必须固定牢靠。电源采用独立空开，不允许出现插头现象。MBO/CBO 宏蜂窝必须直流接入	2			检查是否接地，是否有独立空开，CBOE 设备是否有独立的传输机柜，MBO、CBO 机架内的传输设备必须置顶放置且固定，电源采用独立空开

续表

编号	巡检维护检查项目	验收标准	分值	日常维护打分	备注	检查要领
八、传输验收						
1	传输设备检查	设备散热区域不能堵死，要留有一定空间（如30cm距离）；设备需固定，不能随意摆放；需配置静电环	1			检查设备安放位置是否合理
		设备光口要有成端	1			检查成端情况
		电源线上走线架和下走线架要横平竖直，且在机柜内电源线与光纤要相互隔离。电源线必须套PVC管	1			检查电源线走向和套管情况
2	光缆	光纤尾纤在走线架需套管，标签挂牌明确，光缆余缆不得放置在设备附近，室内站点放置在室外或平层楼道，室外设备光缆余缆必须放置在管道井内或楼道内，不得放置在设备底部处，挂牌不得在室外，应放置在机柜或管道井内	3			检查光缆是否套管，线缆标识应完整、明确，说明具体用途便于以后维护
3	光缆终端盒	设备不得暴露在室外，标签明确，必须固定，光缆整理捆扎，终端盒固定上墙或固定在机柜内	2			检查终端盒是否固定，应放置在机柜内或室内
4	尾纤	室内尾纤要有缠绕管保护，室外尾纤使用铠装尾纤，长度适中	2			检查套管
		与设备连接尾纤要捆扎，不能用扎带捆绑，尾纤不能存在受力	2			检查尾纤受力情况
		线缆中间无断线和接头，长度应按要求留有适中余量。槽道及走线梯上的线缆应排列整齐，所有线缆绑扎成束，线缆外皮无损伤	1			检查走线
5	成端和标签	标签需机打；标签内容：正面标注业务名称，反面标注本端和对端的位置	2			检查标签正确性
		光口成端的ODF要有明确标识；MBO/CBO/CBOE内的使用小型DDF架，并且2m线成端好	1			检查标签正确性
6	设备资产	设备资产准确、完整	2			设备均粘贴固定资产标签，并进行记录核对
7	竣工资料	需要提供竣工资料，检查与现场情况的一致性	1			检查竣工文件是否与实际一致

续表

编号	巡检维护检查项目	验收标准	分值	日常维护打分	备注	检查要领
九、现场拨打测试						
1	覆盖区域测试	在通话状态下场强须在–80dBm 以上，通话质量为 0～3 级，无杂音、单通、掉话现象	1			现场拨打电话是否正常通话，测试信号强度在–80dBm 以上。TD 测试电平同样
2	信号强度测试	要求在室内覆盖的设计范围内任何地点所测得的 2G/TD 手机接入信号强度不得低于–80dBm	2			边缘场强值不低于–80dBm
十、监控						
1	监控接入检查	有源设备监控接入正常	1			检查监控数据是否正常，轮询是否成功
2	监控参数值检查	监控平台采集的各项参数值符合标准	1			检查站点参数值是否在标准范围内
3	监控告警检查	监控平台采集的站点无遗留告警	2			检查站点是否有遗留问题
十一、协议与资料						
1	协议的签订	客响平台上已经上传合同审批单和合同扫描件。验收站点协议必须签订完整，一式两份，已经给业主 1 份	3			检查协议是否到位
2	站点及业主资料	站点及业主资料必须完整、正确，资料模板按照客响平台机房信息提供	2			检查业主资料是否到位，是否与实际一致。双方签字确认
3	设计文件	开通时提供站点设计文件、设计图（电子档）并上传至客响平台，验收时提供竣工验收表等相关资料	2			相关资料必须在开通验收前提交到客响平台上，验收时现场核对资料是否和实际相符
	总分	若无此检查分项，得分为该分项满分		站点级别		

代维管理员签字：　　　　　　　　　　　　　　　代维巡检维护人员签字：

巡检站点时的测试内容包括以下内容。

◆ 巡检人员从外进入室分覆盖区域时，进行小区切换测试、重选测试，做好 LAC/CI/BCCH 等数据的记录。

◆ 在电梯、大厅、分层楼层和窗边等关键区域做拨打电话测试，做好手机接收电平强度、语音通话质量等级等相关记录。

◆ 根据代维巡检规范要求完成巡检内容，现场填写日常巡检记录本。

◆ 根据方案图，用测试手机测试天线输出信号强度，参照设计要求进行核对。

代维巡检人员根据要求在巡检过程中发现问题时，按下述流程解决处理。

◆ 代维巡检人员发现覆盖延伸系统站点出现故障（主设备、配套设备、天馈线等）时能解决的现场解决，不能解决的要现场联系对应故障抢修组，及时跟踪直至排除故障。

◆ 代维巡检人员发现测试问题，现场上报代维投诉处理组派发工单，通知网优现场解决，并重新测试确认。

◆ 代维巡检人员发现安全问题（防水、防火、防盗、电源等），参照系统及设备整改处理流程。

◆ 代维巡检人员发现动环监控问题（门禁、水禁、烟感、温湿度、系统总电压、负载电流等），尽可能自行处理；否则现场联系艾默生公司相关人员在 24 小时内进行处理。

◆ 代维巡检人员发现站点资料（站点名称、业主、设备位置等）发生变更时，现场通知代维值班人员在客响平台进行核实、更新。

◆ 重要集团站点或高校站点需移动大客户或校园经理联系与业主预约。

◆ 代维巡检如遇见物业纠纷（业主嫌辐射、索要合同外合同等），请与代维公司物业协调人员或代维公司负责人汇报解决，并上报移动公司客响平台。

◆ 代维巡检人员发现站点装修及破坏分布系统问题应及时恢复，不能恢复的当天以邮件方式将装修及破坏影响范围发给移动代维管理人员，并附上装修及破坏照片。

◆ 巡检完当天的站点后填写当天的电子档月度维护作业计划完成情况表，见表 11-5。

表 11-5　　　　月度维护作业计划完成情况表

序号	地区	区域	首次编制月份	站点编号	站名	代维公司	组别	年维护项目计划			季维护项目计划			__月维护项目计划					备注
								计划月份	维护月份	按期完成	计划月份	维护月份	按期完成	计划日期	星期	维护项目	维护日期	按期完成	
1	××	××	2006年1月	GNSQ094	金陵饭店	海讯	1	8			4	4	完成	4月1日	星期六		4月1日	完成	

◆ 代维巡检人员将遗留问题进行汇报，将站点资料更新表与代维值班人员在基站管理系统和客响平台上同时核对。

◆ 填写遗留问题汇总表。

遗留问题汇总表

分布系统名称	站点重要性	详细地址	建设厂家	巡检人	遗留问题	初次发生时间	解决过程	解决时间	备注

11.2.2　日常巡检维护拍摄标准照片

分布系统日常巡检维护照片主要分为分布系统建筑物、主设备、电源传输、分布系统、异常情况照片几种，共计 8 张标准照片，照片存储的方法按分布系统名 20120227 目录构成，所有名字均要与综合资源管理平台中的名字一致。照片分辨率要求为 1024×768（分辨率可通过后期批量处理）。

◆　第一张：分布系统建筑物（一张或两张，尽量能保证分布系统建筑物的明显标志。命名：分布系统名称 1，分布系统名称 2），如图 11-100 所示。

图 11-100　分布系统建筑物照片

◆　第二张：主设备（根据主设备数决定拍摄张数，拍摄到主设备全景）。命名：某某站点主设备 1、某某站点主设备 2……，如图 11-101 所示。

图 11-101　分布系统主设备照片

◆ 第三张：电源系统（电源接入一张，要拍摄到电表和电源接入情况，无电表可以直拍空开部分）。命名：电源接入 1。如图 11-102 和图 11-103 所示。

图 11-102　无电表情况

图 11-103　有电表情况（需拍摄到电表读数）

◆ 第四张：传输系统（传输设备一张，传输设备全景，无传输设备可以不拍）。命名：传输设备 1。如图 11-104 和图 11-105 所示。

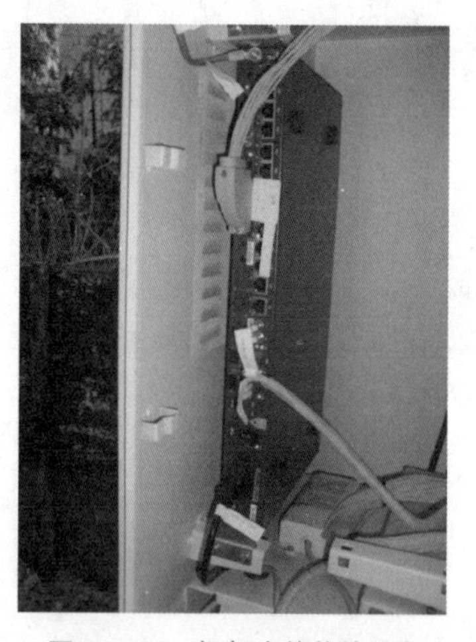

图 11-104　机架内的传输设备

图 11-105　挂墙的传输设备

◆ 第五张：接地系统（接地一张或两张，接地照片拍摄主设备接地或其他接地）。命名：接地情况 1。如图 11-106 和图 11-107 所示。

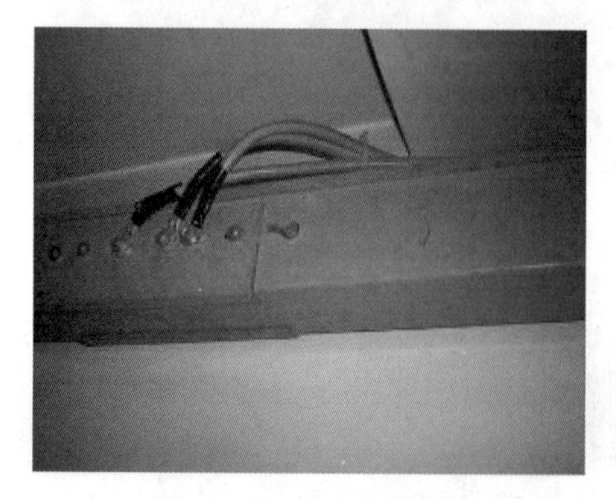

图 11-106　室内接地情况

图 11-107　室外接地情况

◆　第六张：主干（拍摄主干一张）。命名：主干。如图 11-108 所示。

图 11-108　设备主干

◆　第七张：天线（室内天线一张，室外天线一张）。命名：室内天线，室外天线。如图 11-109 和图 11-110 所示。

图 11-109　现场天线室外

图 11-110　现场室内天线

◆　第八张：主设备第一级无源器件（主设备之后第一级无源器件包括合路、耦合器或电桥一张）。命名：无源器件。如图 11-111 所示。

图 11-111　分布系统主设备第一级无源器件

◆ 异常情况可根据具体情况拍摄 2～3 张，拍摄对象为存在问题的设备或问题点。

◆ 每次维护如果发生变化，及时更新拍照内容，例如装修、停业等，对装修、停业情况进行拍照。

11.2.3 代维维护服务标准

◆ 日常维护进出分布系统站点，着装整齐与业主联系沟通进出。提交统一制作的名片。

◆ 使用文明用语。

◆ 严格按照日常维护巡检要求进行相关内容的巡检。

◆ 每次巡检时携带相机对电表等进行拍照。

◆ 投诉接触用户不得出现不文明现象。

附录一：投诉参考资料

一、2G 话音业务

客户经常进行的网络投诉，大致可以分为以下几类。

◆　覆盖问题：无信号、信号弱；

◆　通话质量问题：通话断续、有杂音、听不清；

◆　通话掉线问题：突然中断、掉话；

◆　通话异常问题 1：无法主叫、无法被叫；

◆　通话异常问题 2：单通、双不通、串线、有回声。

下面一一阐述上述问题的具体情况、产生原因、处理步骤及需要注意的要点。

1．网络覆盖投诉

（1）网络覆盖问题定义

是指手机在空闲状态下出现的无信号、信号弱、占用不稳定等故障现象。

（2）客户一般的描述内容

◆　手机信号不好，只有一两格；

◆　手机信号不稳定，一会儿好，一会儿差；

◆　手机上无信号，显示限制服务；

◆　信号很差，通话时经常会中断，有时一格信号都没有，拨打和接听电话困难；

◆　室内无信号，室外正常；

◆　手机没有“中国移动”显示。

（3）处理步骤

◆　处理步骤 1：确认是覆盖问题并排除客户端原因。

➢　覆盖类型的投诉，通过周围用户使用情况的了解或验证，排除客户端原因。

◆　处理步骤 2：判断覆盖问题是长期型还是短期型。

➢　在排除了客户端原因的前提下，通过信息收集，确认覆盖问题是长期型还是短期型。

判断点：分为长期型和短期型。长期型：长时间以来一直弱信号覆盖。客户常见描述有，一直以来信号不好、半年以来信号不好。短期型：近段时间以来信号不好。客户常见描述有，2～3 天前开始、一周以来、近几天突然不好等。

◆　处理步骤 2.1：长期型覆盖类投诉处理。

在查询历史数据无果的情况下，需要安排现场测试，现场测试需要掌握客户投诉问题点的地理环境、测试信号状况等，并确定产生覆盖问题的原因，常见的覆盖问题原因有：

➢　深度覆盖问题造成：覆盖问题点在大楼深处，或诸如地下、半地下建筑体内；

➢　处于未覆盖区域：距离周边基站较远的偏远山区或农村等区域；

➢　无主用信号：往往发生在高层、边界等区域；

➢　基站本身问题：不存在上述 3 种情况，但信号仍然较弱，则需要判别主用基站是否存在问题。

◆　处理步骤 2.1.1：长期型覆盖问题——深度覆盖引起。

这种情况，往往在室外信号非常良好，如–60～70dBm，但到室内衰耗在 20dB 甚至 30dB 以上，导致室内弱信号，一般需要通过加装延伸系统引信号入室内解决，可以根据问题点的范围、经济价值、竞争需要等提出延伸建设规划需求；如已有延伸建设的规划，需核实用户所在区域是否包含在规划方案内，并根据项目进度跟踪进展。

◆ 处理步骤 2.1.2：处于未覆盖区域。

可以根据问题点的范围、经济价值、竞争需要等提出基站或延伸建设覆盖需求，如已有建设规划，需进一步明确用户所在区域是否包含在规划方案内，并根据项目进度跟踪进展。

◆ 处理步骤 2.1.3：长期型覆盖问题——由无主用信号引起。

这种情况往往发生在高层或 LAC 边界区，客户反映的不是没有信号，而是信号不稳定，信号时有时无。

可以查看测试手机的信号占用状况，是否有多个信号不停变化，不同 LAC 小区变化时由于位置更新还会出现短时间无信号的情况。

确认是否存在上述问题，根据不同情况提出改进意见。

◆ 处理步骤 2.1.4：长期型覆盖问题——由基站本身问题引起。

在不存在明显阻挡，并且距离基站较近的情况下产生的覆盖问题，需要判别主用基站本身是否存在问题，一般问题有以下几种：

➢ 基站高度、天线下倾角度设置问题；

➢ 通过经纬度定位，确认问题点是否处于扇区旁瓣。

确认是否存在上述问题，根据不同情况提出改进意见。

◆ 处理步骤 2.2：短期型覆盖类投诉处理。

首先掌握投诉点的信号占用情况，安排现场测试；通过查询历史数据、附近基站运行状态等信息，常见原因有以下几种。

➢ 主用基站、延伸系统运行状况不正常

检查 OMC-R 监控上基站状况，有无告警，近期是否有割接、调整等操作；对比方案涉及核实延伸系统天线输出是否正常；在基站主用扇区下，若测试信号电平低于–60dBm，则发送功率有问题。

➢ 问题点附近地理环境有所变化

如附近新建有建筑物，进行了新的装修。

2．通话质量问题投诉

（1）通话质量问题定义

手机在信号正常的情况下，呼叫成功开始通话后，即通话计时后，出现了通话断续、有杂音、听不清等通话质量问题。

（2）客户一般的描述内容

➢ 通话时断断续续，一直不稳定；

➢ 通话时有杂音；

➢ 通话时有声音但听不清楚对方讲什么。

（3）通话质量问题原因

除覆盖原因外，还有以下几种原因可能会造成通话质量问题：

➢ 干扰，包括内、外部干扰；

➢ 基站性能问题，如载频故障；

➢ 中继线路问题；

➢ 半速率造成通话质量问题；

➢ 频繁质量切换造成。

（4）处理步骤

处理步骤 1：首先确定通话质量问题不是由手机终端引起的，同时确认通话质量问题不是由覆盖问题引起的。

判断点：根据周围用户情况，询问他们使用时有没有此类问题。空闲状态时手机信号状况是否正常，如果是由于信号不好或不稳定造成通话质量问题，则直接转覆盖类投诉处理步骤 1。

处理步骤 2：掌握通话质量具体故障现象。

通话质量问题一般需要安排现场测试，需要确认的故障现象主要有以下几点。

➢ 了解具体的通话质量故障现象；

客户一般会笼统地说通话质量差，这就需要投诉处理人员了解具体的故障现象，是通话断续，还是有背景噪音，或者是听不清；

➢ 是所有通话都会产生问题，还是只有某一类通话会产生问题（如：移动/电信/联通/国际）；

➢ 是否有地点上的规律；

➢ 是否有时间上的规律。

处理步骤 3：地点上是否存在着规律。

如果地点上存在着规律，同时又具有以下特点：

➢ 时间上无规律；

➢ 呼叫类型上无规律。

则可以基本定位在某一基站出现了硬件或性能问题。

➢ 可关注通话质量情况、主用信号的 C/I 情况（通话质量级别）、切换情况；

➢ 性能统计：关注干扰统计、载频质量统计、切换统计。

确认是否与以下有关：干扰、载频故障、无主用信号、电路问题。

处理步骤 3.1：地点上存在着规律且通话方向上存在着规律。

如果地点上存在着规律，同时又具有以下特点：

➢ 时间上无规律；

➢ 呼叫类型上无规律；

➢ 通话方向上存在着规律，某一方无法听清另一方的话语。

则可以基本定位在某一基站某一通路上存在着问题或某一频段存在着干扰问题。

此时如果是上行问题，需要通过性能统计进一步确认，需要关注的性能统计指标是干扰统计值、附近基站同/邻频情况。

处理步骤 3.2：地点上存在着规律且时间上存在着规律，如只在某地的某些时间段存在问题。

如果地点和时间上存在着规律，同时又具有以下特点：

➢ 呼叫类型上无规律；

➢ 通话方向上无规律。

则可以基本定位在某一基站的性能问题，可能是该基站的某一块载频质量存在问题；或是由于话务负荷高时由于半速率的起用，导致出现了通话质量问题。

此时可通过性能统计进行验证。

处理步骤 4：地点上没有明显的规律。

如果地点上没有明显的规律，则可能基站以上网元存在着问题，需要考察在通话的类型上是否存在着规律，如：某一类电话（如长途），或与其他运营商的电话存在着问题，则可能是中继线路上存在着问题，可通过监听进行定位。

需要注意的要点：干扰问题判断、排查一般需要一段时间，必须给客户做好解释工作。

3．通话掉话问题投诉

（1）通话掉话问题定义

手机在信号正常的情况下，呼叫成功开始通话后，即通话计时后，出现了通话突然中断、返回空闲模式的现象。

通话掉话问题需要与通话无声音问题区别开来，无声音时手机仍在计时，而掉话则直接返回空闲状态。

（2）客户一般的描述内容

手机在通话过程中会没有声音；

通话时经常掉线。

（3）通话掉话原因

除覆盖原因外，还有以下几种原因可能会造成通话掉线：

- 基站或其他器件故障；
- 软件故障；
- 外部干扰；
- 数据定义出错；
- 频繁切换。

（4）处理步骤

处理步骤 1：首先确定通话掉话问题不是由手机终端引起的。

判断点：根据周围用户的使用情况，判断是不是他们也有同样情况，如果不是，则可以判断是手机终端原因。空闲状态时手机信号状况是否正常，如果是由于信号不好或不稳定造成通话质量问题，则直接转覆盖类处理步骤 1。

处理步骤 2：判断掉话产生原因。

首先我们可以了解和考证一下掉话时手机的状态：如果手机一般在移动时较多发生，在静止时较少发生，那么我们可以首先从切换入手，对切换相关进行检查；如果手机在静止时也经常发生掉话问题，从信号占用情况看固定地占用某一小区的信号，则可以从查看该基站性能问题入手进行故障原因定位。需要关注的性能指标：掉话率、掉话次数。

需要注意的要点：掉话产生的原因有时候比较隐蔽，必要时到现场挂表处理。

4．通话异常问题 1

（1）通话异常问题定义

通话异常问题 1 是指通话开始后出现各类通话异常问题，如：单通、双不通、有回声、串话。

这类问题需要与通话质量问题区别对待，这类问题一般在测试还是性能统计上均表现为正常。

（2）客户一般的描述内容

- 有自己回声，听不清对方声音；

- 拨通后一方无任何声音或双方均无任何声音；
- 通话过程中，听到第三个人的声音。

（3）处理步骤

处理步骤 1：首先确认故障现象。

串话、有回声、无声音，客户可能表达不清楚，而且容易混淆，我们需要引导客户或经过现场确认，把准确的故障现象描述出来，因为这几种不同的故障现象产生原因有很大差别。

处理步骤 2：确认故障现象是有回声。

回声产生的原因有以下几种：

- 终端设备，如手机等终端收发间隔原因导致产生回声；
- 交换机回声抑制器故障；
- 信令上的参数问题；
- 基站设备存在问题。

处理步骤 2.1：回声故障原因的确定——用户终端造成。

通过了解周围用户的情况，如果只有该用户有故障现象，则可以确认是用户端的问题。

处理步骤 2.2：回声故障原因的确定——基站设备故障。

此时需要了解回声产生的地点上是否存在着规律，如果回声只发生在某一基站覆盖区域，出了这个区域正常，则可以确定回声产生的原因是基站设备存在着问题，可通过 Abis 接口的监听进一步证实。

处理步骤 2.3：回声故障原因的确定——对方端局原因。

此时需要了解回声产生的通话类型是否存在着规律，如果打某些长途有问题，打其他电话正常，则可能是对方长途端局出现了问题，或某些信令交换上存在着问题，可以通过对相关中继的监听最终确定故障原因。

处理步骤 3：确认故障现象是单通、双不通或串话。

单通和回声一般发生的原因是交换侧有线路的交叉，在实际处理时需要确认以下问题：是在移动网内通话时会发生问题，还是与其他运营商通话时会发生问题。如果主要是移动网内发生问题为主，则需要对本端交换侧线路进行监听，在监听无效的情况下，可告之用户在问题发生时记录时间和通话记录反馈给我们，以便做进一步的处理；如果是发生在与其他运营商通话时，则需要对相关中继线路进行监听，以确认。

需要注意的要点：串话问题比较复杂，需要记录串话的时间、直串还是插串、主被叫号码。

5．通话异常问题 2

（1）通话异常问题定义

通话异常问题 2 是指并未接通电话，出现无法主叫、无法被叫（短信呼）的情况。

（2）客户一般的描述内容

- 有信号，打不出去电话，提示网络忙或连接错误；
- 有信号，但收到很多短信呼，或别人给我打电话都打不通。

（3）处理步骤

处理步骤 1：确认故障现象是无法主叫、无法被叫（短信呼）。

排除覆盖问题，产生的原因有以下几种：

➢ 基站容量问题；
➢ 基站设备故障（软硬件吊死）；
➢ 基站或交换数据问题；
➢ 参数设置问题。

处理步骤 2.1：故障原因的确定——用户终端造成。

通过了解周围用户的情况，如果只有该用户有故障现象，则可以确认是用户端的问题。

处理步骤 2.2：故障原因的确定。

此时需要了解产生的地点上是否存在着规律，如果只发生在某一基站覆盖区域，出了这个区域正常，则可以确定产生的原因是基站设备存在着问题，可通过性能统计进一步证实，需核实的指标主要有：SD 统计情况、TCH 统计情况、拥塞率、MC01/MC02 被叫次数与正常时段的对比，如仍无法判断，则可通过 A/Abis 口的信令跟踪核实是否存在基站或交换数据问题、位置更新参数的设置等问题。

二、2G GPRS 业务

客户经常进行的网络投诉，大致可以分为以下几类：

◆ 信号差或根本没有信号；
◆ 上网过程中断线；
◆ 打不开网页；
◆ 下载时网速非常慢。

根据用户反映的问题，先排除以下用户侧问题。

（1）用户 GPRS 数据不正确，无 PS 接入权限或无 APN 数据（随 E 行必须开通 CMNET 功能）。

（2）根据其他人在同一地点使用 GPRS 业务的情况排除用户终端问题或确认某一品牌终端问题。

（3）如确认为覆盖问题引起的上网故障，按照覆盖类投诉处理步骤执行。

（4）明确问题地点，确认问题小区或问题 BSC，对相关性能进行分析，必要时进行 Gb 口或核心网挂表，确认问题所在。

可能存在的问题主要有以下几个。

◆ WAP 网关问题：大片区域下用户无法使用 WAP 业务、彩信业务。
◆ SGSN、GGSN 问题：所属区域下拨号困难（PDP 激活失败）。
◆ GPRS 吊死：单个小区吊死、BSC GP/GPU 板吊死，可以通过指标监控。
◆ 单点无线环境差：覆盖较弱（电平强度<–90dBm）、小区重选频繁（无主服小区）。
◆ 突发载频硬件故障：可以通过“TBF 建立成功率”指标监控。
◆ GPRS 频点受到干扰：可以通过“TBF 建立成功率”、“重传率”指标监控。
◆ 传输告警：第二路传输（Extra Abis）不可用导致用户下载速率慢。
◆ 参数设置不正确：GPRS 开启功控、RA 数据不正确导致 RAU 失败、D 网小区未 BAR。
◆ 容量配置不足：PDCH 信道不足、Extra Abis、G-Ater 资源不足。

附录二：网优性能验收表

__________站网优性能验收表

项目名称		小区类型		网络类型	
站点运行是否正常		厂家		开通时间	
问题描述			解决方案		
预计目标达成					
站点质量验收	指标达标	具体问题指标			
	DT 达标	不达标的具体描述，弱覆盖还是越区、接反等问题			
	CQT 达标	不达标的具体描述，是否按设计方案施工，弱覆盖问题区域描述清楚			
	网管无告警	确定网管上的设备无异常告警，运行正常			
问题解决评估	*覆盖良好，指标良好，达到建站目的*				
问题验收结果					
不合格原因分析	*确定优化/施工/设计/规划等责任方原因，包含整改措施*				

附录三：固定资产交付使用明细表

中国移动通信集团江苏有限公司南京分公司

固定资产交付使用明细表

基站名称：

交付日期：

固定资产类别	资产名称	具体描述	生产厂家	规格型号	厂商	存置地点	资产状态	数量	地点编码	资产标签号	项目编码	任务编码

现场签字部分（三方必须填写）

代维单位：　　施工单位：　　监理单位：

代维人员：　　施工单位人员：　　监理人员：

联系方式：　　联系方式：　　联系方式：

日　　期：　　日　　期：　　日　　期：

接收单位：　　移交单位：

接收人：　　移交人：

附录四：新建站点物业资料交维表

<table>
<tr><td colspan="10">南京移动工程新建站点物业资料交维表</td></tr>
<tr><td colspan="10">基本信息</td></tr>
<tr><td>站点名称</td><td colspan="3"></td><td>站点属性</td><td>基站□</td><td>室分□</td><td>开通日期</td><td colspan="2"></td></tr>
<tr><td>业主单位</td><td colspan="3"></td><td>物业联系人</td><td colspan="2"></td><td>联系电话</td><td colspan="2"></td></tr>
<tr><td>进出方式</td><td colspan="9"></td></tr>
<tr><td>是否需支付租金</td><td>是 □
否 □</td><td colspan="4">如果填“是”，请填写具体信息如下；如果填“否”，请补充说明原因</td><td colspan="4"></td></tr>
<tr><td>是否需支付电费</td><td>是 □
否 □</td><td colspan="8">如果填“是”请区分直供电和转供电，填写具体信息如下；如果填“否”，请补充说明原因</td></tr>
<tr><td colspan="10">租金资料</td></tr>
<tr><td>报账单号码</td><td>合同号</td><td>合同单位</td><td>收款单位</td><td>合同起始期间</td><td>合同总金额</td><td>已支付期间</td><td>已支付金额</td><td>是否已移交合同</td><td>移交日期</td></tr>
<tr><td></td><td></td><td></td><td></td><td></td><td></td><td></td><td></td><td>是□否□</td><td></td></tr>
<tr><td></td><td></td><td></td><td></td><td></td><td></td><td></td><td></td><td>是□否□</td><td></td></tr>
<tr><td colspan="10">用电信息</td></tr>
<tr><td colspan="6">电表数量：</td><td colspan="2">转供电填写</td><td colspan="2">直供电填写</td></tr>
<tr><td>安装位置（或对应设备名）</td><td>电表号</td><td>开通时电表读数</td><td>已支付截止日期</td><td>已支付截止度数</td><td>现场确认日期</td><td>转供电单位</td><td>用电协议合同号</td><td>直供电户号</td><td>是否完成托收手续</td></tr>
<tr><td></td><td></td><td></td><td></td><td></td><td></td><td></td><td></td><td></td><td>是□
否□</td></tr>
<tr><td></td><td></td><td></td><td></td><td></td><td></td><td></td><td></td><td></td><td>是□
否□</td></tr>
<tr><td colspan="10">交接签字</td></tr>
<tr><td rowspan="2">交接签字</td><td>监理（或工程督导）</td><td colspan="3"></td><td>代维公司</td><td colspan="3"></td><td rowspan="2">日期：</td></tr>
<tr><td>工程部</td><td colspan="3"></td><td>网络部</td><td colspan="3"></td></tr>
</table>

后　　记

信息通信工程的发展是社会和谐和可持续发展战略目标实现的关键。信息通信工程项目建设、施工、验收及运行维护全过程的高效化管理，能够有效提高企业的经济效益；能够有效提高通信行业的管理水平，对信息通信工程的质量、效率以及效益都能产生良好的影响，对于社会的和谐与稳定发展也能起到很重要的现实作用和意义，能够有效提高人民的生活质量水平；能够有效促进通信事业的发展和进步，能够促进人们的交流和沟通。

在电信工程领域，国外已经有许多的通信企业应用各种项目管理技术，实现了节约成本、提高效率的目的。这些企业中，既包括通信制造企业，如贝尔、Motorola、朗讯和北电网络，也包括通信运营企业，如 AT&T。相比之下，在国内的通信行业中，虽然有部分企业成功地采用了一些项目管理技术，但是大部分企业应用项目管理尚处于起步阶段，甚至有的项目采用的管理方法严格来说还不是真正意义上的项目管理。

本书是信息通信工程建设、施工、验收和运行维护的全过程高效化管理策略的重要基础，针对信息通信工程项目从开始一直到竣工，到运行维护的控制和管理，能够有效增强信息通信工程项目的质量和效率，能够有效提高信息通信工程全过程的经济效益和整体水平。

本书具有很强的可操作性，几乎囊括了信息通信工程项目施工中所能碰到的任何环节，对于每一环节的详细过程和细节都有明确的定义、描述以及要求，因此在实际的信息通信工程项目建设中有很强的实用价值。经过近几年的实践，在实际的工程项目建设和验收上有了明确的规则、流程和依据。

目前，江苏移动已经进行了一体化设计、一体化施工和一体化监理，南京移动正在推动一体化维护。设计、施工、监理和维护的一体化使得三标统一能得以较好的落实和实施，减少了各单位间的协调工作量。运营商的组织架构需要进行一定的调整以适应三标统一的要求；三标统一的实质就是建章立制，高效建设、高效运营、高效管理。

与此同时，作为网络质量的 4 个环节：规划、工程、维护和优化，本书三标统一只解决了工程与维护之间的接口以及部分与优化的接口，为维护上实现“221”（投诉 2 分钟响应和调度，维护人员 20 分钟到达现场，1 小时内解决）要求的前提和基础。 在三标统一的基础上还需要将内部员工的职责分工和绩效考核以及对合作伙伴的要求和奖惩作为执行三标统一的手段，进一步实现工、装、维、营的一体化。

缩略语

BBU	Building Base band Unit	室内基带处理单元
BCCH	Broadcast Control CHannel	广播控制信道
BSC	Base Station Controller	基站控制器
BTS	Base Transceiver Station	基站收发台
CI	Cell Identification	小区标识
CMMB	China Mobile Multimedia Broadcasting	中国移动多媒体广播
DDF	Digital Distribution Frame	数字配线架
EAM	Enterprise Asset Management	企业资产管理系统
ECC	Embedded Control Channel	嵌入式控制通道
FTTB	Fiber To The Building	光纤到大楼
GE	Gigabit Ethernet	吉比特以太网
GGSN	Gateway GPRS Support Node	网关 GPRS 支持节点
GPRS	General Packet Radio Service	通用分组无线业务
GPS	Global Positioning System	全球定位系统
IP	Internet Protocol	因特网协议
LAC	Location Area Code	位置区码
LTE	Long Term Evolution	长期演进
MAC	Media Access Control	媒质接入控制
ODF	Optical Distribution Frame	光纤配线架
OLT	Optical Line Terminal	光线路终端
OMC	Operations & Maintenance Center	操作维护中心
OMCR	Operations & Maintenance Center-Radio	无线操作维护中心
ONU	Optical Network Unit	光网络单元
OTDR	Optical Time Domain Reflectometer	光时域反射仪
PBX	Private Branch Exchange	用户级交换机
PDCH	Packet Data CHannel	分组数据信道

PON	Passive Optical Network	无源光网络
PTN	Packet Transport Network	分组传送网
PVC	Polyvinylchloride	聚氯乙烯
RRU	Radio Remote Unit	射频拉远单元
SDH	Synchronous Digital Hierarchy	同步数字体系
SGSN	Serving GPRS Support Node	GPRS 服务支持节点
SNCP	SubNetwork Connection Protection	子网连接保护
TBF	Temporary Block Flow	临时块流
TCH	Traffic CHannel	业务信道
TPS	Tributary Protect Switch	支路保护倒换
UPS	Uninterruptible Power System	不间断电源
WAP	Wireless Application Protocol	无线应用协议
WLAN	Wireless Local Area Network	无线局域网

参 考 文 献

[1]《900/1800MHz TDMA 数字蜂窝移动通信网工程设计规范》(YD/T 5104-2005).
[2]《电信设备安装抗震设计规范》(YD 5059-2005).
[3]《移动通信基站防雷与接地设计规范》(YD 5068-2005).
[4]《无线通信系统室内覆盖工程设计规范》(YD/T 5120-2005).
[5]《2GHz TD-SCDMA 数字蜂窝移动通信网工程设计暂行规定》(YD 5112-2008).
[6]《2GHz TD-SCDMA 数字蜂窝移动通信网工程验收暂行规定》(TD/T 5174-2008).
[7]《第三代移动通信基站设计暂行规范》(YD/T 5182-2009).
[8]《900/1800MHz TDMA 数字蜂窝移动通信网工程验收规范》(YD/T 5067-2005).
[9]《2GHz TD-SCDMA 数字蜂窝移动通信网工程验收暂行规定》(TD/T 5174-2008).
[10]《无线通信系统室内覆盖工程验收规范》(YD/T 5160-2007).
[11]《通信局(站)电源系统总技术要求》(YD/T 1051-2010).
[12]《通信局(站)防雷与接地工程设计规范》(YD 5098-2005).
[13]《通信电源集中监控系统工程设计规范》(YD/T 5027-2005).
[14]《通信电源设备安装工程设计规范》(YD/T 5040-2005).
[15]《通信局(站)防雷与接地工程验收规范》(YD/T 5175-2009).
[16]《通信电源用阻燃耐火软电缆》(YD/T 1173-2010).
[17]《通信用高频开关整流器》(YD/T 731-2008).
[18]《通信用阀控式密封铅酸蓄电池》(YD/T 799-2002).
[19]《中国移动江苏公司网优建设项目工程验收规范》(2011 版).
[20]《光同步传送网技术体制》(YDN 099-1998).
[21]《SDH 本地网光缆传输工程设计规范》(YD/T 5024-2005).
[22]《通信局(站)防雷与接地设计规范》(YD/T 5098-2005).
[23] 中国通信标准化协会关于《分组传送网(PTN)总体技术要求 YD/T 2374-2011》.
[24] 中国通信标准化协会关于《分组传送网(PTN)设备技术要求 YD/T 2397-2012》.
[25] 中国移动城域传送网 PTN 设备规范(QB-B-009-2010).
[26] 中国移动城域传送网 PTN 设备测试规范(QB-B-010-2010).
[27] 有线接入网设备安装工程设计规范(YD/T 5139-2005).
[28] 有线接入网设备安装工程验收规范(YD/T 5140-2005).

[29] 中国移动 PON 接入网总体技术要求（QB-B-017-2011）.
[30] 中国移动 PON 网络工程施工及验收规范（QB-G-001-2011）.
[31] 王肇明，马人乐．塔式结构．北京：科学出版社，2004.
[32] 编辑委员会．钢结构设计手册．北京：中国建筑工业出版社，2004.
[33] 陈骥. 钢结构稳定理论与设计．北京：科学出版社，2011.
[34] 王肇明．塔桅结构．上海：同济大学出版社，1989.
[35] 王肇明，等．桅杆结构．北京：科学出版社，2001.